Architecture Design Manual

Cultural and Art Buildings

建筑设计手册Ⅲ

文化艺术建筑

佳图文化 编

中国林业出版社

图书在版编目（CIP）数据

建筑设计手册. 第3辑. 文化艺术建筑 / 佳图文化主编. -- 北京 : 中国林业出版社, 2015.10
ISBN 978-7-5038-8052-0

Ⅰ. ①建… Ⅱ. ①佳… Ⅲ. ①文化建筑－建筑设计－作品集－中国－现代 Ⅳ. ① TU206

中国版本图书馆CIP数据核字(2015)第145417号

中国林业出版社·建筑与家居出版分社
责任编辑：李　顺　　唐　杨
出版咨询：（010）83143569

出 版：中国林业出版社（100009 北京西城区德内大街刘海胡同7号）
网 站：http://lycb.forestry.gov.cn/
印 刷：北京卡乐富印刷有限公司
发 行：中国林业出版社营销中心
电 话：（010）83143500
版 次：2015年10月第1版
印 次：2015年10月第1次
开 本：889mm×1194mm 1 / 16
印 张：17
字 数：200千字
定 价：298.00元

前言

本套书为佳图文化“建筑设计手册”系列图书，同时也是已出版的《建筑设计手册Ⅱ》的延续之作。随着中国经济进入“新常态”以及建筑业全球化的步伐加快，建筑设计单单满足社会属性、文化属性、艺术属性以及功能属性上的需求是远远不够的。差异化设计、绿色技术、互联网大数据等新思维都为不同类型的建筑设计提出了新的课题与要求。因此，建筑设计的理论是需要革新和深究的。本套书紧跟建筑设计的时代脉搏，站在建筑设计的专业角度，精选国内外案例，系统探讨设计理论，希望能够为建筑设计师以及相关行业读者带来新的视觉和设计灵感。

作为“建筑设计手册”系列图书中承前启后的专业读本。本套书精选案例均为国内外优秀案例，体现着当下建筑设计的前沿思维。内容编排上，由浅入深，从案例的定位、设计理念、设计关键点等方面入手，并配合大量的专业技术图纸，如平面图、效果图、实景图等，力求通过图文并茂的方式为读者全方位深度解构案例使其感受案例设计之精髓。此外，本书沿用“理论＋案例”模式进行内容编排。本套书资料独家、翔实且专业，是不可多得的建筑设计手册。

编者

2015 年 7 月

CONTENTS 目录

第一章　理论分析

第二章　案例分析

文化中心

体育中心

展览馆

博物馆与纪念馆

会所与会展中心

学校

第一章
理论分析

理论分析

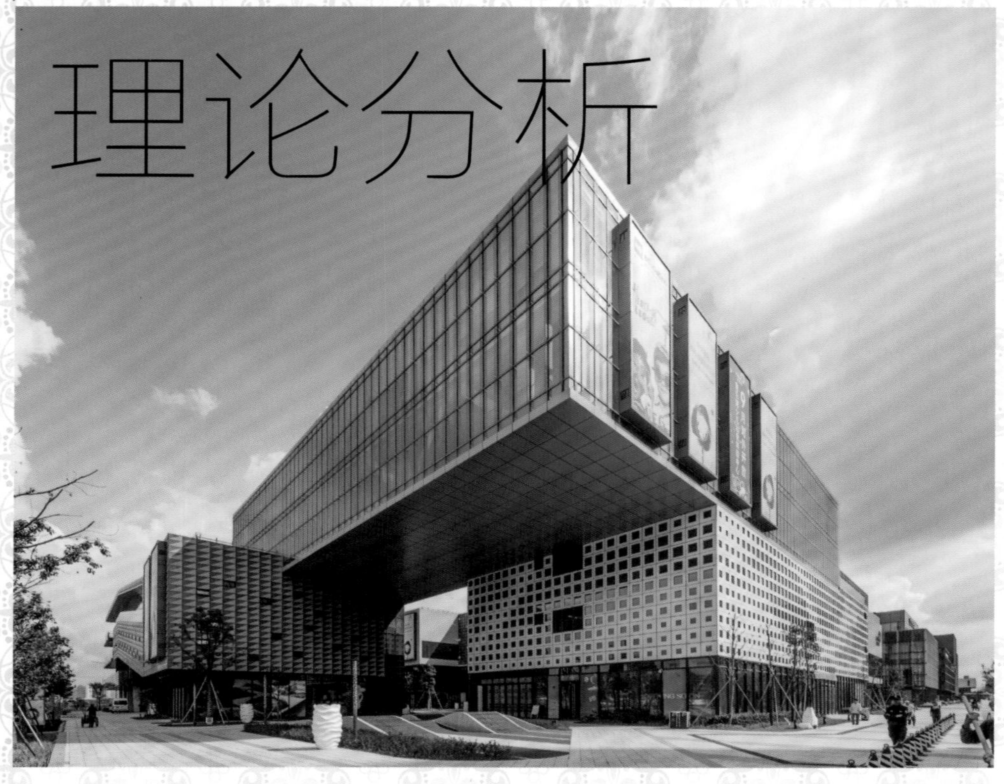

文化作为人类生活形态的凝练与表征，其发展特征与人类社会生活方式的转变密切相关。本套书在传承前两套书的理论基础之上试图从城市生活的角度，重新诠释文化建筑的内涵与存在意义，并着重分析当代文化建筑应对城市生活的建筑形态与空间模式。文化具有最广泛的公共性，因此，文化建筑不仅是城市文化的中心，也是城市的归属之地和安全中心。同时文化建筑在抵御城市灾难方面具有不可替代的作用。这种对文化建筑性质、功能、城市角色定位的重新认识，不仅体现了时代的要求，也表明文化建筑的设计与创新探索需要从单纯的专业与审美的角度，转向更多的人文关怀。

一 文化建筑的概念

“文化建筑”在人们听起来应是一个“唇齿留香”的名词，提到这四个字，我们头脑中会立刻闪现出一系列美轮美奂、富有诗意而充满个性色彩的建筑作品。伍重的悉尼歌剧院、贝聿铭美国国家美术馆东厅、路易斯·康的金贝尔美术馆……这些经典的建筑作品不但丰富了城市的市民文化生活，提高了地区文化品位，更进一步重塑了城市的空间环境，甚至成为地区和国家的象征。

文化建筑的概念似乎是在我们头脑中已经很清晰，但细想起来又很难入手的问题。文化紧张的涵盖其实是很宽泛的，包含了文化中心、美术馆、博物馆、纪念馆、音乐厅、公共图书馆、歌剧院、会展中心等，而且有的内容还会和其他建筑类型有一定交叉，如娱乐建筑、体育建筑、由此可以看出其涵义的模糊性。

翻开《中国大百科全书——建筑篇》，其中并没有找到文化建筑的概念，只看到了“工业建筑、居住建筑等，而在《世界建筑》《建筑学报》等学术刊物中，似乎也未对文化建筑下一个明确的定义。文化建筑在当代的不断发展使它的社会职能和作用越来越突出而概念似乎也变得比以前更模糊了。很多人对文化建筑的理解是：为大多数公众服务的，具备交流、博览、娱乐、休憩等基本功能，以信息交流和精神愉悦为根本目的，对发扬和传播传统文化和当代文化有特别意义的建筑场所。其实从这个概念本身就可以看到文化建筑在当代社会结构变化与人类产生的需求下所具有的特殊重要意义。

文化建筑内涵的新发展

近十几年来，文化建筑的数量和质量都有了史无前例地提高，设计水平和设计理念也都有了长足的进步。知识经济的到来以至社会行为的变化都对文化建筑在当前扮演的“角色”和所起的社会作用有了新的要求，这种要求促使设计师对建筑进行了重新的思考与定位，产生了新时期的文化建筑形式，而新建筑的产生又反过来影响了人们的社会生活及思想方式。因此两者的互动作用也是有很大的积极意义。新时期文化建筑内涵上的发展主要有以下几点：

（一）多功能、大型化

文化综合体越来越多地涌现出来，虽说历史上希腊、罗马时期图书馆、博物馆（艺术馆）及学校被安排在同一建筑群体中的情况也出现不少，但这与当今的文化综合体的涵盖与实际意义是有很大差距的。后工业时代追求多样化、个性化，而统一化的信息只有较低价值。高科技发展使不同的语言、生活方式和文化通过通讯设备和电视直接进入我们的视野，使接受者已习惯于信息的丰富和变化。在当代，文化综合体得到了真正的发展，它包括图书馆、展览馆、通讯中心、剧场、行政中心、研究中心、教育机构等，有的更包括了商店、旅馆及娱乐设施。这种趋势的产生也是建筑为了满足现代社会人们日益多元的价值取向与个人需要。在另一方面，多种功能的存在产生了更多的选择性，这也会促使人们更愿意去文化中心，从而使文化发挥更大的社会效益。

（二）小型与专业化

相对于多功能与大型化、小型与专业化也是当今文化建筑存在、发展的方式之一。其实这在某种意义上与产生文化建筑多功能、大型化的社会、认为因素是一致的。正是由于人们的多元化的需求与选择及个性化的发展，一部分人更愿意在自己选择与爱好的专业或社交圈内进行交流、探讨，而不愿选择大型综合的文化场所（超大型购物中心与专卖店的同时兴旺也代表了当今人们个性思想行为方式的变化）。而小型化的文化建筑的增多，一方面是地方单位或社区对公众交流意识的重新发展及为提升公共环境质量而做出的选择，像小的社区交流中心或文化会馆等；另一方面是一些旅游城市为增加地方特色而设立的一些主题非常明确的博物馆等设施，如啤酒、火车、玩具等。

（三）注重对人的情感

当今世界的发展趋势，人们越来越关注生态环境及人类自身生存状况，因此在建筑设计中，人的因素越来越受到重视，“设计必须为人”是建筑师非常重视的原则。而文化建筑这种公共建筑领域里的表率又是最能体现也是最需要表现建筑对人的关怀的。首先从人们的行为方式来看，文化观念与心理行为的转变使人们对文化建筑产生了新的要求。以往人们在文化建筑中的希望内多以被动式接受为主，观众坐在座位上与演员对视，静静地观赏；参观者沿设计者设置的餐馆路线欣赏展品，更多地是以静态的行为作为受众。而新时期，人们要求改变这种被动式的方式，从“观赏型”向“参与型”转化。因此出现了伸入观众席的舞台，使演者与观者的距离一下缩短了，演者与观者之间互相交流融为一体；各种展览建筑由橱窗展示方式转变为露置、触摸、操作与制作等方式鼓励参与，而且展品范围也极大地拓宽了。文化建筑为了更好地为人服务，扩大自身价值，还增加了演讲、社交、购物、娱乐、休息等各项功能。

（四）交流空间的增加

文化建筑既然能把大众吸引过来，必然“愿意”为人们提供休闲、交流的场所。文化建筑中的交流空间比重有不断增大的趋势，这在某方面亦表现为其使用空间比例的缩小。早一些的例子如贝聿铭设计的华盛顿国家美术馆东馆，它的展览面积只占美术馆面积的三分之一，最大的特色是设计了一个三角形的巨大中庭，上方布置了一组鲜艳的活动雕塑。中庭上方大型天窗透过阳光穿过活动雕塑洒满大厅。人们乐于在这个快乐的空间里参观、交流自己的看法。

交流空间的增加也是当代设计理论的变化结果。经典现代主义设计理论中，物质功能是决定建筑空间相互位置的依据。功能大小也就决定了建筑物存在的价值的大小，无实义即无价值。因此“交流空间”这种没有明确实用意义的部分只充当了可有可无的角色。随着社会发展及对现代主义设计理论漠视精神功能的批判，建筑中的这种“非实用”空间越来越多地得到了建筑师的重视。而这种建筑空间模式的变化很大程度上对新的建筑形式的产生与塑造也起了推波助澜的作用。

（五）对城市与社区的复兴

文化建筑的公共性和开放性促使它与城市生活愈加紧密，也对城市空间环境产生比以往更大的影响力。城市中公共活动的增加，会使原来失去活力的旧城重新焕发生命力。西方的城市郊区化使旧城市中心一度呈现衰败的趋势，为复兴旧城市中心，吸引人们回到这些地区游乐购物，提高旧区的吸引力，促进房地产业的发展，建造了功能多样内容丰富的公共建筑，其中包括文化娱乐设施，是一项复兴旧城的重要战略措施。文化建筑作为重要的公共文化设施，是一项复兴旧城的重要战略措施。文化建筑作为重要的公共文化设施，能有效地吸引人们返回旧城中心。

三 城市文化中心的建设现状与特点

文化建筑一直是城市中重要的公共建筑，随着城市发展的深入与城市生活的变化，出于提升城市活力和满足市民文化艺术生活的需求，在城市中出现文化建筑成群组进行建设的情况，形成城市文化中心。“城市文化中心一般以大型或重要的文化设施为主构成，可包括剧院、展览馆、美术馆、博物馆、纪念性建筑等。随着物质文化生活水平的提高，文化中心的内容将越来越丰富。文化中心具有物质功能、景观功能和精神功能。”大约从20世纪90年代至今，我国城市文化中心进入到一个快速发展的时期，不少城市进行了城市文化中心的建设，一些大城市还建设了几个城市文化中心。城市文化中心由于本身在城市中的重要地位，公共文化生活的特殊关系，其建设现状与情况具有一些特点。

（一）组成城市化中心的文化设施类型的特点

城市文化中心由几个不同的文化设施所组成。随着城市建设的不断发展，市民日益增长的文化精神活动的需求，对文化设施功能与内容的要求也越来越多样，这使得国内的城市文化中心及其组成类型有如下的一些新特点。

（1）原有城市文化设施的新馆建设文化设施是城市的组成部分，在城市经济社会发展的过程中，不少城市旧有的一些文化设施已不能满足市民日益增长的文化需要，会另址进行新馆的建设。不少城市文化中心的文化设施是城市中原有文化设施的新馆。新馆通常一方面能够作为一个独立的文化设施在新址进行运作，发挥其文化艺术的作用；另一方面又有原来旧馆的运营与管理作为基础，相对全新的文化设施，能够更好更快地融入到城市的文化生活中。

（2）与城市发展紧密结合的新功能类型的文化设施如前面概念所说，城市文化中心中常见的文化设施为剧院、展览馆、博物馆、美术馆、纪念性建筑等，而由于城市的发展，城市文化中心中除了传统的剧院、展览馆、博物馆、美术馆、纪念性建筑等常见类型的文化设施外，还出现了一些新功能类型的文化设施，如城市规划成果展览馆、少年宫、电影城等。这些新功能类型的文化设施反映着城市的发展特点，如城市规划成果展览馆因其展出的内容与城市的建设发展密切相关，能够很好地展现该城市的发展。少年宫能够满足人们对后一代文化教育培养的重视与期望等。

（3）满足城市文化生活多元需求的文化设施的功能转变一些文化设施随着社会和文化的发展，逐渐转变了原来的功能特点，扩展了新的功能与目标。如美术馆、博物馆、剧院等经典类型的文化设施，其展示的主题所涵盖的内容与类型越来越丰富。除了传统常见的艺术、历史人文等，新的主题类型包括数码、媒体艺术等。文化设施的主体功能发展有两个方向，一是向综合化多元化发展，强调对各种不同类型的艺术文化的适应性与可变性，一馆多用，满足公众的多种需求，如满足不同演出类型的剧院、综合性的博物馆等。另一方面，有些文化设施特别是展览类设施，其专业性与针对性更为加强，专门针对某一类人群或某一类专项的展览主题，如专门针对儿童的儿童博物馆，专门进行某一类型展览的海事博物馆、邮政博物馆等，满足公众对文化艺术活动更为细致深入的需求。

（二）选址环境特点

城市文化中心作为城市的重要节点，其建设选址往往受到重视。从国内的一些城市文化中心的选址环境进行分析，可以发现不少城市文化中心的选址也有其特点。

（1）多设于城市的新开发区或城市的重点发展地段这是因为城市文化中心所占的城市空间区域比较大，是综合性的项目建设，其建设与运营包含了艺术、文化、社会和经济发展方面的内容，能够对城市发展的总体功能和空间结构产生重大的影响，为城市创造经济效益，成为带动城市区域建设的重要机遇。文化设施通常体量庞大，造型奇特，城市文化中心集合了几个文化设施，融合了艺术元素和文化活动，具有独特的群体建筑形象与空间意象。因此通常会设在城市的重点地段，如城市中轴线上（广州的珠江新城文化中心、深圳的福田区文化中心均为此类）以营造城市的地标形象，或者设于城市的新开发区域，以带动新区的开发。

（2）与城市中自然环境相结合这里的自然环境包括城市的山水环境与城市大片的开敞绿地。城市文化中心与城市自然环境相结合，一方面可使自然景观因素与文化建筑文化中心的公共空间系统设计相结合，将自然环境引入到文化中心的开放空间中，创造一种山水景观特色，将基地的自然特征和文化环境相融合，形成文化建筑中心富有特色的外部环境，并营造有特色的城市空间形象；另一方面，这些特色的自然景观可以吸引更多的市民前往该文化建筑中心进行游憩、观景等活动，从而充分发挥优美的自然景观元素对公共活动的促进作用。

（三） 文化设施形象设计的城市文化特征

城市文化中心内的各个大型文化建筑是城市中重要的公共建筑，因此大多是城市的标志性建筑，其形象设计会受到较多的重视与关注，也会影响城市某个区段的意象。当前城市文化中心内不少文化建筑造型及城市文化中心的公共空间的形象设计往往会从两个方面进行考虑，一方面是体现时代的特征；另一方面是体现城市传统与地域文化的特征。不少城市文化中心的建筑方案设计往往会邀请一些国内乃至世界知名的建筑师和团体参与，最终确定选用的方案也常常在建筑的造型、材料等形象方面富有特色甚至是奇特夸张的，当今国内的大部分城市文化中心的文化建筑采用现代主义风格的建筑造型。尽管有时候，某些方案会被认为与该城市地段的肌理和周边环境不相协调。这种现状反映了城市建设决策者对城市形象创新性与奇特性方面的追求以及期望文化中心对时代性的体现，将文化中心的建筑形象看做是城市形象的时代特征的代表与象征。在追求时代性的同时，不少城市（特

别是一些历史文化悠久的城市）的文化中心在文化建筑的设计上会从形体或细部的处理上体现该城市乃至区域的文化传统与地域特征，从呼应城市文化的内涵来提升城市文化中心的品质，体现城市的地域文化与历史传统特征。从以上城市文化中心的现状特点分析可以看到，对于城市文化中心的规划设计与建设，已经不单单停留在孤立的考虑文化中心本身的层面，而是越来越多地将其置于整个城市的环境与视野中进行思考。城市文化中心与城市的千丝万缕的联系，也在规划设计中越来越多地受到重视。这种联系，既包括位置、布局、形象等外在。可感知的方面，又包括传统、文化生活、经济发展等更深层次的方面。从城市的视野对城市文化中心进行全面考虑，可以使城市文化中心与所处城市相契合，从而使其能够充分发挥对城市的经济、艺术、文化等各方面的作用。而如何使城市文化中心与城市能够全面充分契合的方法与手段，是城市文化中心建设中需要得到重视并不断探索的问题。

四　文化建筑的空间尺度与叙事性

营造具有叙事感的场所与空间，是当代文化建筑最为重要的设计倾向之一。在建筑创作中，从空间尺度与体验的互动角度来理解建筑的叙事性，也是非常重要的设计思维方式。本文以四个设计作品为例，从空间尺度与叙事空间关系的视角来进行学术探讨。

（一）叙事性：对现代建筑的反思

叙事性空间可以理解为一种与体验密切关联的建筑空间。虽然建筑叙事性是近年流行的学术语汇，但关于叙事空间的存在，自古以来不乏先例。仅就中国建筑而言，不论北京故宫的宏大空间序列，或是江南园林的曲径通幽，皆在很大程度上提供了一种叙事的可能—“在环境空间中，人的移动及其知觉经验可以赋予其更多的环境意义”。路径和场地也由此超越了单纯的功能流线的设定，转而上升到“叙事化”的境界。然而，回顾西方现代建筑思想的变迁，建筑体验曾一度被置于极其边缘化的位置。建筑师和学者们在相当长的时间内被一种近于“二元论”的哲学所牵引，人与自然的关系也处在一种相互博弈的“二元”状态—从笛卡尔的理性主义，甚至更为古老的亚里士多德学派，可以追溯出这样一种哲学的思想渊源。工业革命之后的“技术”情结，使许多建筑师和工程师的身心置于征服自然的自信之上，大量具备直接功能目的的建筑类型（如工业建筑、交通建筑、办公建筑）成为那个时代的宠儿，而相对含混多义的建筑（如宗教和文化建筑）风光不再。经过 20 世纪下半叶的阵痛和反思之后，当代建筑思想呈现出从 “二元”到“多元”的回归，判断文化建筑的优劣标准也不再是纯粹理性的演绎，而逐渐增加“置身其中”的实地感受—不论是建筑师还是文化学者，都意识到功能与理性并不能代替模糊的感性表达。近年来国内学术界对建筑现象学的反反复复的讨论，实际上也从一个侧面反映了这样一种反思的延续。从现象学意义上说，强调空间体验成为建筑设计最为本质的东西，只有体验才能产生场所精神，这对文化建筑尤其重要。能够表现人文精神的文化建筑，其真正有趣之处不在于建筑的功能本体，而在“文化”二字之下蕴含着的变幻莫测、尺度各异的“叙事”空间，它们将建筑与人的关系带入到更为体验化的表达之中。国外一些建筑师率先尝试了大量亦繁亦简的手法，探索和丰富建筑与个人意识的内外联系，将建筑重新带到宽广的叙事境界；而近年来，中国本土的一些先锋建筑人物也不断创作出惊人的实例。当然，文化建筑也是最具包容性的建筑类型，有一千个文化建筑，就有一千种叙事空间的表达方式。本文拟结合四个建筑实例，诠释我们对文化建筑的反思。在先锋与主流的界限交接处，我们似乎乐意选择一种中间状态—不断尝试建筑和空间的原创思考，也尽力让设计成果被社会公众所体验和感知。

（二）尺度之下：收敛式的叙事空间

回顾 2005 年建成的中山文化艺术中心，建筑师较好地解决新建筑了与城市轴线以及相邻建筑关系，并且深入探讨剧场的声学问题。但这些仅仅是前提，从建成环境看，真正打动来访者的是一系列建筑尺度和材质方面的精心构思，这些构思使得参观者接近这座建筑的过程成为美好的空间体验。建筑由一座 4 层的演艺中心和一座 5 层的培训中心组成，其中演艺中心又包含了一个 1350 座的大剧场和一个 500 座的多功能小剧场。集中式的布局容易产生压迫感，设计尽量以柔和曲面来减小建筑的尺度感，并在局部营造情绪化的空间节奏。每个参观者可能驻足的位置，不论是入口、等候、过渡、转折处，皆有相对应的设计表达和尺度控制，并在视觉上与相邻的孙文纪念广场形成呼应关系，也形成了一种恰当的文化主题。建筑表皮和材质的细节变化（石材与铝合金半透明幕墙及点式透明玻璃幕墙的结合），也同样迎合尺度与体验的需求。中山文化艺术中心创作意味着我们在文化建筑领域的一个转折点，或者说是一个新的起点：从这里开始，建筑师试图探求一种更为关乎人本体验的设计手法。建筑并非由“叙事”而起，但一系列对空间尺度的营造和控制，非常自然地产生了叙事化的结果。正在建设的盐城文化中心延续了这样一种探索，其尺度处理也更为微妙。与中山项目类似，建筑本身依然是多个功能集中的综合体，包含了大小剧场、影视观演、艺术创作、商业消费等混合区域。考虑盐城所特有的苏北地域文化和建筑临近人工水域的外部条件，设计将“水”的意境定义为建筑叙事的主题，一系列空间布局也由此展开。一条从入口到人工湖的“水街”贯穿于整个建筑，灵动地维系着各个功能主题，创造出许多半开敞、互相交织的空间，有效柔化了内部尺度。建筑表皮的三维曲面和错缝肌理在外部层面上呼应了“水”的主题，却也对整体界面产生了一种“放大”效应—四层的体量被异化成十多层的错觉。在探访这座建筑的过程中，人们由远及近、由外至内，可以感受到建筑的尺度不断收缩、不断贴近人的尺度，对建筑的认知也更加强烈。盐城文化中心将于 2010 年建成投入使用。我们期待它跻身中国当代文化建筑的精品行列。从前面两个实例可以看出，通过控制建筑尺度可以增强文化建筑的体验表达，这是一种行之有效的建筑手法，但也仅仅是一种比较收敛的方法。换个角度说只要有合适的机会，反其道而行之，通过突破尺度上的限定，也能表达强烈的叙事之意。

（三）尺度之上：突破式的叙事空间

2008 年，我们参加了上海世博会中国馆的设计竞赛。设计中，建筑师不但要解决中国馆与周边交通和环境条件的衔接，还要梳理复杂的流线，满足超大量的参观人流需求，并充分展示文化内涵。方案放弃了惯用的“精致收敛”的思路，转而采用“超越尺度限制”的巨型构件，加上对中国文化精髓的异化，最终营造出质感强烈而与众不同的视觉效果。虽然后来这个方案没有被选中，但体现出的探索和思考却值得研究。从概念构思上看，这个中国馆尝试将龙舞、烟火等传统意象凝聚在“天人合一”的深邃哲学之中，进而对传统意象和造型元素进行分解、异构、整合，而不是迎合“他者”对中国元素的理解。从空间上看，参观流线采用最适合大量人流的坡道，既有步移景异的空间景观，又能较圆满地解决复杂情况下的垂直和水平交通问题。内部空间的多变和大尺度，出乎意料地形成“强意向性”的叙事空间，既符合“世博盛会”的事件主题，也放大了人们对中国元素的想象。设计的遗憾之处在于没有对结构形式进行更深入的研究。只要建筑空间能够超越单纯的功能性审美要求，就有可能凝聚在某种叙事化的表达之中。由于叙事性是对体验而不是对行动和事件本身的符号再现，这样看来，探寻和捕捉场所固有的特定逻辑，将其放大成某种特定的空间尺度，就能够出现更具张力的设计效果。这是“中国馆”给我们带来的收获，也在一定程度上促成了后续一些作品的成功。2009 年，我们在深圳观澜版画美术基地的国际设计竞赛中获得第一名，这个看似唐突、极端的建筑造型，实则紧扣场所自身的内在逻辑，并在空间尺度上形成足够的放大效应。作品的好评和争议也验证了我们长期以来的一些思索。观澜版画美术基地位于深圳市宝安区，建成后将是全国最大的版画博览和交易中心。分析基地自身的各条线索：两座隆起的山丘和一山之隔的高尔夫球场是非常重要的地貌条件，山丘制高点连线的垂直线，形成一条具有某种空间递进关系的轴线；而场地的人文线索在于基地内有一条客家古街和一组旧厂房，形成另一条贯穿基地南北的轴线。旧建筑前的月牙形水塘代表了客家文化的特征。参赛各家方案都关注到上述两条线索，但建筑造型的处理方式各不相同。很多方案水准甚高，但多在试图营造一些“尺度适宜”的内部空间，或是追求某种贴合感和审美的图案化，却淡化了场所可被更大程度发掘的潜在信号。我们的方案则是将美术馆主体抬高架设于两个山丘之间，建筑恰好与山体形成一种连接关系；美术馆形体折起，形成虚空的体量，让出客家古街的轴线使之延续和山体相连。当两条线索都被戏剧性地放大到极致时，建筑造型以大尺度加以应对，不仅合乎情理，更是创造出独特的场所体验：当人们从窄小的客家老街步步行近架空而生的新美术馆，可以感受到“时空穿梭”般的心境。这次的方案既是出奇制胜，也是深思熟虑的结果，对结构体系等技术环节的考虑也比较到位。可见，当建筑“超越”尺度时，也能呈现出意想不到的叙事效果。

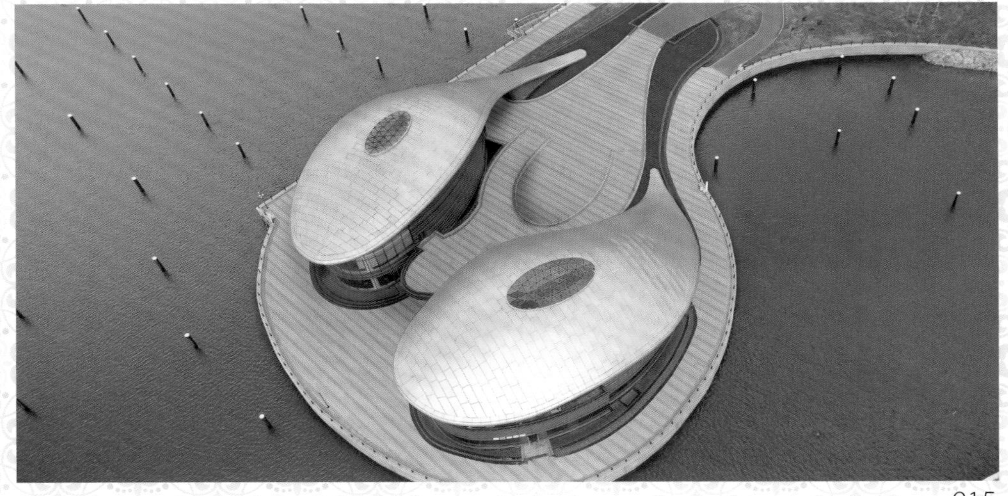

第二章
案例分析

文化中心

- 艺术特征
- 寓意深厚
- 特色立面
- 造型抽象

宁波文化广场

- 项目地点：中国浙江省宁波市
- 开发商：宁波文化广场投资有限公司
- 建筑设计：上海秉仁建筑师事务所
- 景观设计：浙江尼塔园林景观发展有限公司
- 占地面积：158 275 m^2
- 地上建筑面积：202 554 m^2
- 容积率：1.28
- 绿化率：25%

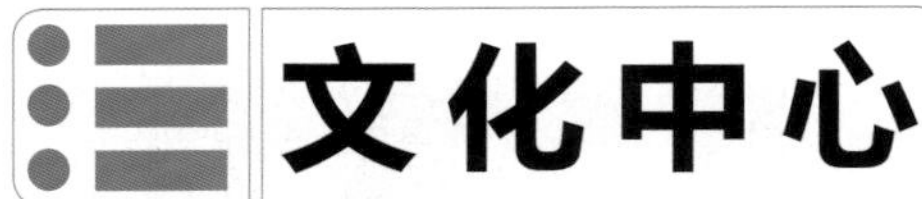

文化中心

关 键 词 ● 海港文化 ● 艺术配套 ● 主题港湾

项目亮点

文化广场的规划思路从海港文化的精髓出发，以回应宁波的历史文化及传统为契机，试图创造一个现代的文化主题港湾，激励文化产业，促进科技教育，振兴商业发展，带动东部新城总体文化及经济的繁荣。

项目概况

项目位于宁波东部新城，东西分别以河清路、海晏路为界，南北分别以中山路、宁穿路为界文化广场的规划思路从海港文化的精髓出发，以回应宁波的历史文化及传统为契机，试图创造一个现代的文化主题港湾，激励文化产业，促进科技教育，振兴商业发展，带动东部新城总体文化及经济的繁荣。

区块设计

项目分为四个区块分别设计。

东北区块

用地面积约 38 400 m^2，总建筑面积（不包括地下建筑面积）46 385 m^2。其内部功能包括 1 个 1 500 座的多功能剧场，7 个 80 ~ 200 座规模不等的影院放映厅以及配套设置的艺术排练区、艺术研究和交流中心、制作中心等服务和相关商业设施配套。

西北区块

该区域用地面积约 47 400 m^2，总建筑面积（不包括地下建筑面积）70 008 m^2。内容主要由海港文化体验中心、儿童滨水娱乐场所以及以科技展示空间、科技体验空间、会议交流空间为主的科技馆、球幕科技影视空间、科技展销空间等主要功能组成。

西南区块

基地面积约 53 300 m^2，总建筑面积（不包括地下建筑面积）61 566 m^2。海港城由一系列 2 ~ 6 层的通用建筑组成，沿街的三个主要建筑由西向东分别是儿童娱乐中心、群众文娱艺术馆及时尚健身馆。配合这三个主题建筑，在北面设计了一系列有趣的小型服务建筑。

东南区块

文化沙龙基地面积约 19 200 m^2，总建筑面积（不包括地下建筑面积）24 595 m^2。文化沙龙由沿河的高层高级文化会所和艺术沙龙构成。

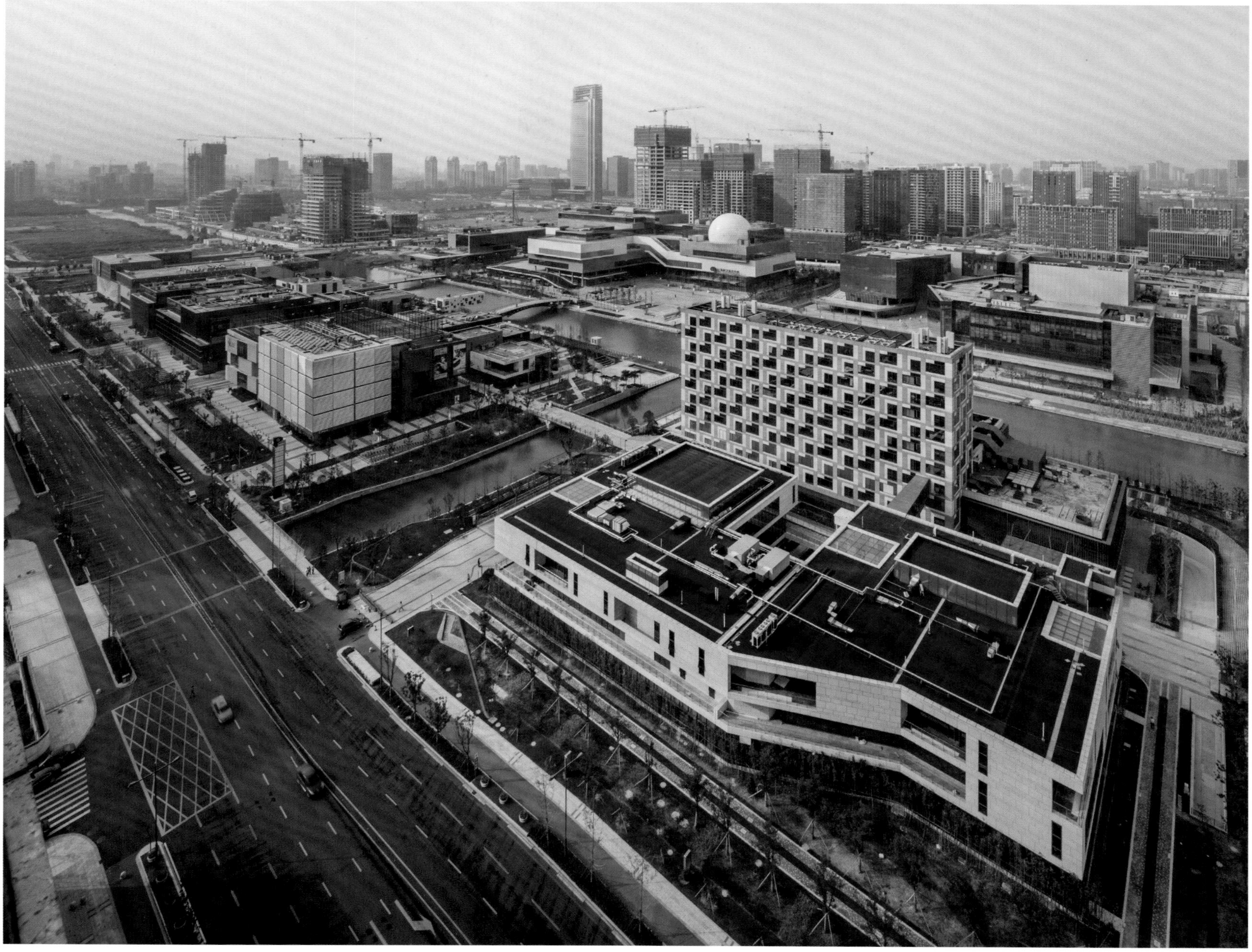

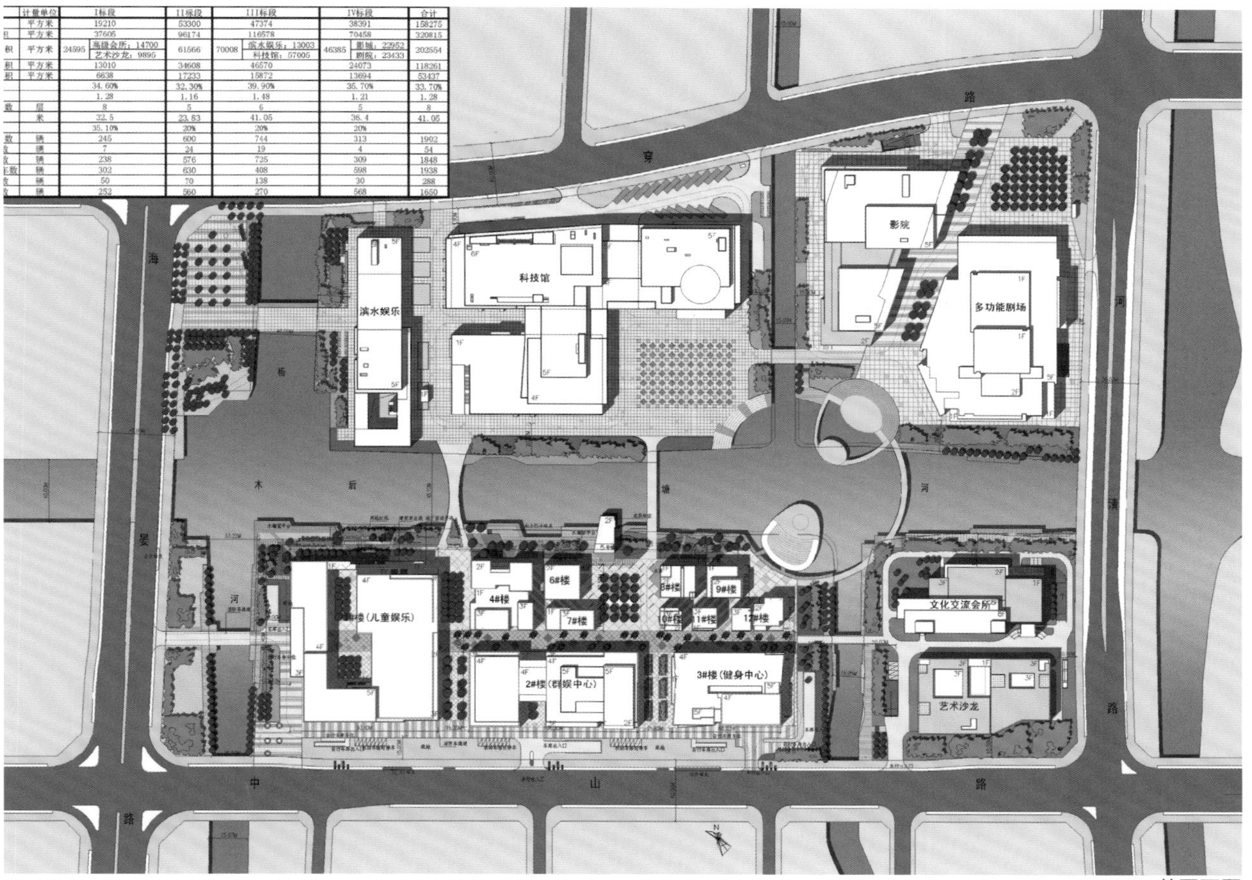

	计量单位	I标段		II标段	III标段		IV标段		合计
	平方米	19210		53300	47374		38391		158275
积	平方米	37605		96174	116578		70458		320815
积	平方米	24595	高级会所：14700 艺术沙龙：9895	61566	70008	滨水娱乐：13003 科技馆：57005	46385	影城：22952 剧院：23433	202554
积	平方米	13010		34608	46570		24073		118261
积	平方米	6638		17233	15872		13694		53437
		34.60%		32.30%	39.90%		35.70%		33.70%
		1.28		1.16	1.48		1.21		1.28
数	层	8		5	6		5		8
	米	32.5		23.83	41.05		36.4		41.05
		35.10%		20%	20%		20%		
数	辆	245		600	744		313		1902
数	辆	7		24	19		4		54
数	辆	238		576	725		309		1848
E数	辆	302		630	408		598		1938
数	辆	50		70	138		30		288
数	辆	252		560	270		568		1650

总平面图

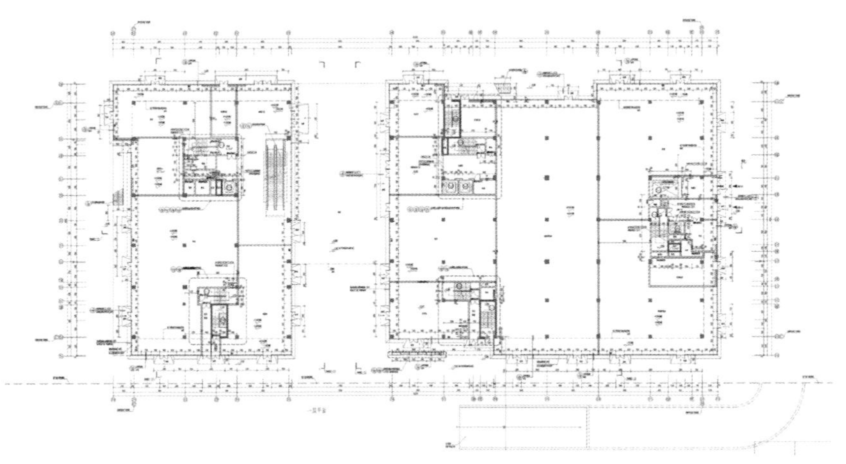

一层平面图

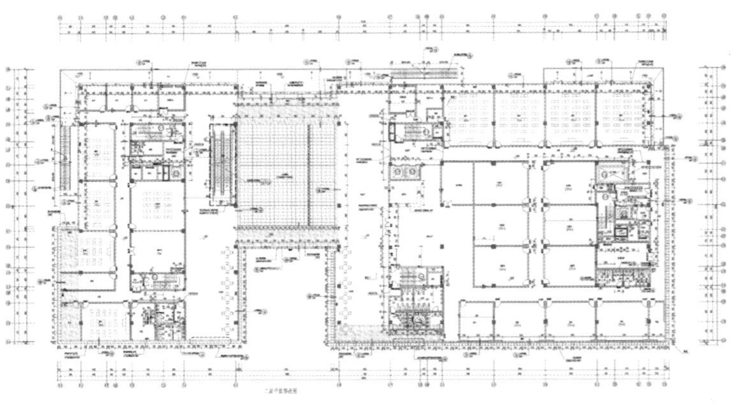

二层平面图

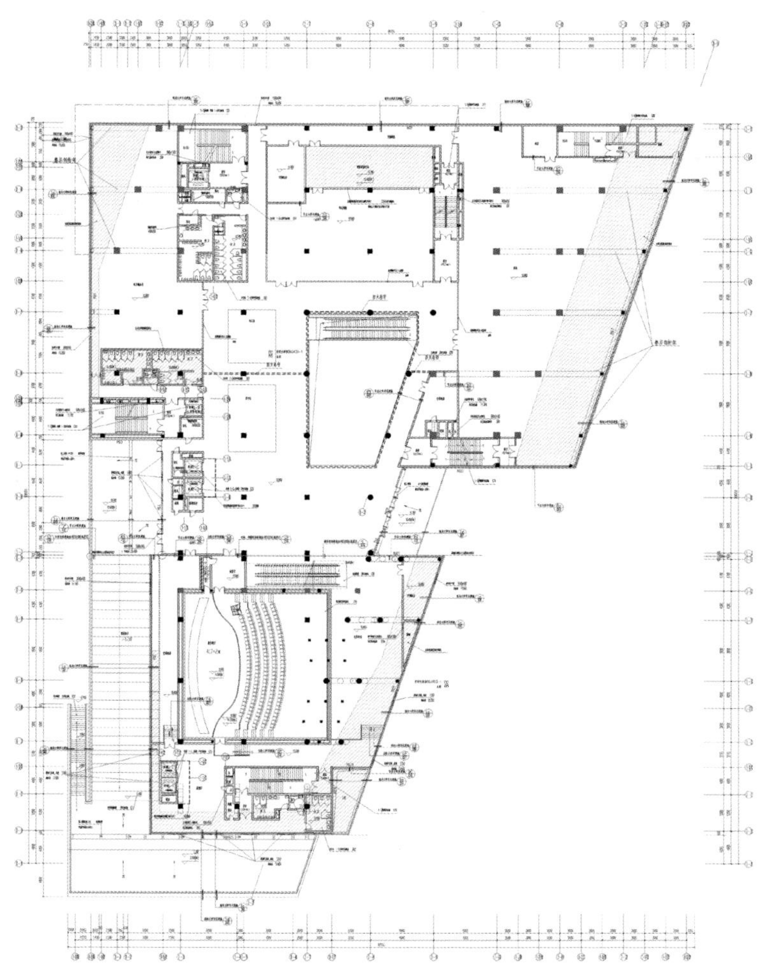
三层平面图

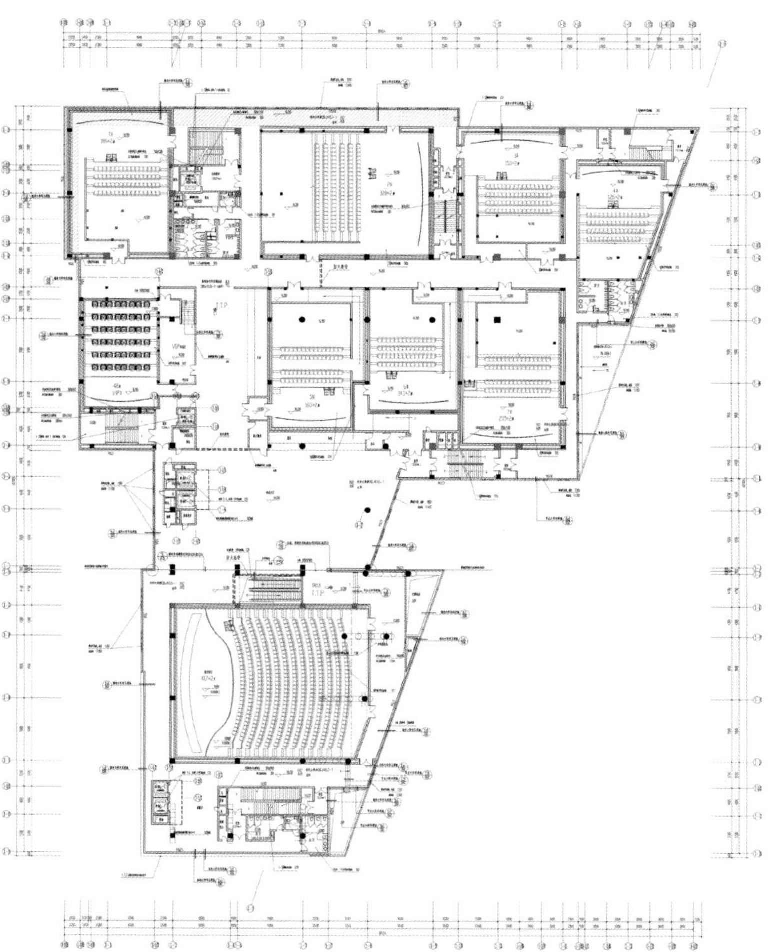
四层平面图

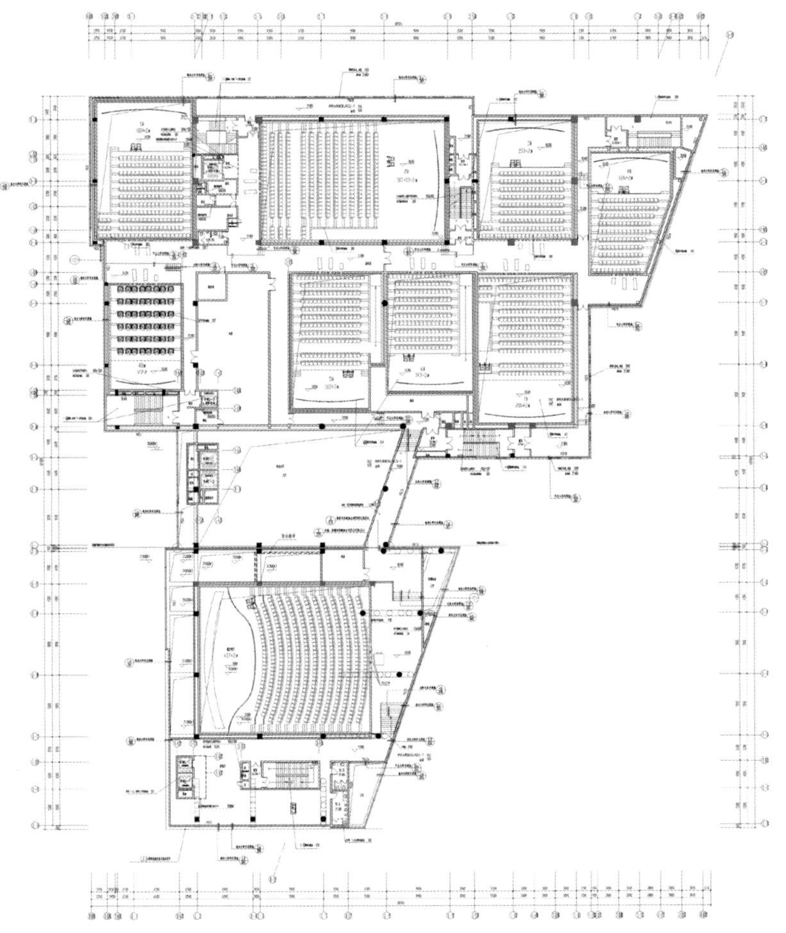
五层平面图

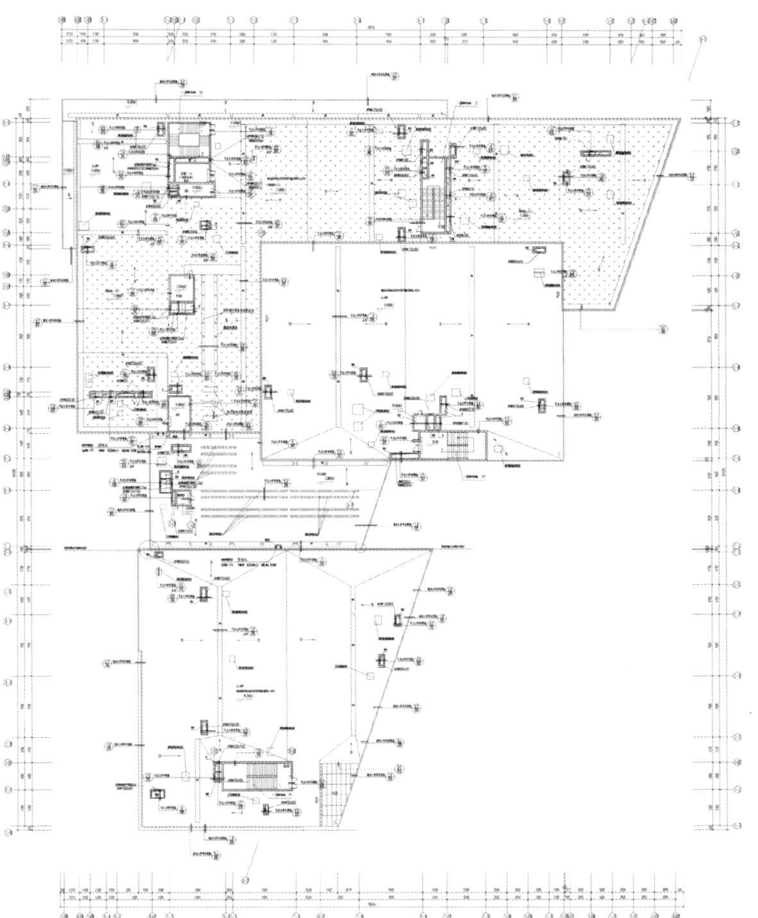
顶层平面图

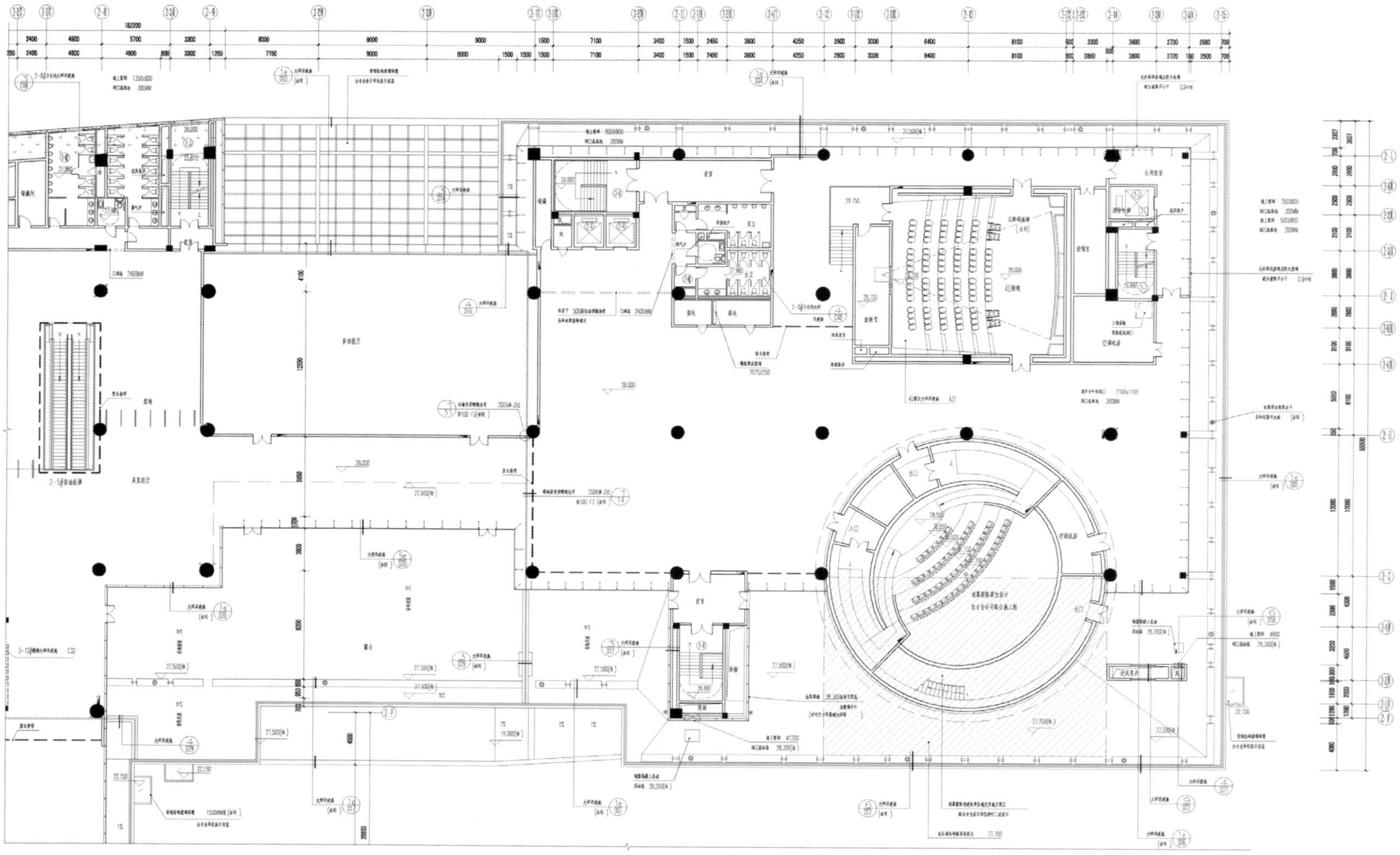

B 区 五层平面图

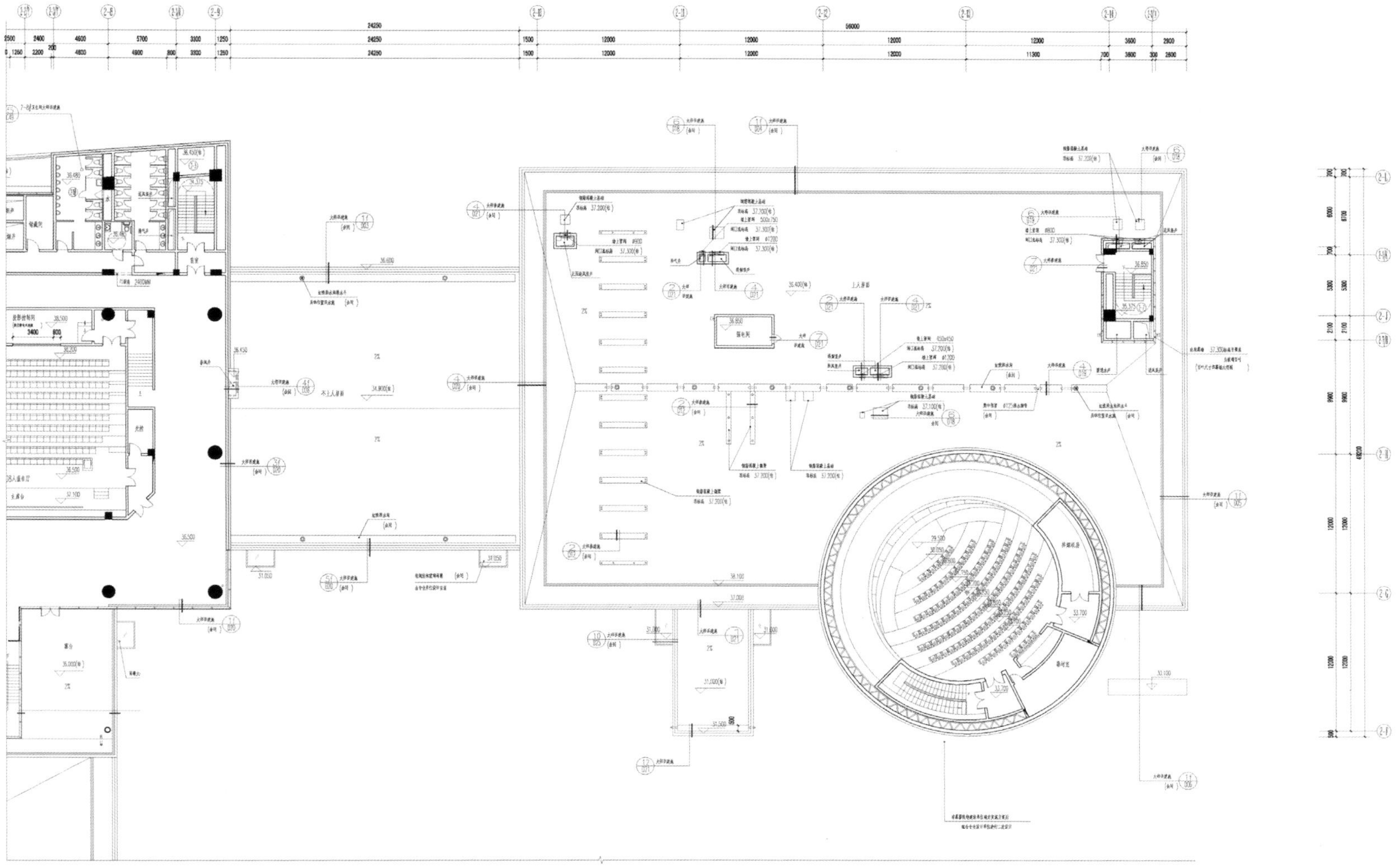

B 区 六层平面图

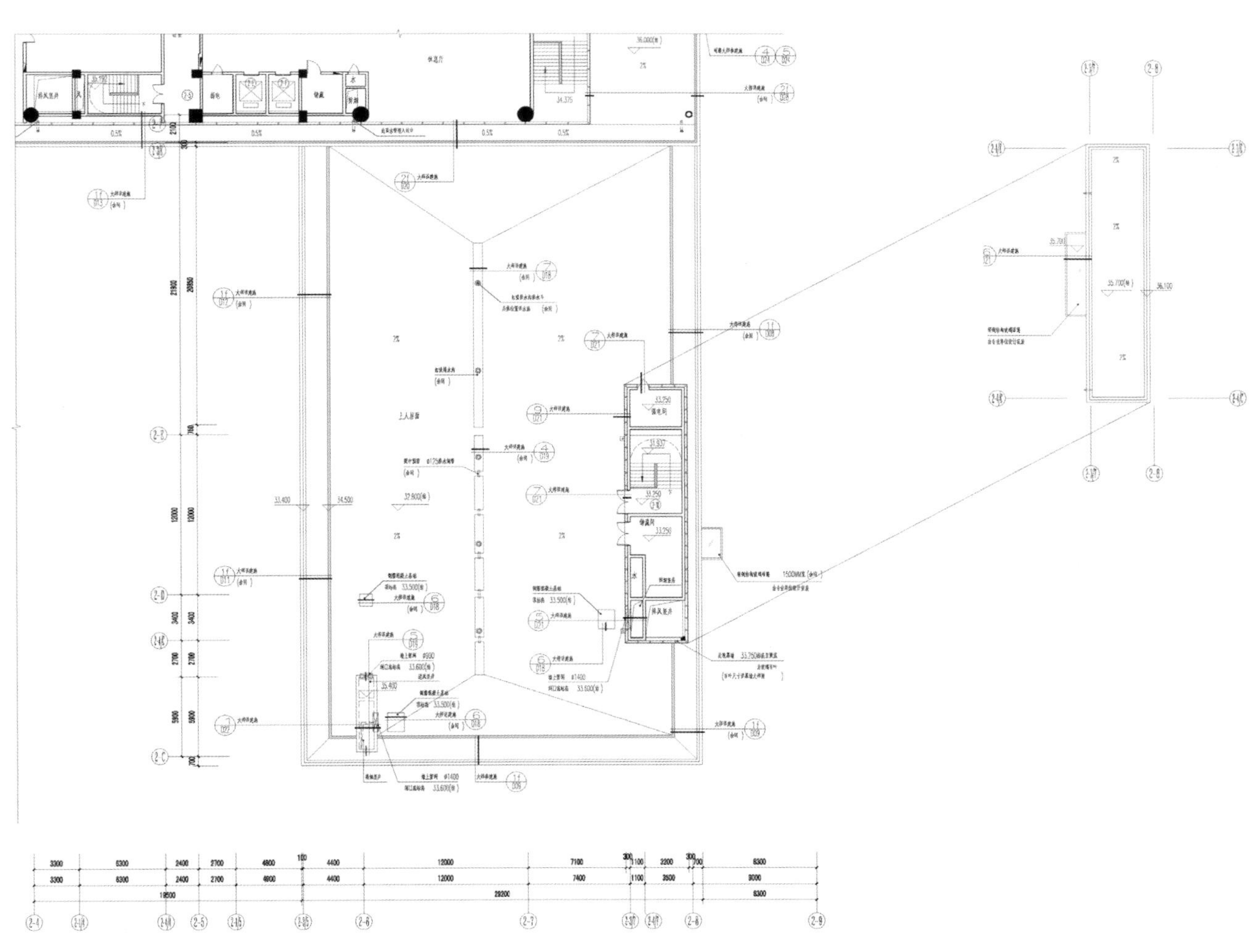

C 区六层平面图

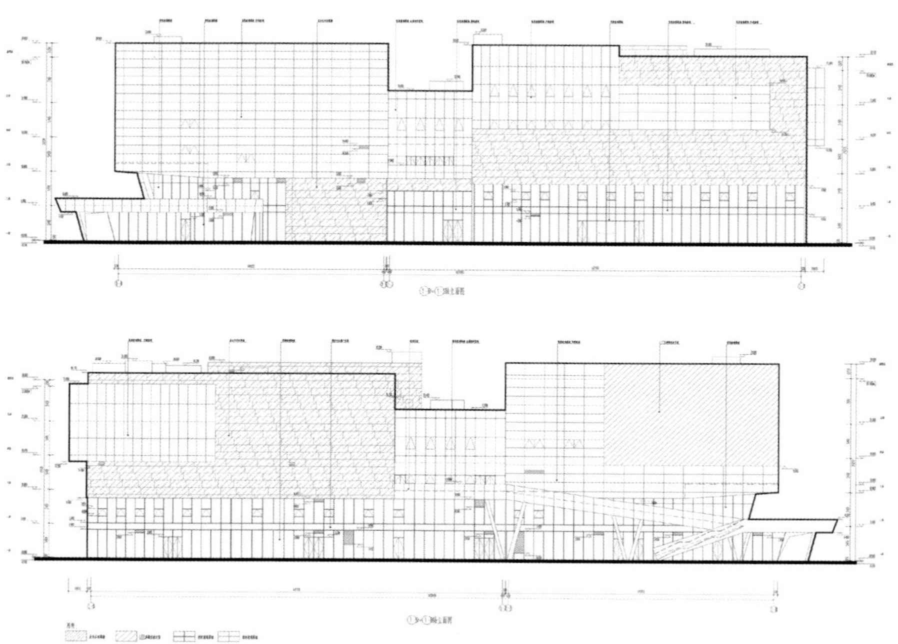

立面图

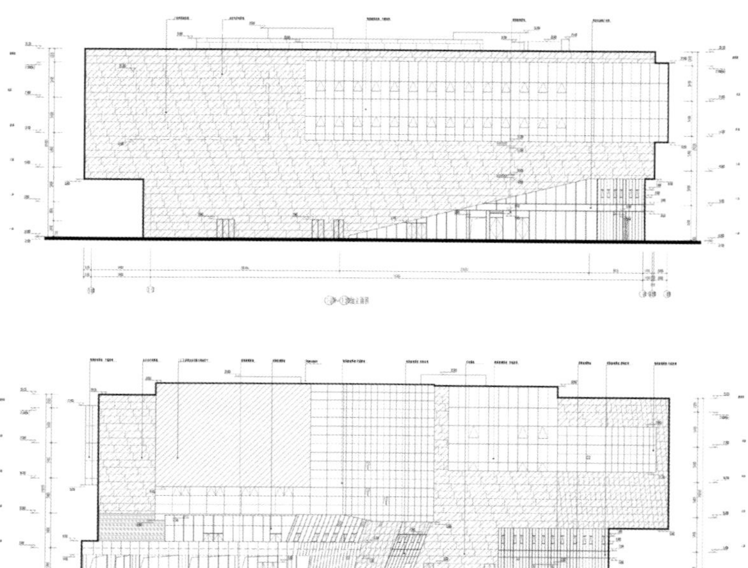

立面图

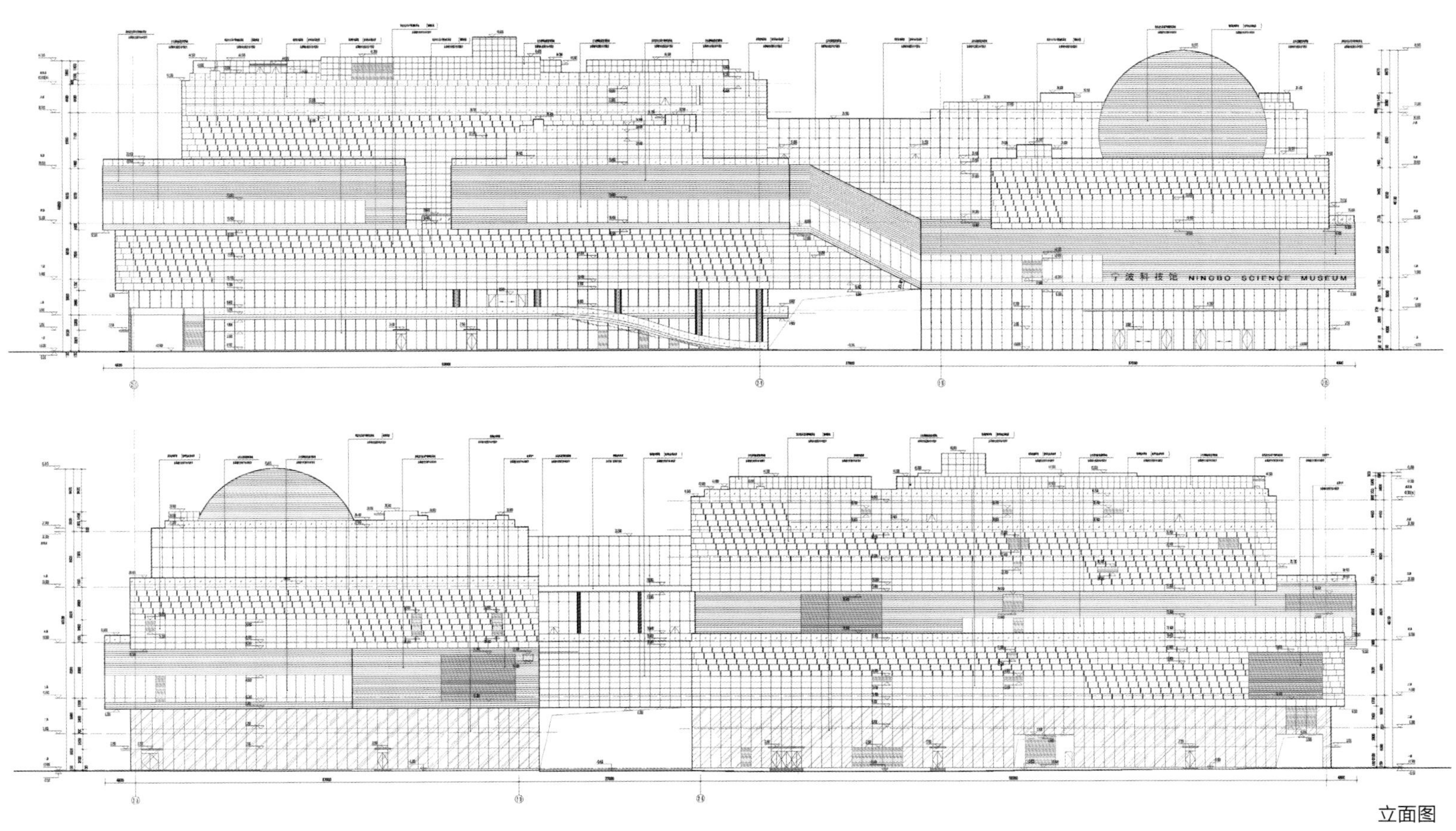

立面图

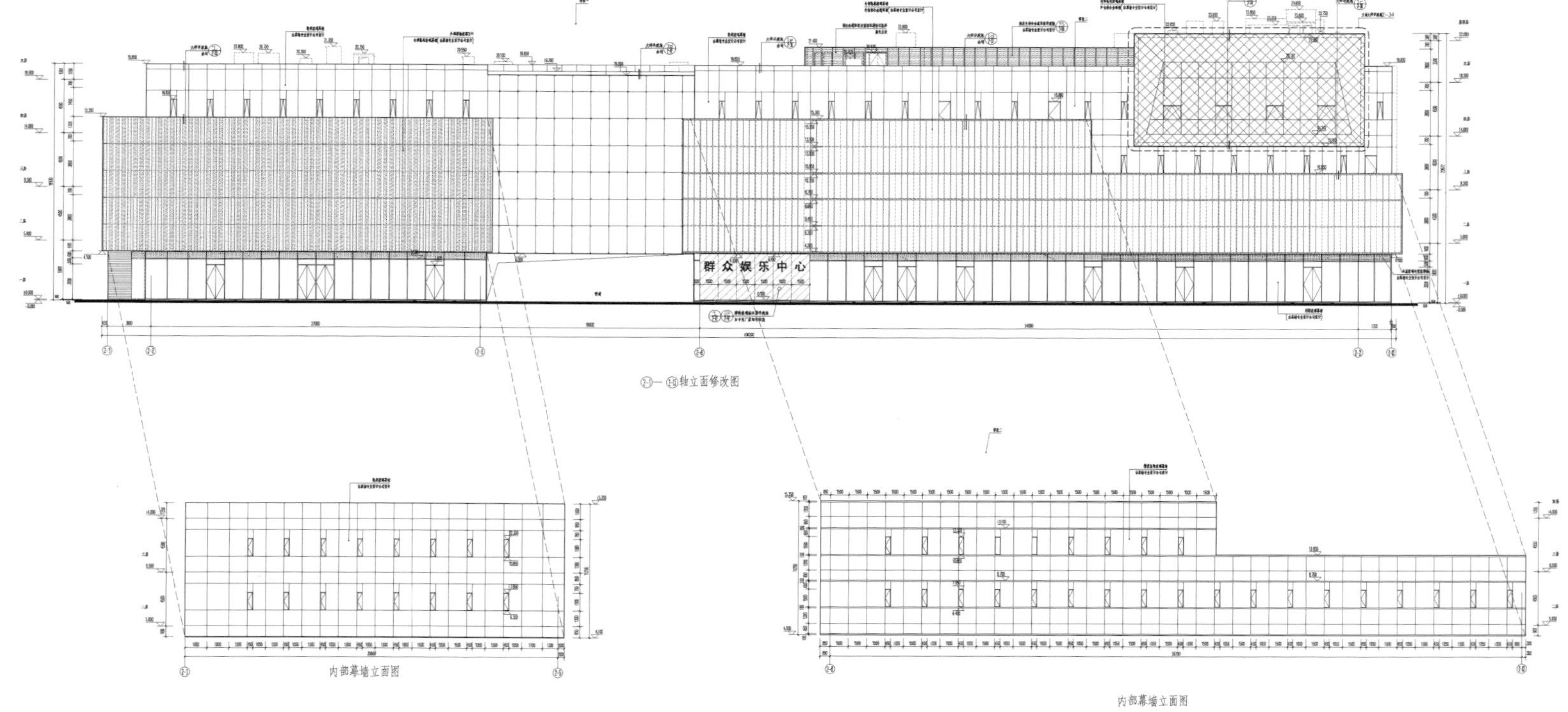

轴立面图

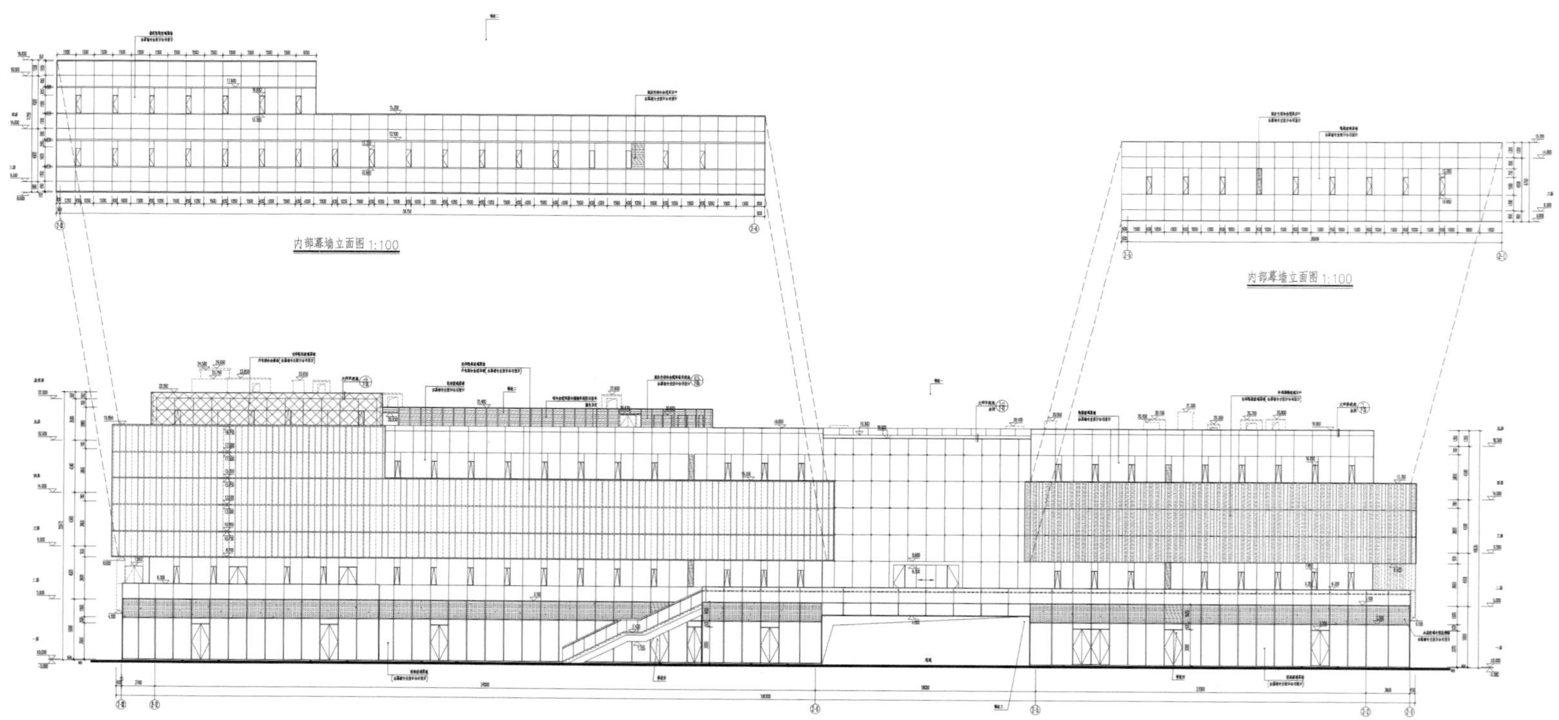

轴立面图

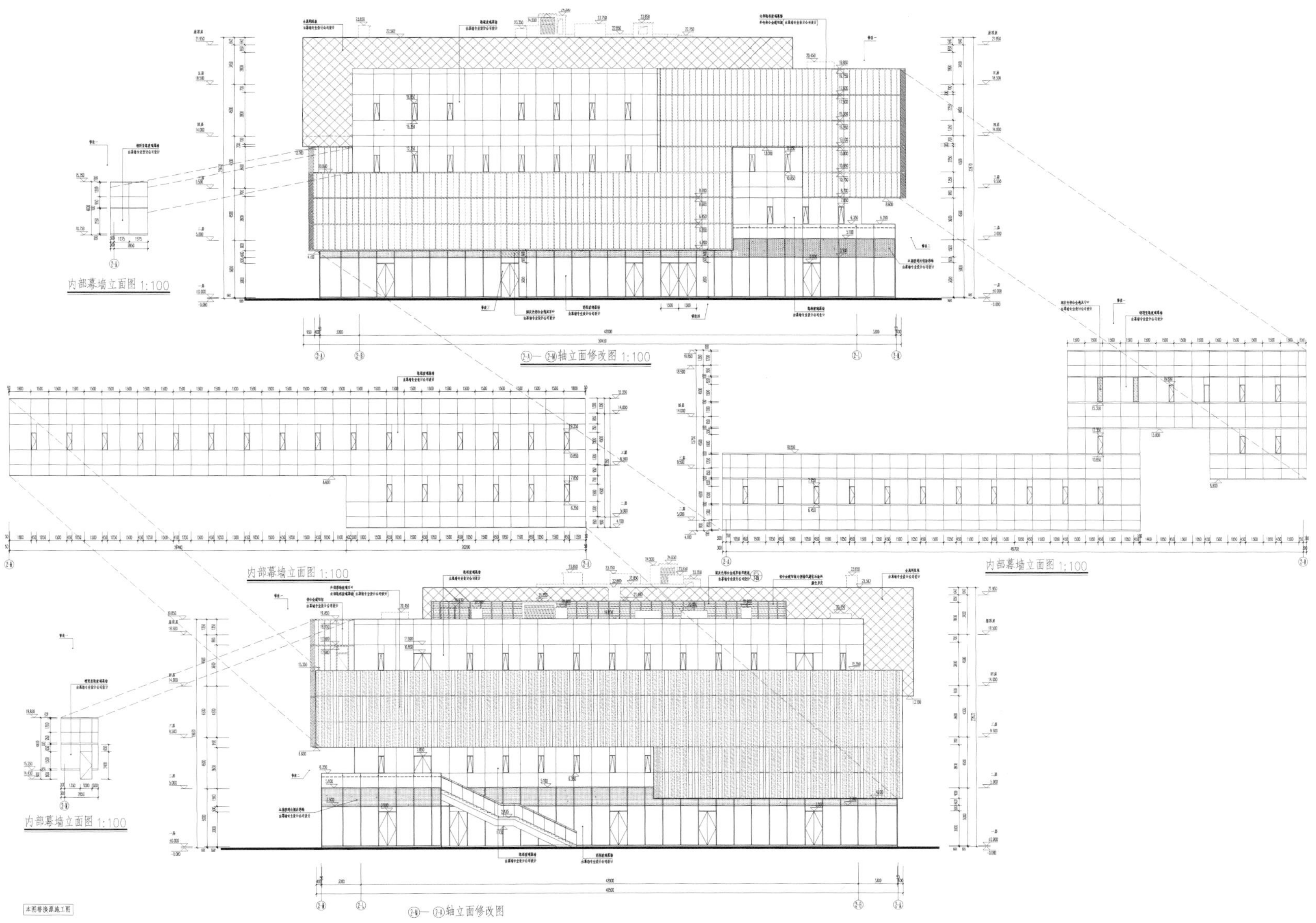

轴立面图

OULIN
P

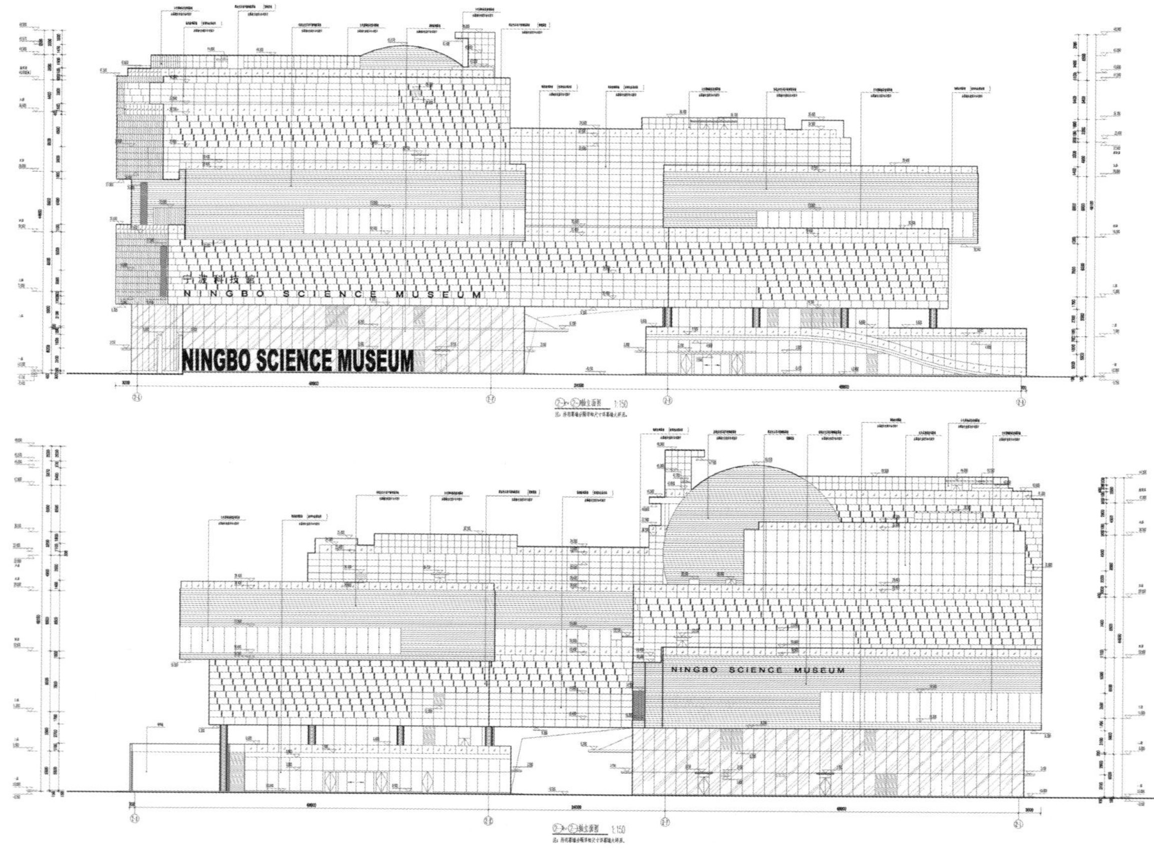
宁波科技馆
N I N G B O S C I E N C E M U S E U M
NINGBO SCIENCE MUSEUM
NINGBO SCIENCE MUSEUM

轴立面图

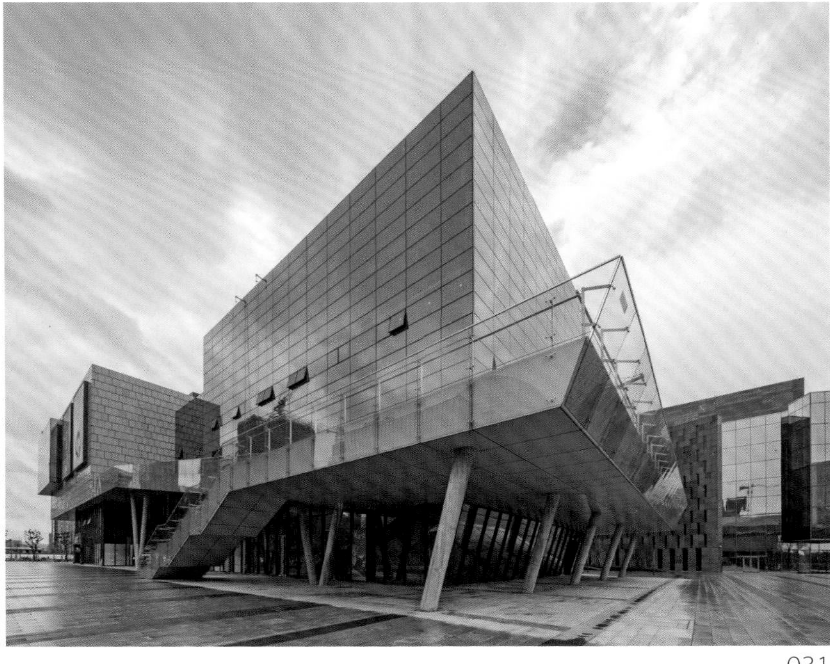

宁波文化广场大剧院
NINGBO CULTURAL PLAZA GRAND THEATRE

济南省会文化艺术中心

- 项目地点：中国山东省济南市
- 业主：济南市西区建设投资有限公司
- 建筑设计单位：法国 AS. 建筑工作室
- 建筑深化设计单位：山东同圆设计集团有限公司　悉地国际（CCDI）
- 基地面积：161 400 m^2
- 建筑面积：380 000 m^2

文化中心

关 键 词　● 双层幕墙 ● 铝板外立面 ● 整体体量

项目亮点　主体建筑部分采用双层幕墙系统。内幕墙部分采用浅灰色玻璃幕墙，外层立面的概念源于泉水，立面效果取自泉水掩映微波浮动的画面，并对影像进行处理，将之像素化。

项目概况

济南是中国东部沿海经济大市，项目所在的济南西客站片区，无疑是继奥体片区之后最热门的区域，在京沪高铁工程的带动下，济南以西客站规划为契机，其发展的潜力有目共睹，无可争议的成为济南下一个重点开发板块。

项目布局

项目三馆的各个功能建筑将被作为一个整体体量进行设计。腊山河是地块内重要的自然景观元素。基地南侧为济南大剧院，东侧为会展中心，因此建筑在东南方向向内退以形成广场，并与会展中心的广场相互呼应。一条南北向的轴线从建筑中间贯穿，形成主要的公共空间，并与入口广场相结合，成为联系各个功能建筑的一条主要流线。在体量上，整个建筑分为北侧的主楼部分以及南侧的美术馆部分。主楼部分包括图书馆、群艺馆以及二期待建的配套公建，而美术馆则作为一个艺术单体独立其外。

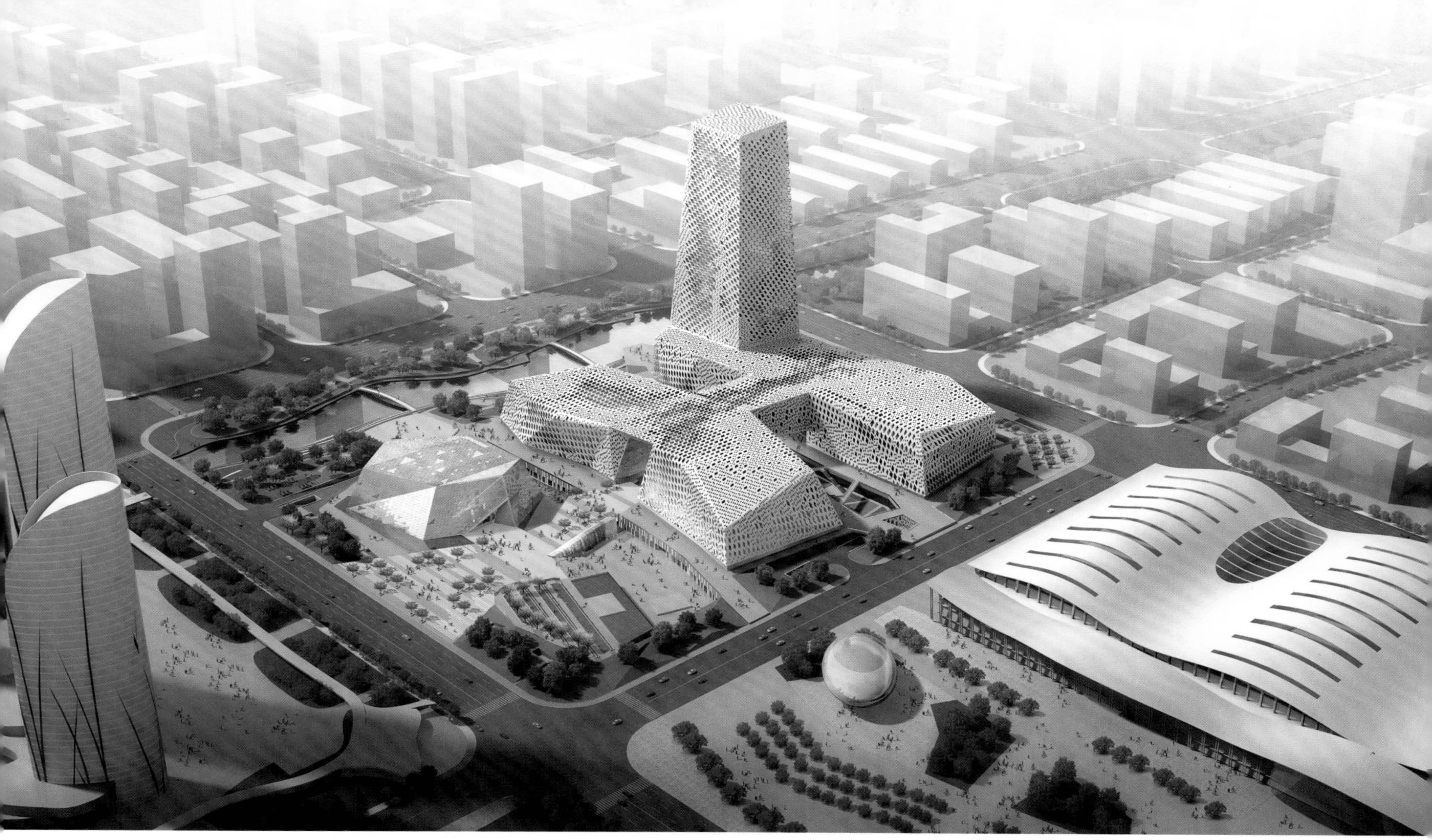

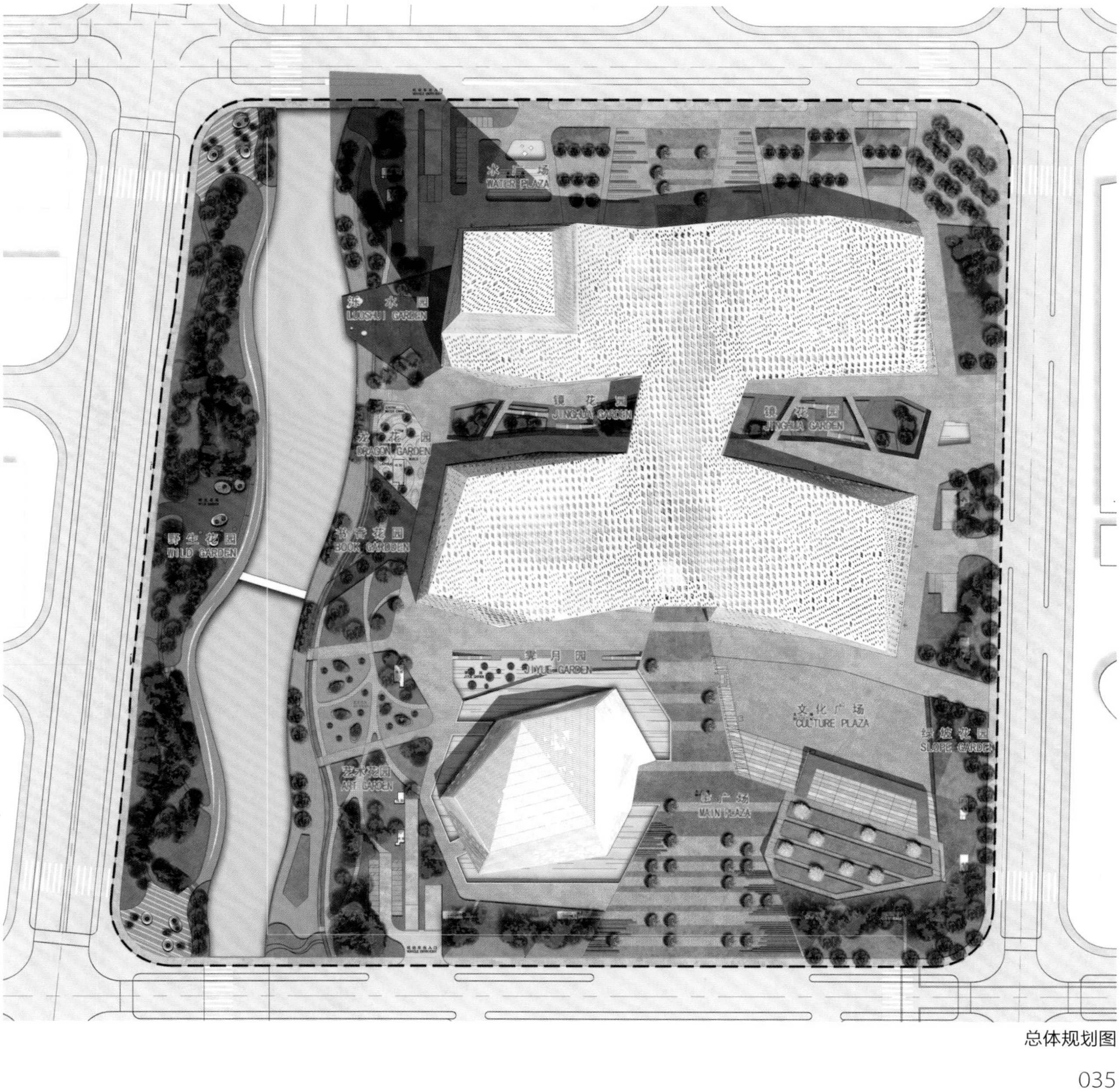
WATER PLAZA
镜花园
JINGHUA GARDEN
镜花园
JINGHUA GARDEN
DRAGON GARDEN
野生花园
WILD GARDEN
BOOK GARDEN
JINYUE GARDEN
文化广场
CULTURE PLAZA
SLOPE GARDEN
MAIN PLAZA
ART GARDEN

总体规划图

主体建筑设计

主体建筑部分采用双层幕墙系统。内幕墙部分采用浅灰色玻璃幕墙，外层立面的概念源于泉水，立面效果取自泉水掩映微波浮动的画面，并对影像进行处理，将之像素化。将取自水滴形状的菱形排列组合形成水面，再将此图案赋予建筑立面上，从而形成银灰色镂空铝板外立面。铝板的开洞大小与功能相对应，在满足室内采光需求的同时也兼顾了遮阳的功能。美术馆的立面设计概念则来自于钻石概念。建筑立面上反复强调运用三角形暗喻钻石打磨抛光的切面。明度与透明度不同的材质交错使用，营造了晶莹剔透的质感。在建筑形态上，美术馆仿若一颗倒映在水面上璀璨夺目的钻石与远处的主楼相映生辉。

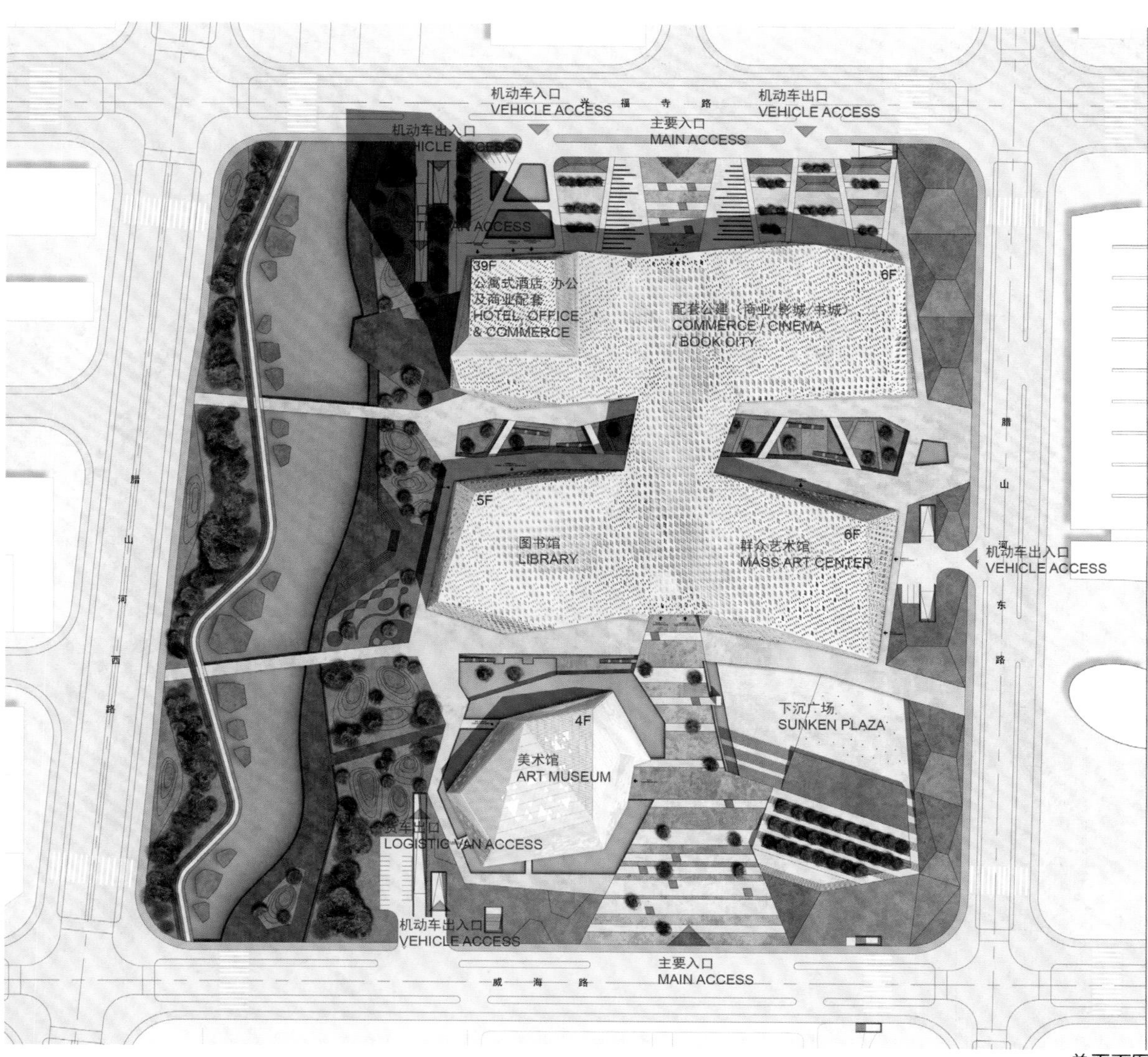

机动车入口
VEHICLE ACCESS
机动车出口
VEHICLE ACCESS
主要入口
MAIN ACCESS
39F
公寓式酒店·办公及商业配套
HOTEL, OFFICE & COMMERCE
配套公建（商业/影城/书城）
COMMERCE / CINEMA / BOOK CITY
6F
5F
图书馆
LIBRARY
群众艺术馆
MASS ART CENTER
机动车出入口
VEHICLE ACCESS
下沉广场
SUNKEN PLAZA
4F
美术馆
ART MUSEUM
LOGISTIC VAN ACCESS
机动车出入口
VEHICLE ACCESS
主要入口
MAIN ACCESS

总平面图

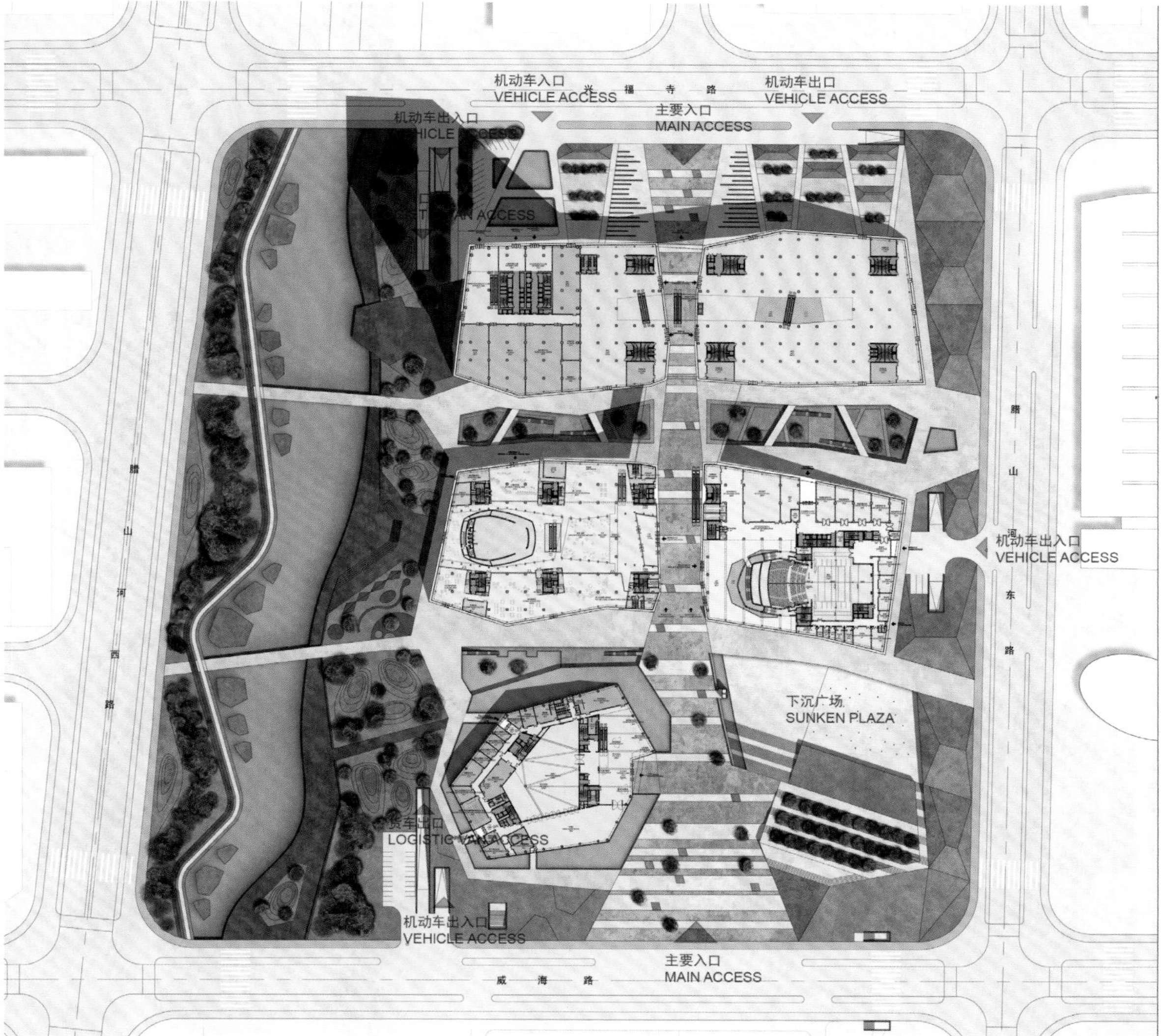

机动车入口
VEHICLE ACCESS
机动车出口
VEHICLE ACCESS
主要入口
MAIN ACCESS
机动车出入口
VEHICLE ACCESS
下沉广场
SUNKEN PLAZA
LOGISTIC VAN ACCESS
机动车出入口
VEHICLE ACCESS
主要入口
MAIN ACCESS

首层平面图

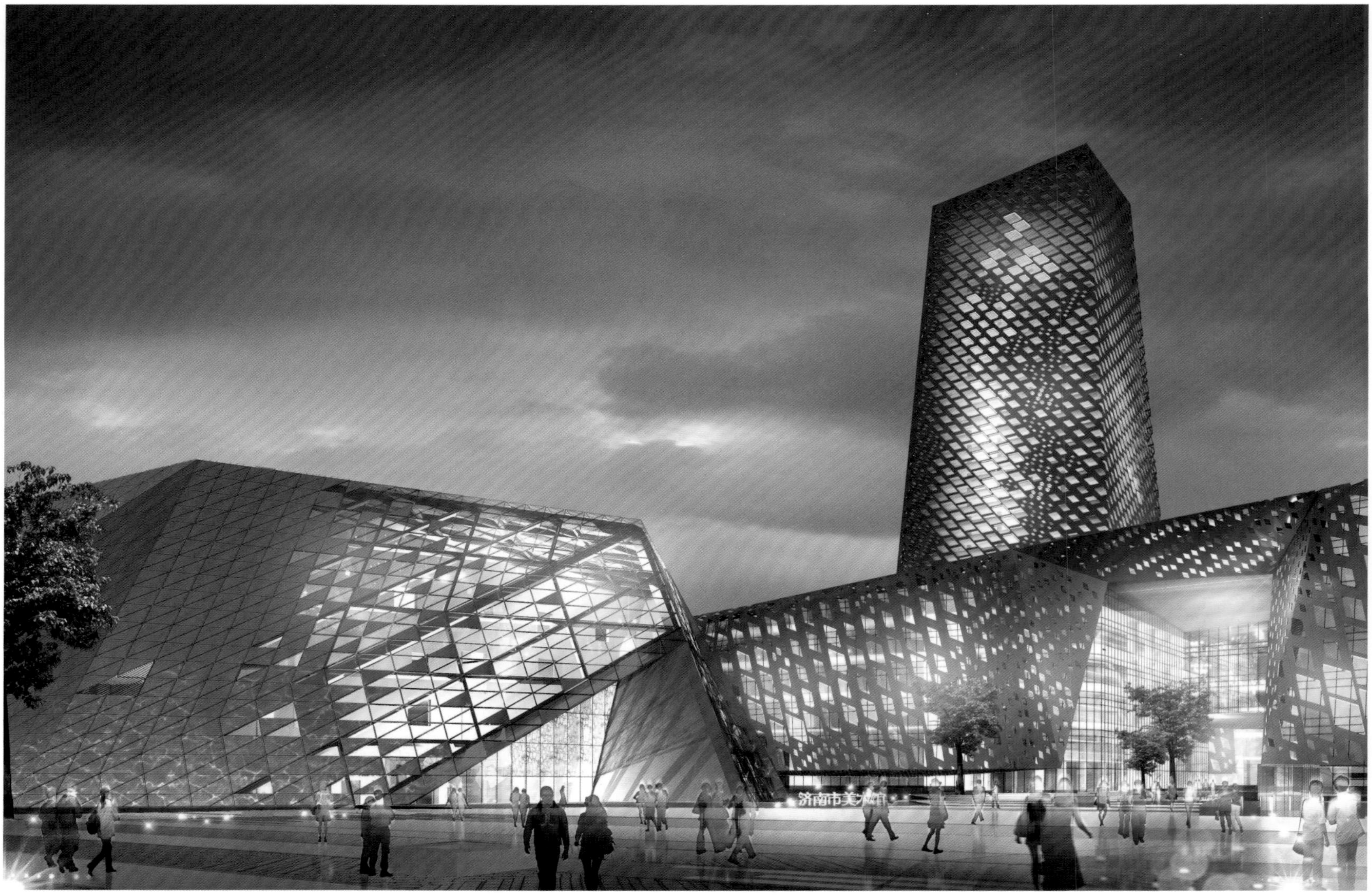

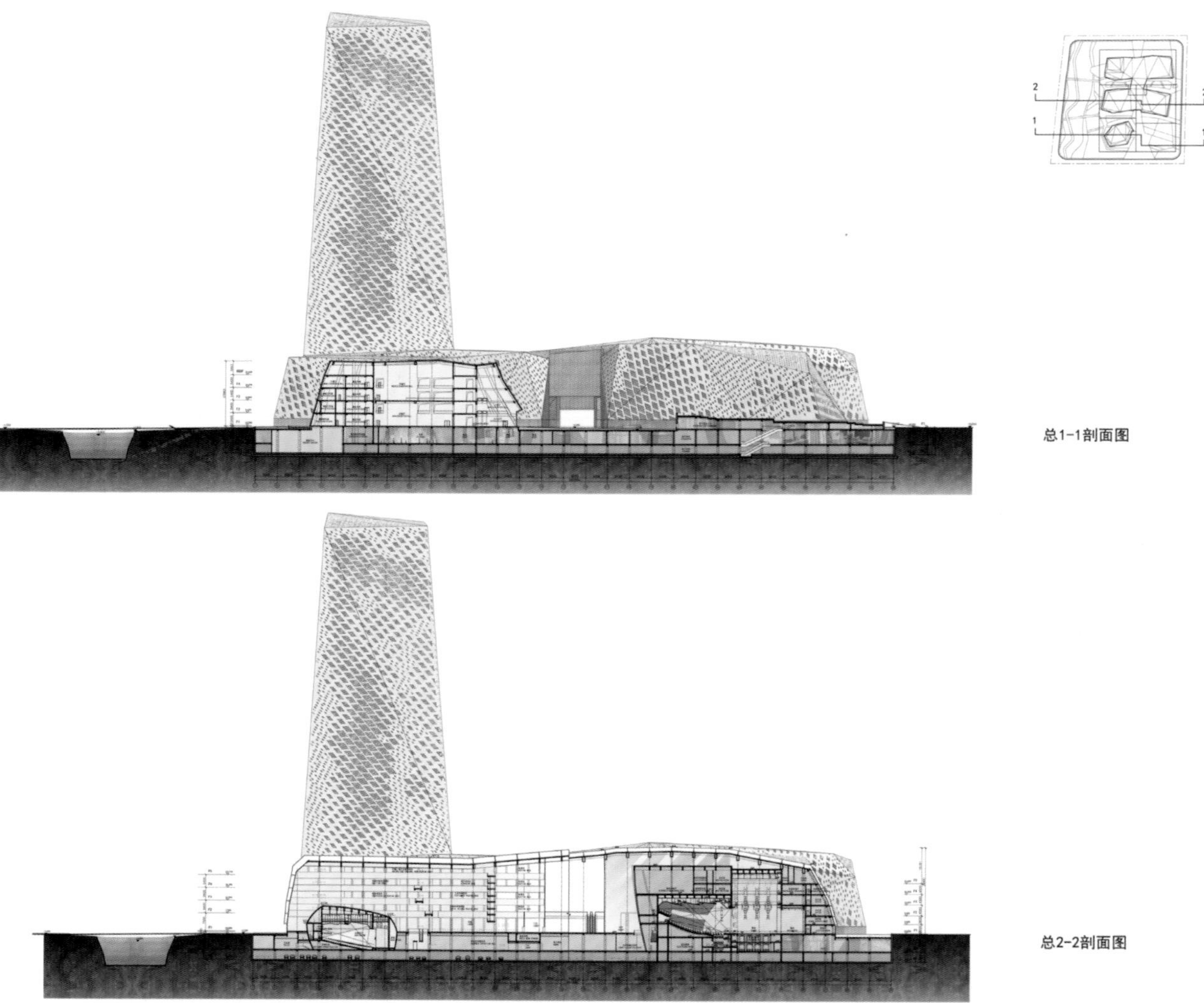

总1-1剖面图

总2-2剖面图

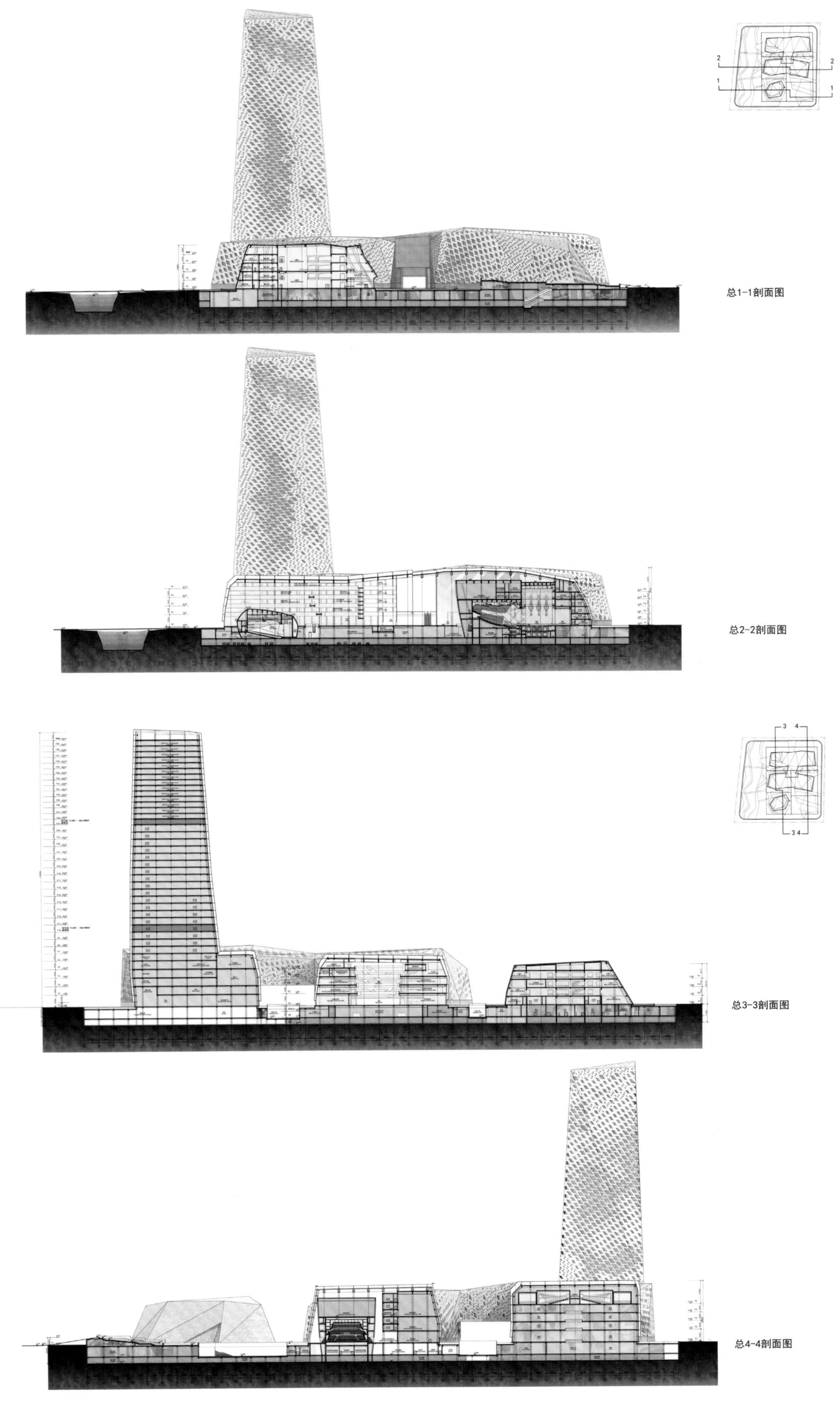

总1-1剖面图
总2-2剖面图
总3-3剖面图
总4-4剖面图

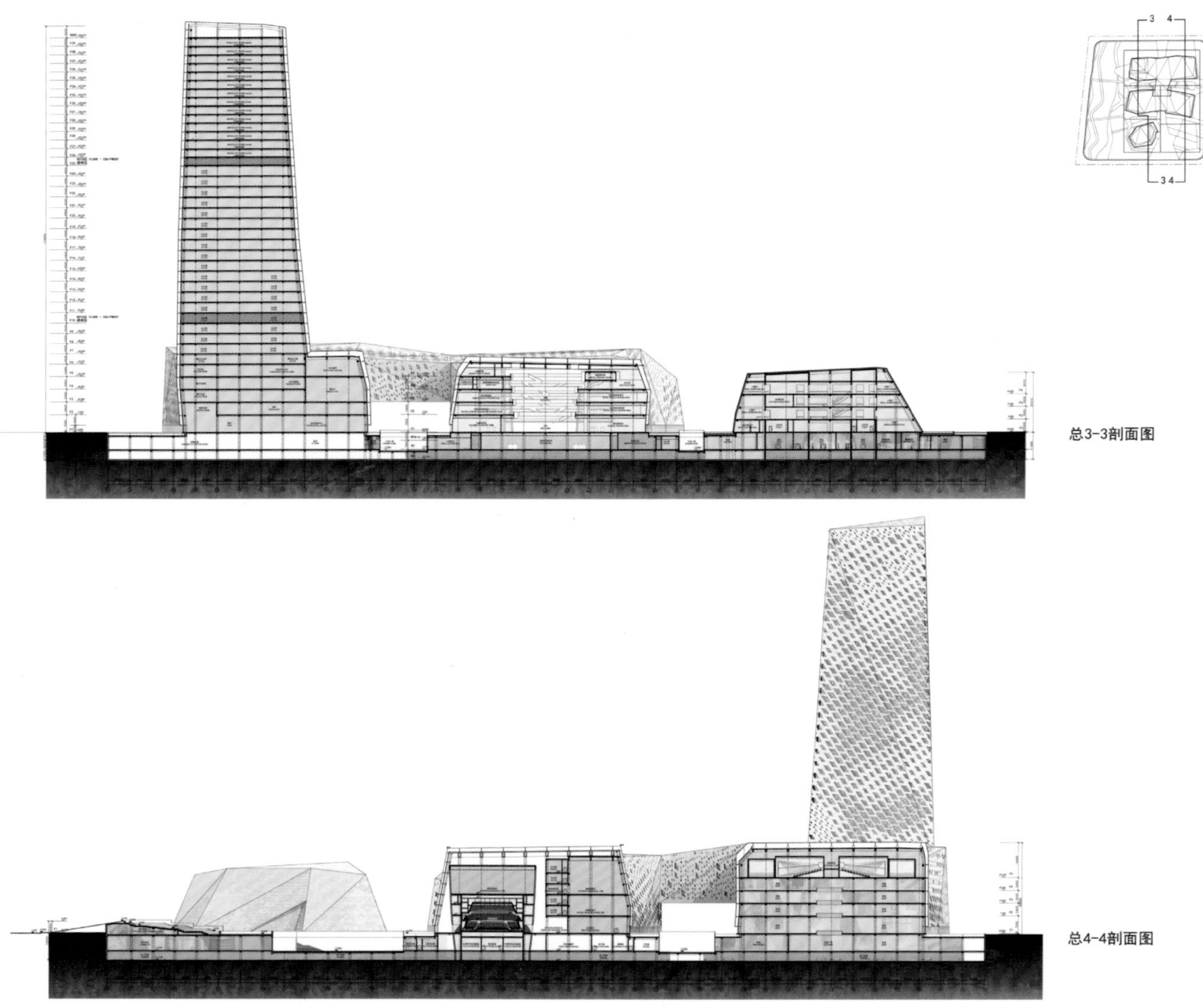

总3-3剖面图

总4-4剖面图

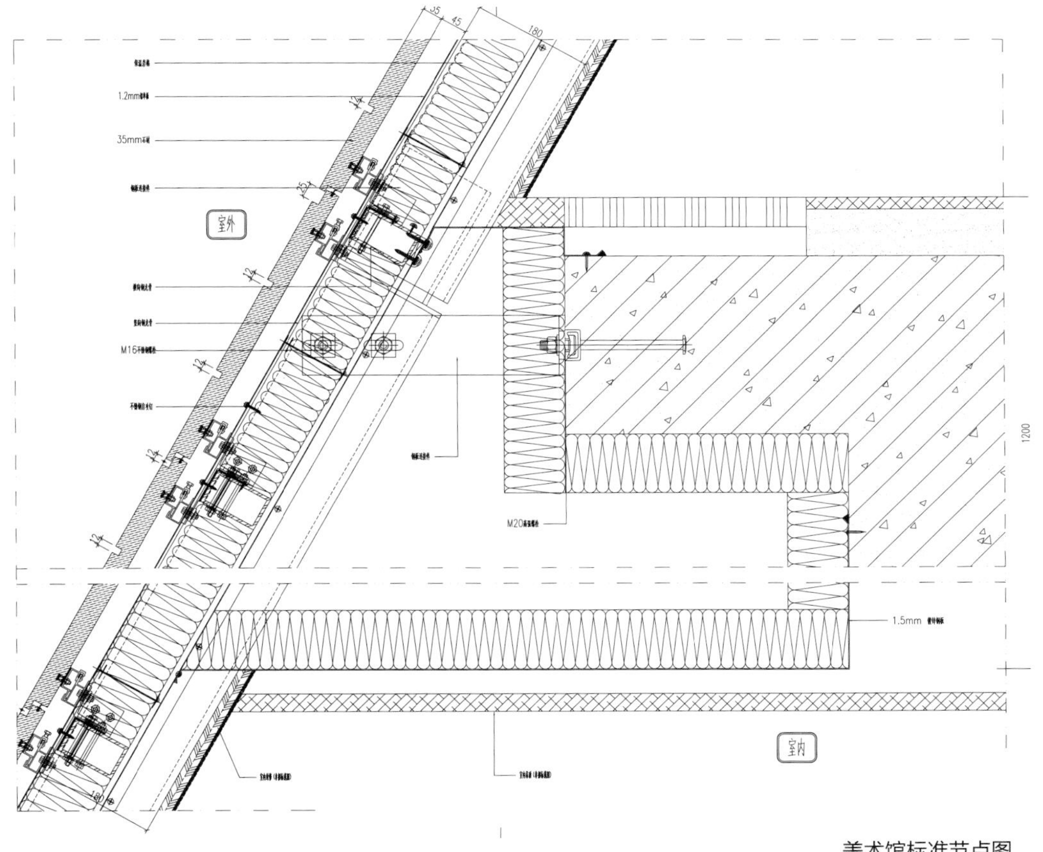

美术馆标准节点图

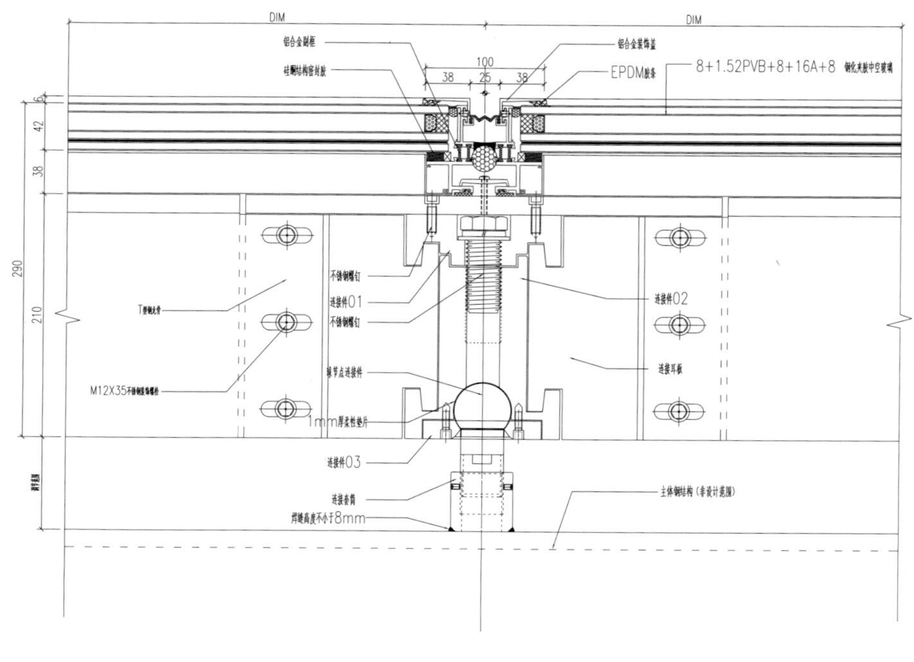

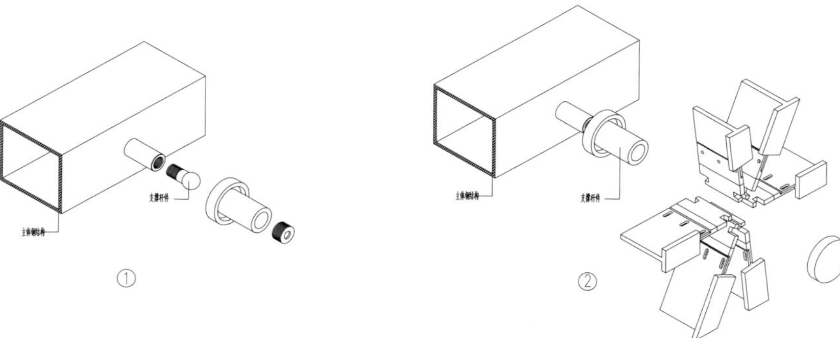

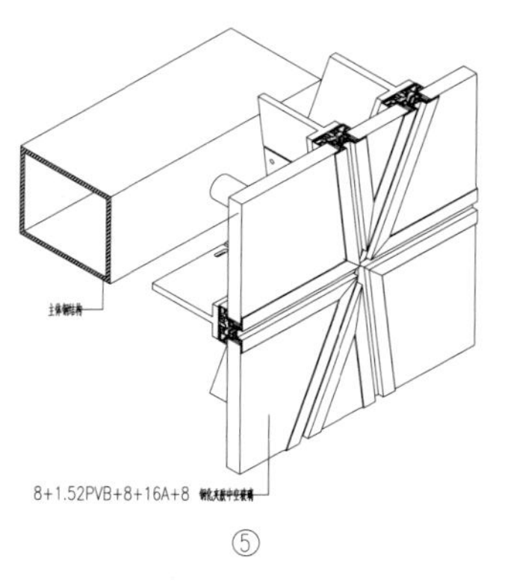

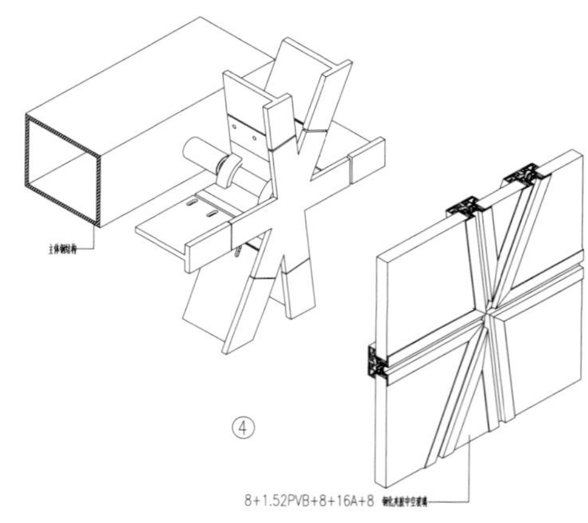

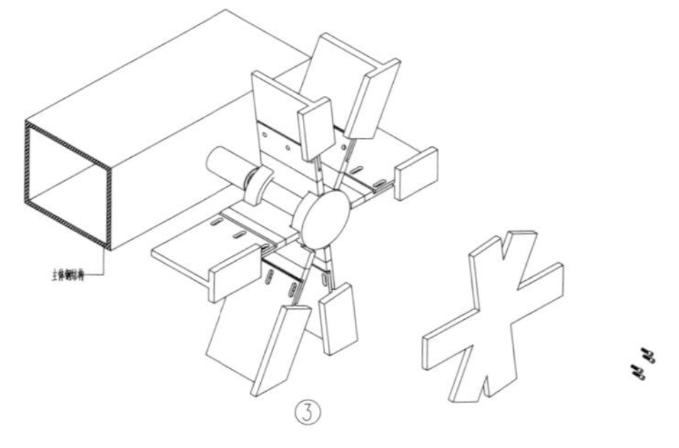

美术馆标准节点

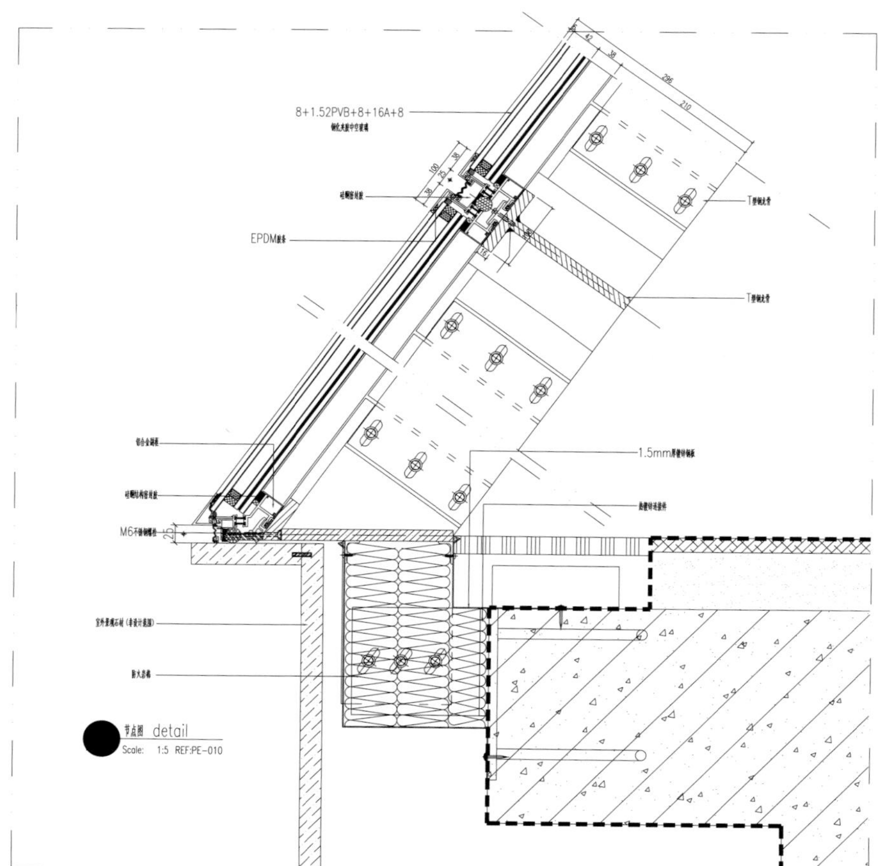

美术馆标准节点

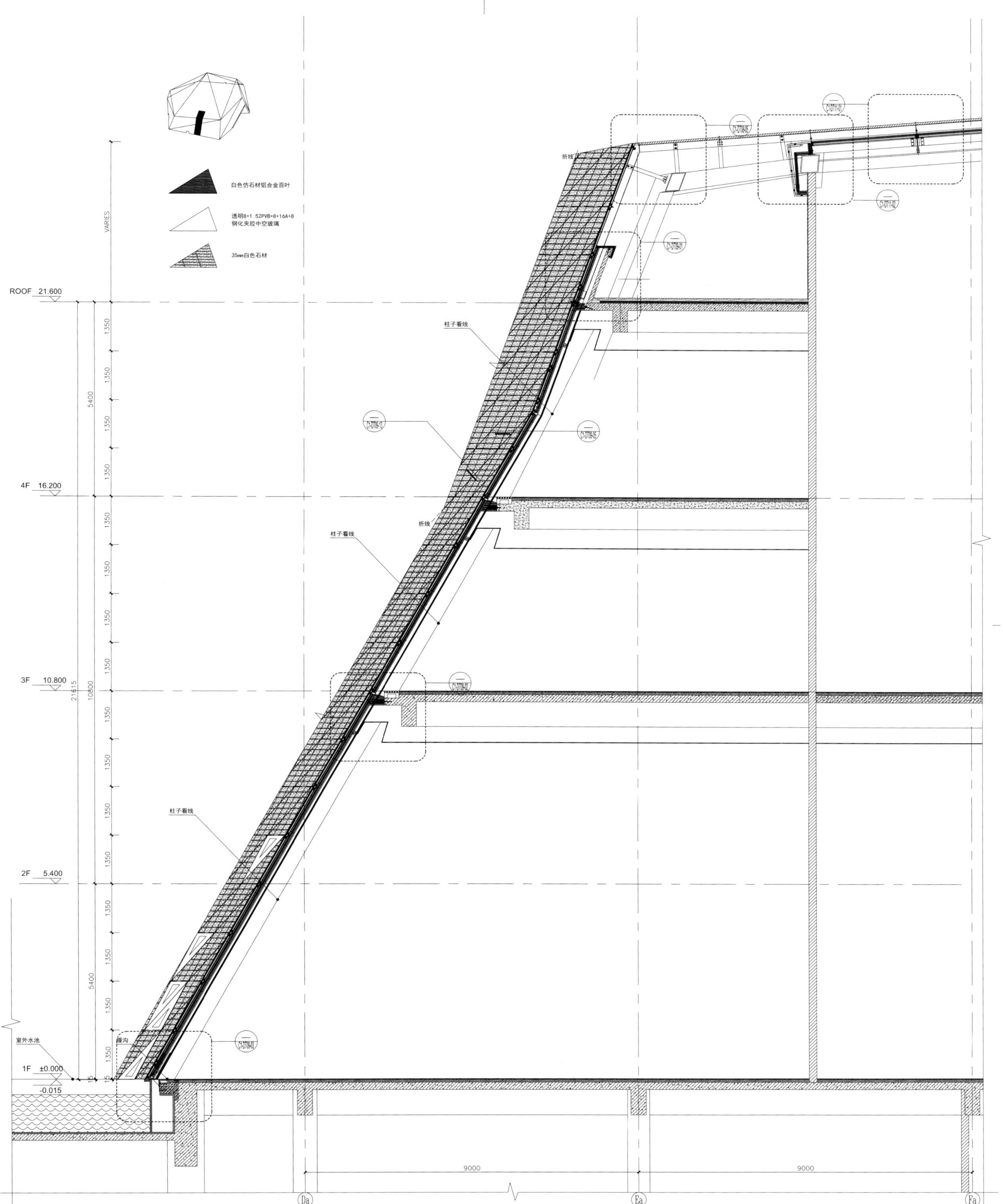

白色仿石材铝合金百叶
透明8+1.52PVB+8+16A+8
钢化夹胶中空玻璃
35mm白色石材
ROOF 21.600
4F 16.200
3F 10.800
2F 5.400
1F ±0.000
-0.015
室外水池
柱子看线
折线
9000
9000

美术馆幕墙放大图

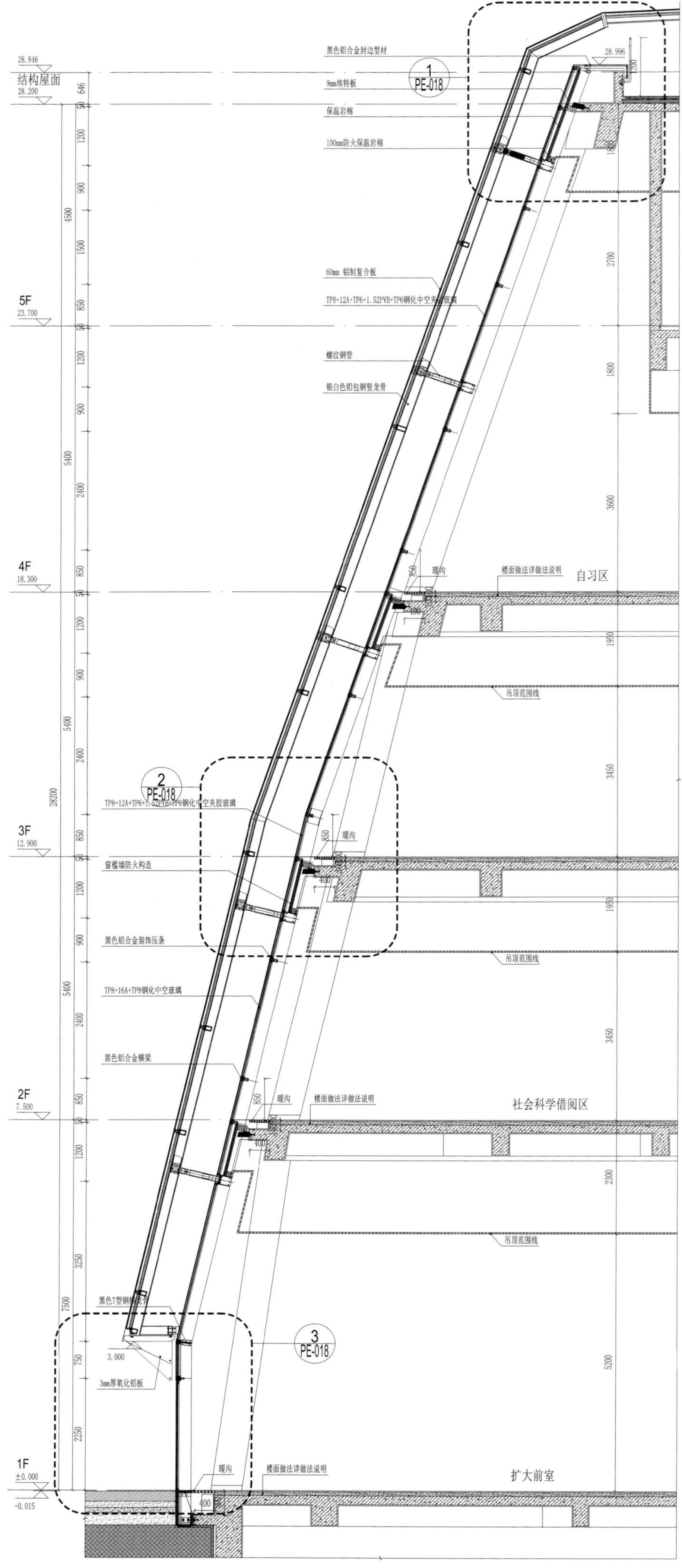
黑色铝合金封边型材
9mm埃特板
保温岩棉
100mm防火保温岩棉
60mm 铝制复合板
TP8+12A+TP6+1.52PVB+TP6钢化中空夹胶玻璃
螺纹钢管
银白色铝包钢竖龙骨
暖沟
楼面做法详做法说明
自习区
吊顶范围线
窗槛墙防火构造
黑色铝合金装饰压条
TP8+16A+TP8钢化中空玻璃
黑色铝合金横梁
社会科学借阅区
黑色T型钢封边
3mm厚氧化铝板
扩大前室
结构屋面
5F
4F
3F
2F
1F
PE-018

图书馆幕墙放大图——剖面图

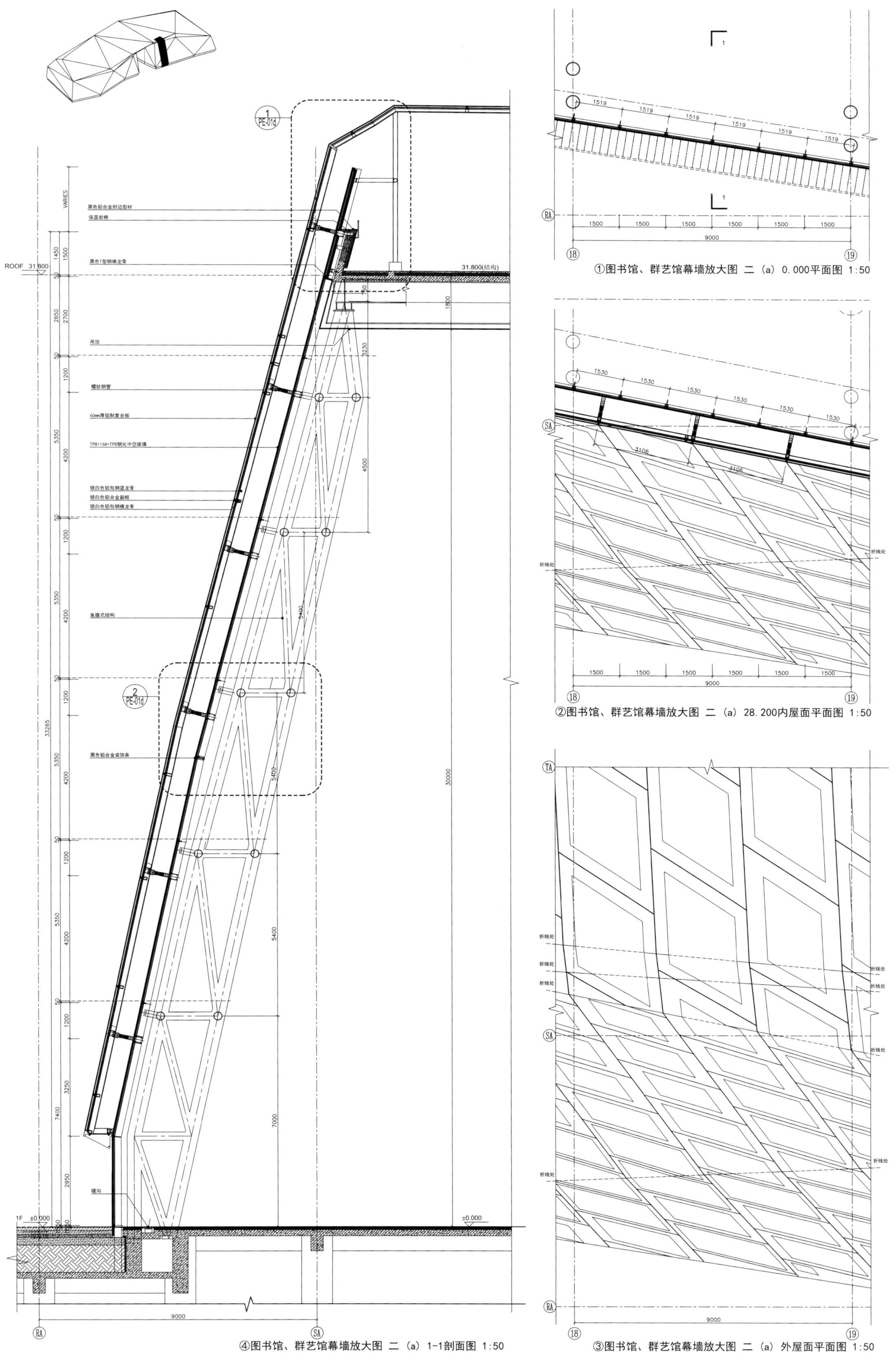

①图书馆、群艺馆幕墙放大图 二（a）0.000平面图 1:50

②图书馆、群艺馆幕墙放大图 二（a）28.200内屋面平面图 1:50

③图书馆、群艺馆幕墙放大图 二（a）外屋面平面图 1:50

④图书馆、群艺馆幕墙放大图 二（a）1-1剖面图 1:50

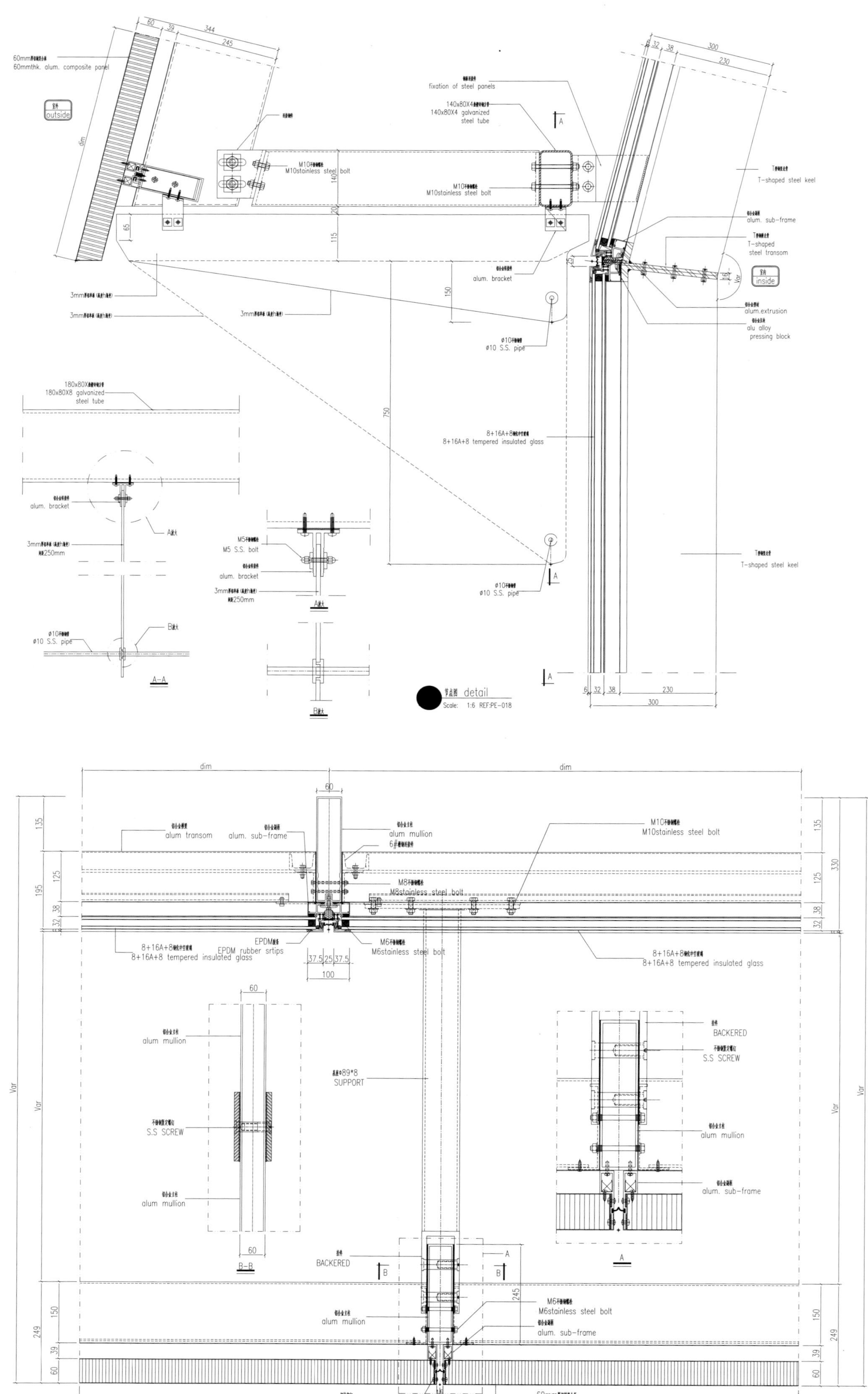
60mmthk. alum. composite panel
outside
M10stainless steel bolt
fixation of steel panels
140x80X4 galvanized steel tube
T-shaped steel keel
alum. sub-frame
T-shaped steel transom
alum. bracket
inside
alum.extrusion
alu alloy pressing block
ø10 S.S. pipe
180x80X8 galvanized steel tube
8+16A+8 tempered insulated glass
alum. bracket
M5 S.S. bolt
A-A
detail
Scale: 1:6 REF:PE-018
alum transom
alum. sub-frame
alum mullion
M10stainless steel bolt
M8stainless steel bolt
EPDM rubber srtips
M6stainless steel bolt
BACKERED
S.S SCREW
SUPPORT
B-B
M6stainless steel bolt
alum rivet
60mmthk. alum. composite panel
outside
detail
Scale: 1:6 REF:PE-018

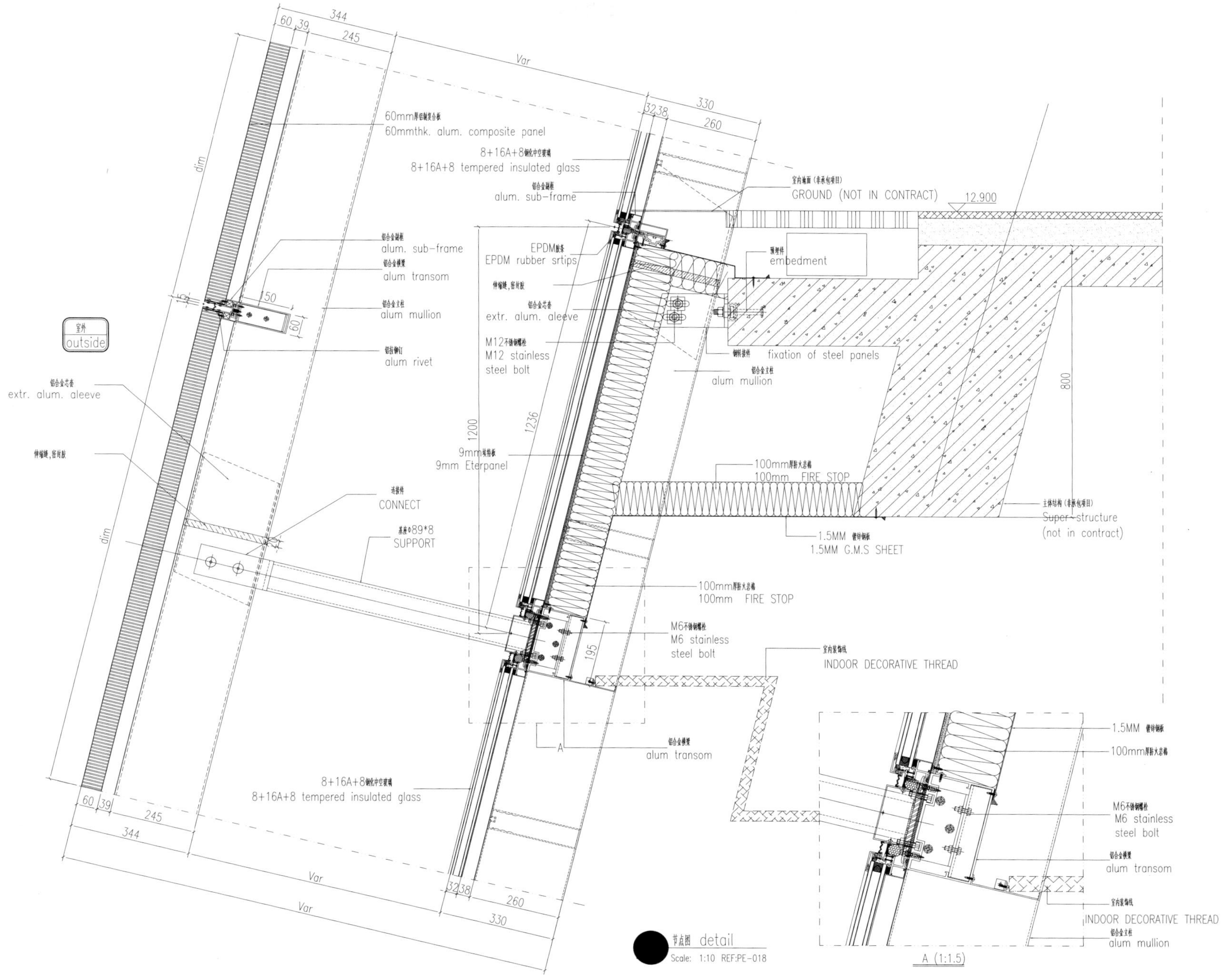

60mm厚铝制复合板
60mmthk. alum. composite panel

8+16A+8钢化中空玻璃
8+16A+8 tempered insulated glass

铝合金副框
alum. sub-frame

室内地面（非承包项目）
GROUND (NOT IN CONTRACT)

12.900

铝合金副框
alum. sub-frame

铝合金横梁
alum transom

铝合金立柱
alum mullion

EPDM胶条
EPDM rubber srtips

伸缩缝，密封胶

铝合金芯套
extr. alum. aleeve

M12不锈钢螺栓
M12 stainless
steel bolt

预埋件
embedment

钢转接件 fixation of steel panels

铝合金立柱
alum mullion

室外
outside

铝拉铆钉
alum rivet

铝合金芯套
extr. alum. aleeve

伸缩缝，密封胶

9mm埃特板
9mm Eterpanel

100mm厚防火岩棉
100mm FIRE STOP

连接件
CONNECT

基座Φ89*8
SUPPORT

主体结构（非承包项目）
Super-structure
(not in contract)

1.5MM 镀锌钢板
1.5MM G.M.S SHEET

100mm厚防火岩棉
100mm FIRE STOP

M6不锈钢螺栓
M6 stainless
steel bolt

室内装饰线
INDOOR DECORATIVE THREAD

铝合金横梁
alum transom

8+16A+8钢化中空玻璃
8+16A+8 tempered insulated glass

1.5MM 镀锌钢板

100mm厚防火岩棉

M6不锈钢螺栓
M6 stainless
steel bolt

铝合金横梁
alum transom

室内装饰线
INDOOR DECORATIVE THREAD

铝合金立柱
alum mullion

A (1:1.5)

节点图 detail
Scale: 1:10 REF:PE-018

拉脱维亚东部 Zeimuls 创意服务中心

- 项目地点：拉脱维亚雷泽克内
- 委托方：雷泽克内镇政府
- 建筑师：SAALS 建筑事务所
- 项目负责人：Rasa Kalnina、Maris Krumins
- 建筑面积：4 400 m^2
- 占地面积：12 080 m^2
- 摄影：Jevgenij Nikitin、Janis Mickevics、Ingus Bajars

文化中心

关 键 词

● 浇灌式混凝土结构 ● 设计典范 ● 特色空间

项目亮点

全新的建筑结构与周围的环境完美融合，甚至成为了当地传说和神话的一部分，激发着人们的想象力。这是一个当代设计的典范，从物质到情感、从当地精神到传统原型，为孩子们打造了一个温暖而友好的新环境。

设计灵感与设计目标

“传说国王的女儿 Roze 仍然住在雷泽克内的城堡遗迹下面，等待着有人能够拯救她……同时，来自另一个世界的精灵，抬高了大地，让雷泽克内的孩子们有足够的空间成长，变得睿智且与众不同。精灵把铅笔插入大地，少年们便沿着铅笔爬上来，展示他们自己和优秀的作品。让里加的先生们羡慕吧！”

源自传说的灵感发展成为建筑竞赛的一个方案。该竞赛是为雷泽克内城堡遗迹附近的一个地块而设，旨在为雷泽克内镇的孩子们和年轻人创造一个新型的充满创意的环境，鼓励年轻的毕业生学成之后，回到雷泽克内生活和工作，为城镇带来独特的、新的发展动力，打造新的时代印象。

空间布局

空间体量布局围绕着当地重要的雷泽克内城堡遗迹展开，并与周围地形相结合，享有面向城堡遗迹和教堂的开阔视野。

插入到绿色体块的“铅笔”成为了现存的苏联时期建筑中的景观焦点。

位于城镇中心边缘引人注目的景观面向一处中世纪的城堡遗迹。该遗址受国家保护，是这座城镇中最主要的观光胜地。场地本身决定了建筑需要深入地下，并且三角形式的绿化屋面作为建筑的第五立面，应该成为最大的结构特色。

总平面图

结构设计

该建筑采用裸露的整体浇灌式混凝土结构，外表面黏贴面材。尽管大部分房间都为规则的矩形平面，但是充满戏剧性的清水混凝土天花板和多变的窗户形式共同创造出了惊艳的多样化特色空间。

屋顶的形式营造了安全感，为孩子们提供了庇护。充沛而变幻莫测的自然光线通过多样的开口形式渗透入所有的房间、大厅和走廊。从外向内看，建筑似乎在黑暗中闪烁着神秘的光芒。位于首层的私密庭院为靠内的活动室带来了光照。建筑周围的景观，通过混凝土和绿化表面延续着屋顶的几何形状。设计力争在每个细节中都体现出一种迷人的雕塑感和艺术格调。

全新的建筑结构与周围的环境完美融合，甚至成为了当地传说和神话的一部分，激发着人们的想象力。这是一个当代设计的典范，从物质到情感、从当地精神到传统原型，为孩子们打造了一个温暖而友好的新环境。尽管它有着 6 000 m^2 的项目规模，但是却给人平易近人和家的感觉，并能与城镇中心的小规模历史建筑协调统一。

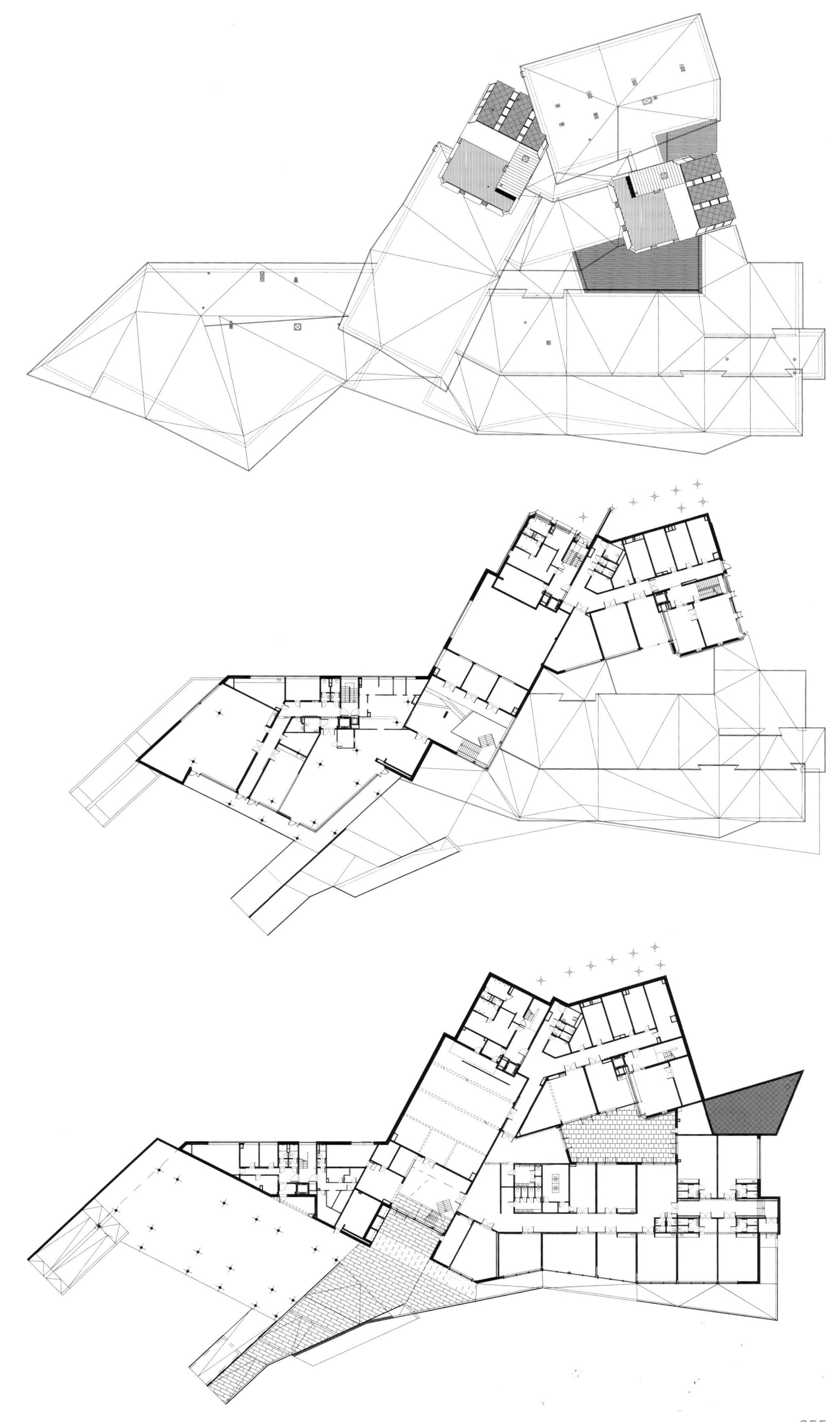

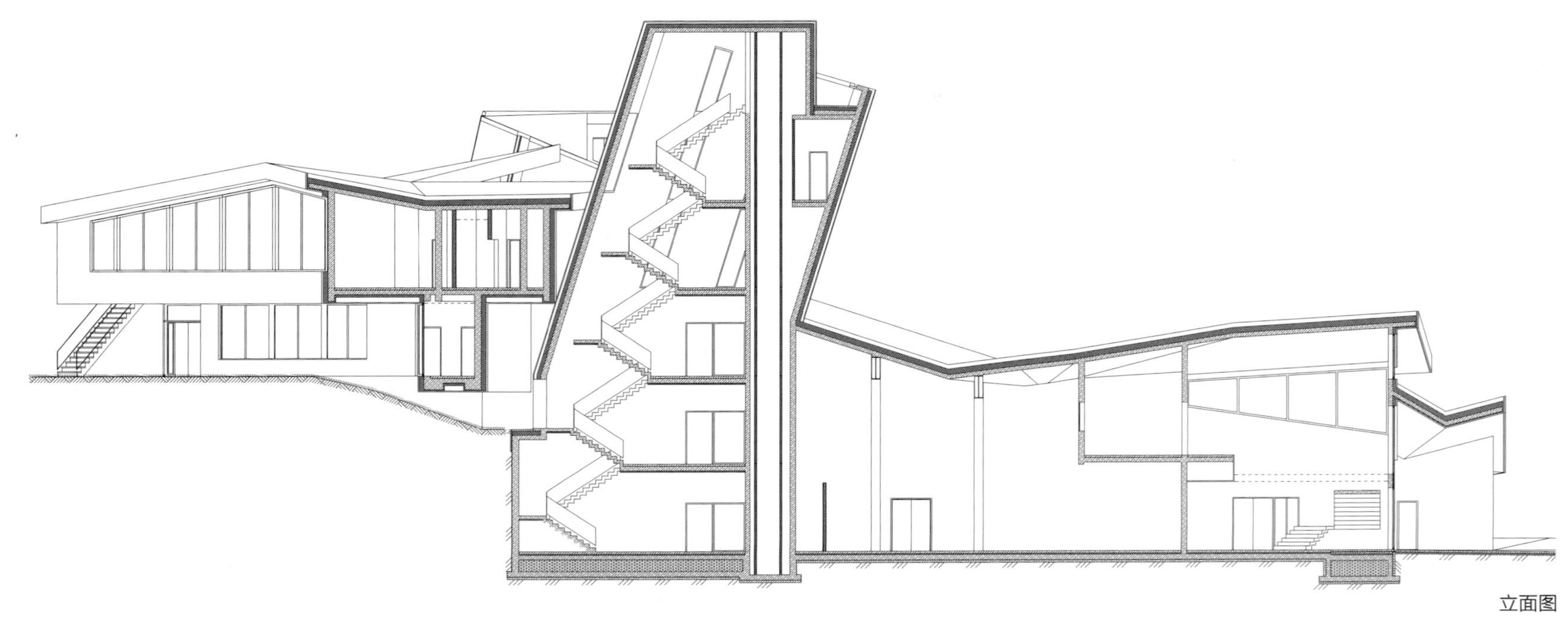

立面图

立面图

盖达尔·阿利耶夫文化中心

- 项目地点：阿塞拜疆巴库
- 客户：阿塞拜疆共和国
- 建筑设计：扎哈·哈迪德建筑事务所 / Zaha Hadid Architects
- 总建筑面积：101 801 m^2
- 用地面积：111 292 m^2
- 礼堂容量：1 000 人
- 摄影：Iwan Baan、 Helene Binet、 Hufton + Crow

文化中心

关键词

● 混凝土结构 ● 空间框架系统 ● 流线型

项目亮点

盖达尔·阿利耶夫文化中心的设计呈现了建筑内部和周边广场连续的流线的连接。广场作为首层表面，已成为巴库城市肌理中不可缺少的一部分，其涵盖了一个平等的公共空间且重新定义了与当代和传统阿塞拜疆节日集会空间的序列。

项目概况

作为前苏联加盟共和国的一部分，位于里海西海岸的阿塞拜疆首都巴库的城市化和建筑深受那个时代规划的影响。1991 年从苏联独立出来后，阿塞拜疆一直投入巨资建设巴库的基础设施和现代化建筑，希望从规范化的苏联现代主义遗留中走出来。

扎哈·哈迪德建筑设计事务所在竞赛中胜出，被委任为盖达尔·阿利耶夫文化中心的设计单位。该建筑将成为阿塞拜疆的文化中心，其打破了在巴库盛行的死板的纪念性的苏联式建筑，旨在表达阿塞拜疆文化的敏感性及这个国家展望未来的乐观积极性。

建筑设计

盖达尔·阿利耶夫文化中心的设计呈现了建筑内部和周边广场连续的流线的连接。广场作为首层表面，已成为巴库城市肌理中不可缺少的一部分，其涵盖了一个平等的公共空间且重新定义了与当代和传统阿塞拜疆节日集会空间的序列。那些精心设计的起伏、分叉、褶皱还有形态都让广场成为一个拥有众多功能的建筑景观：迎接、容纳并通过室内不同的楼层指引参观者。伴随着这种姿态，该建筑模糊了建筑与城市景观、建筑围护与城市广场、图形与背景、室内与室外之间的常见差异。

建筑的流线型在这一区域并不新奇。在历史悠久的伊斯兰建筑中，排列、栅格或者是序列就像林中的树木一样流畅到极限，建立了一个无分层的空间。连绵不断的书法和装饰性图案在地毯、墙壁、天花板和穹顶之间流动，建立了一个无缝的连接并模糊了建筑元素与其所处之地之间的差别。设计师的意图是在了解建筑历史的基础上，不模仿或限制使用过去的意象，而制定一个符合当代的诠释方法，体现出更细致入微的理解。

对于地形下降将场地一分为二的坡段，设计师采用了一个完美的梯形景观，在公共广场、建筑和地下停车场之间创建了一个交替性的连接和路线。 这一方案避免了额外的挖方或填埋，成功的化劣为优，将其变成了一个关键的设计亮点。

建筑结构与造型

项目最关键的挑战元素就是建筑外壳的建筑发展。设计师们寄希望设计一个连贯的表面，其表面均匀，且需要不同的多样功能、建设逻辑和技术系统，这些元素聚集在一起以融合进建筑的外壳。先进的计算机信息处理技术允许众多项目参与者之间进行连贯的控制和复杂的交流。

盖达尔·阿利耶夫文化中心主要由两个合作体系组成：混凝土结构以及空间框架系统。为了实现大规模的无柱空间，让参观者体会内部空间自由的流动性，外壳和幕墙体系采用了垂直结构元素。独特的表面几何形状促进非常规的结构性解决方案，比如引用弯曲的“靴子形状的柱体”以达到从地面到建筑西侧的表面的翻转，采用逐渐变细的燕尾悬臂梁以支撑基地东侧建筑的外壳。

空间框架系统保证了建筑的自由形态且节省了整个施工过程中的宝贵时间，而底部构架被开发以在空间框架的刚性网格和自由形式的外部覆盖缝合处之间创建一个灵活的衔接。这些缝合处来自于项目合理化的复杂几何形状、用途和美学的处理。玻璃纤维增强混凝土（GFRC）和玻璃纤维增强聚酯（GFRP）是理想的自由外饰面材料，因在满足不同场合如广场、过渡性空间和外壳的截然不同的功能需求的同时其建筑设计有着强大的可塑性。

在这一建筑布局中，如果表面是音乐，那么面板之间的缝合处就是韵律。设计师对表面几何形状做了大量的研究以在维持整个建筑和景观的连贯性的同时使面板合理化。这些缝合处有助于对建筑规模的进一步了解。其强调连续性的转换和流线性几何体的含蓄意向，为制造、操作、运输和组装等实际施工问题提供务实的解决方案；解答了因变形、外部负载、温度变化、地震活动和风力等而需要调节的技术性问题。

灯光设计

为强调建筑室内与室外的连贯性，盖达尔·阿利耶夫文化中心的灯光使用都是经过深思熟虑的。灯光的设计策略使白天和夜晚对建筑的解读有所不同。在白天，建筑的体量反射着光线，在不同的时刻和视觉不断地改变着文化中心的面貌。半反射玻璃的应用让人不禁好奇地往里看，在不显露内部空间的流线型轨迹的同时激起人们的好奇心。在夜晚，中心就被从室内扫向室外的灯光，展开正式组成以揭示其内容，维护内部和外部之间的流动性等手段逐渐转换。

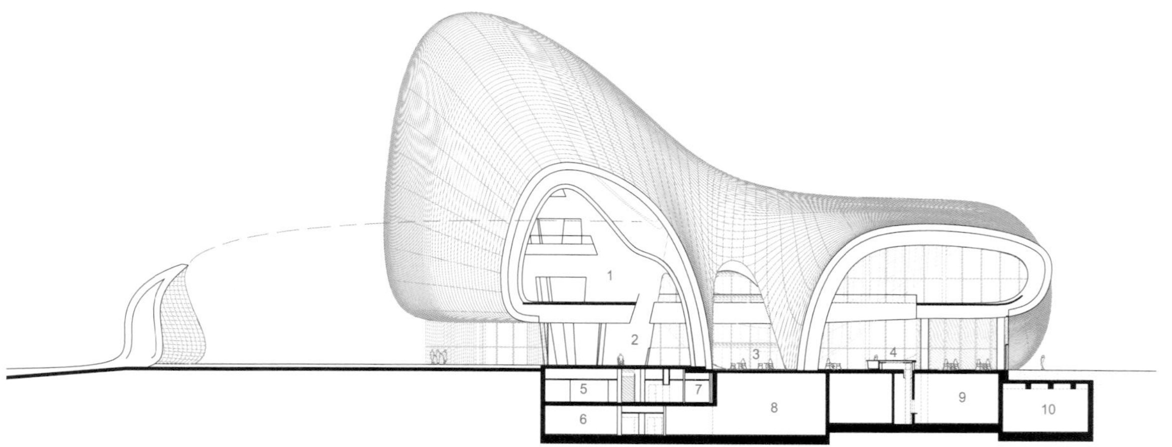

剖面图 E-E

1. 临时收藏品长廊
2. 博物馆大堂
3. 庭院
4. 博物馆餐厅
5. 衣帽间
6. 注册 & 艺术处理处
7. 卫生间
8. 空调房
9. 餐厅厨房
10. 装载舱

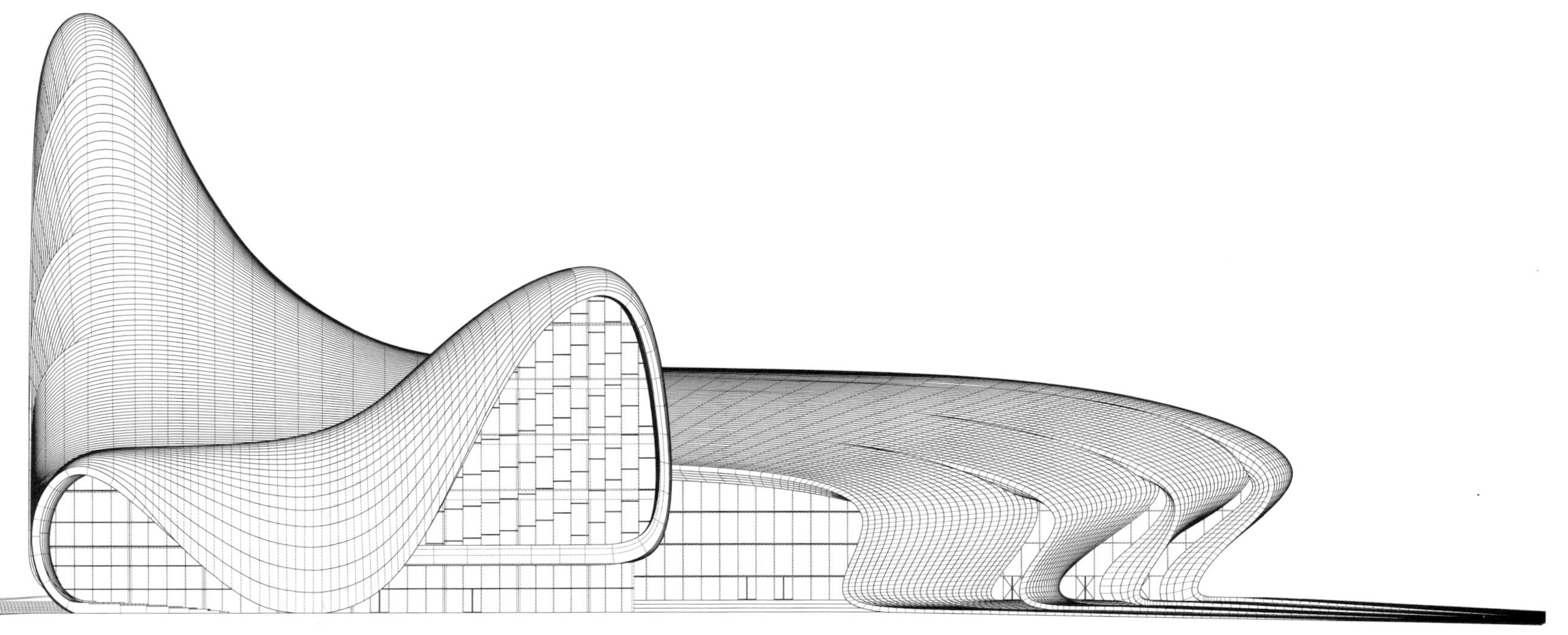

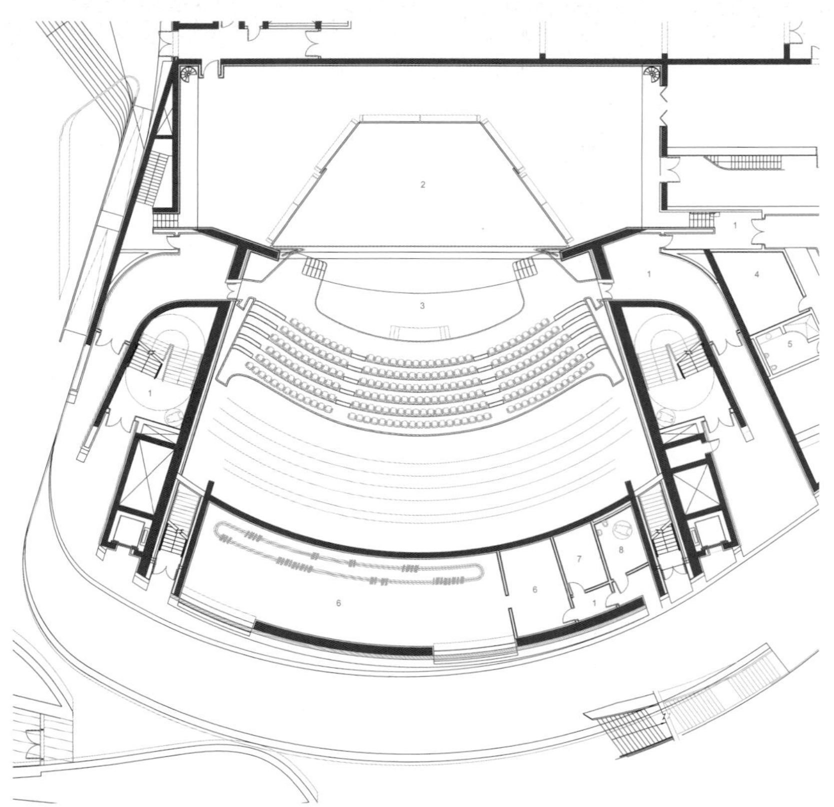

1. 储藏室
2. 灯光控制室
3. 放映室
4. 声控室
5. 楼座

礼堂一层平面图

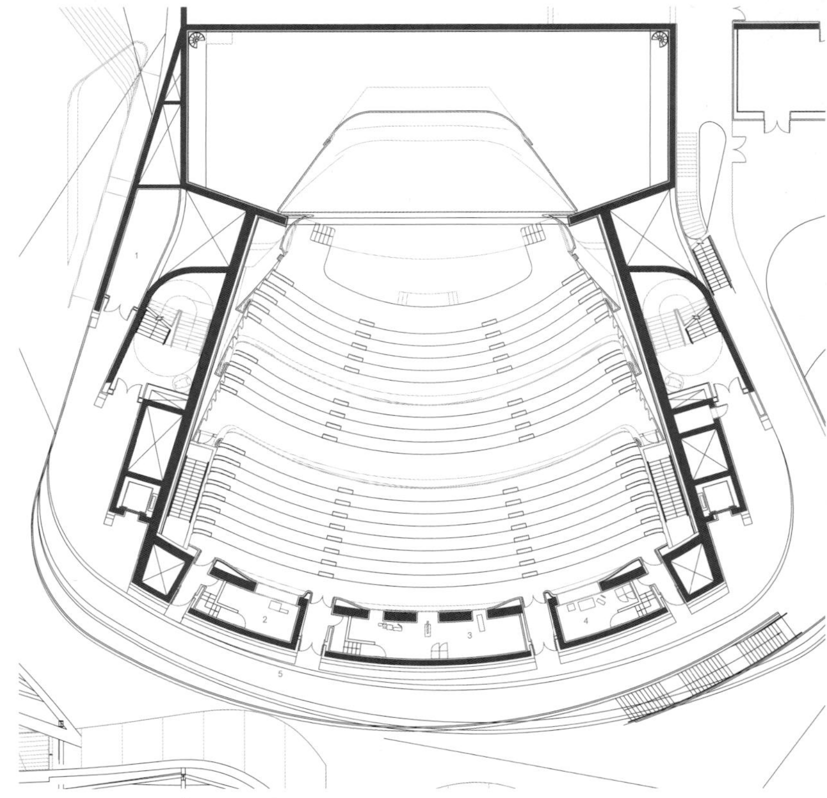

1. 门廊
2. 主台
3. 多功能礼堂
4. 电力管理室
5. 卫生间
6. 衣帽间
7. 储藏室
8. 无障碍卫生间

礼堂地面层平面图

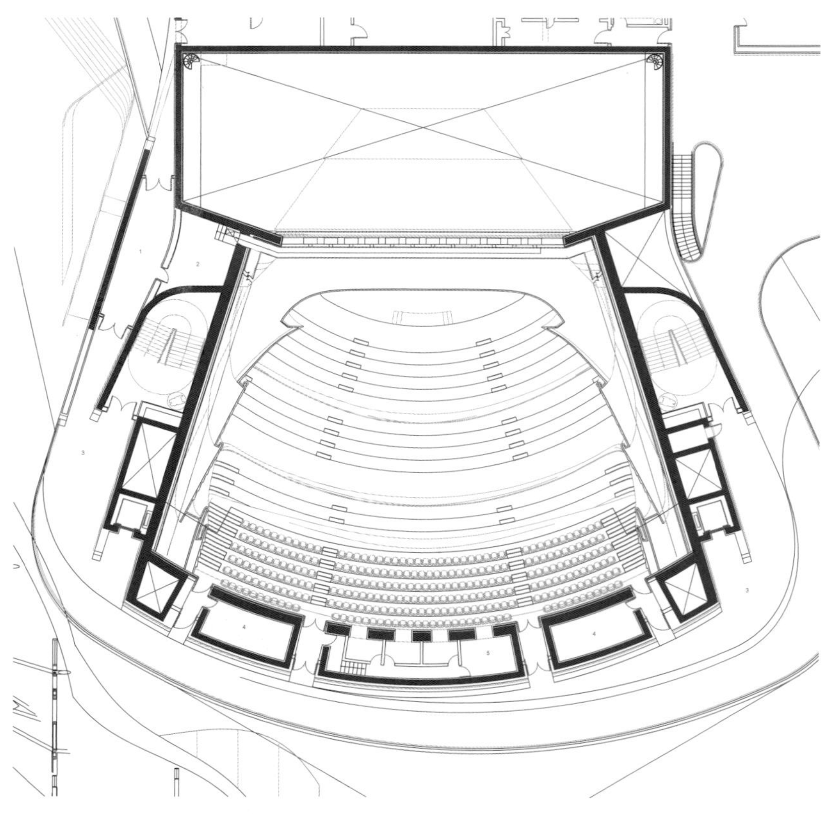

礼堂二层平面图

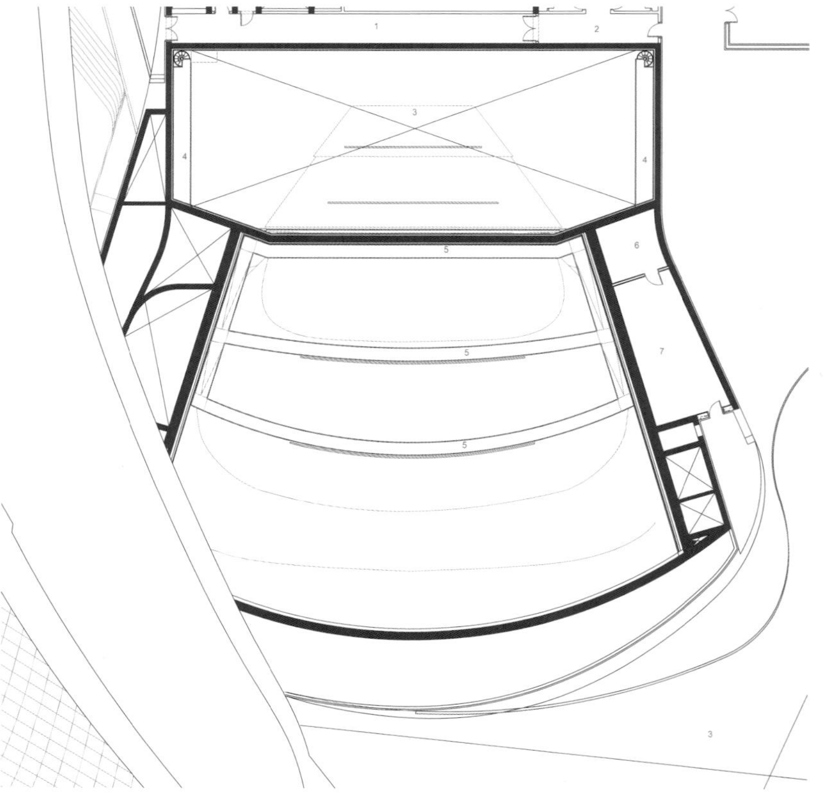

礼堂三层平面图

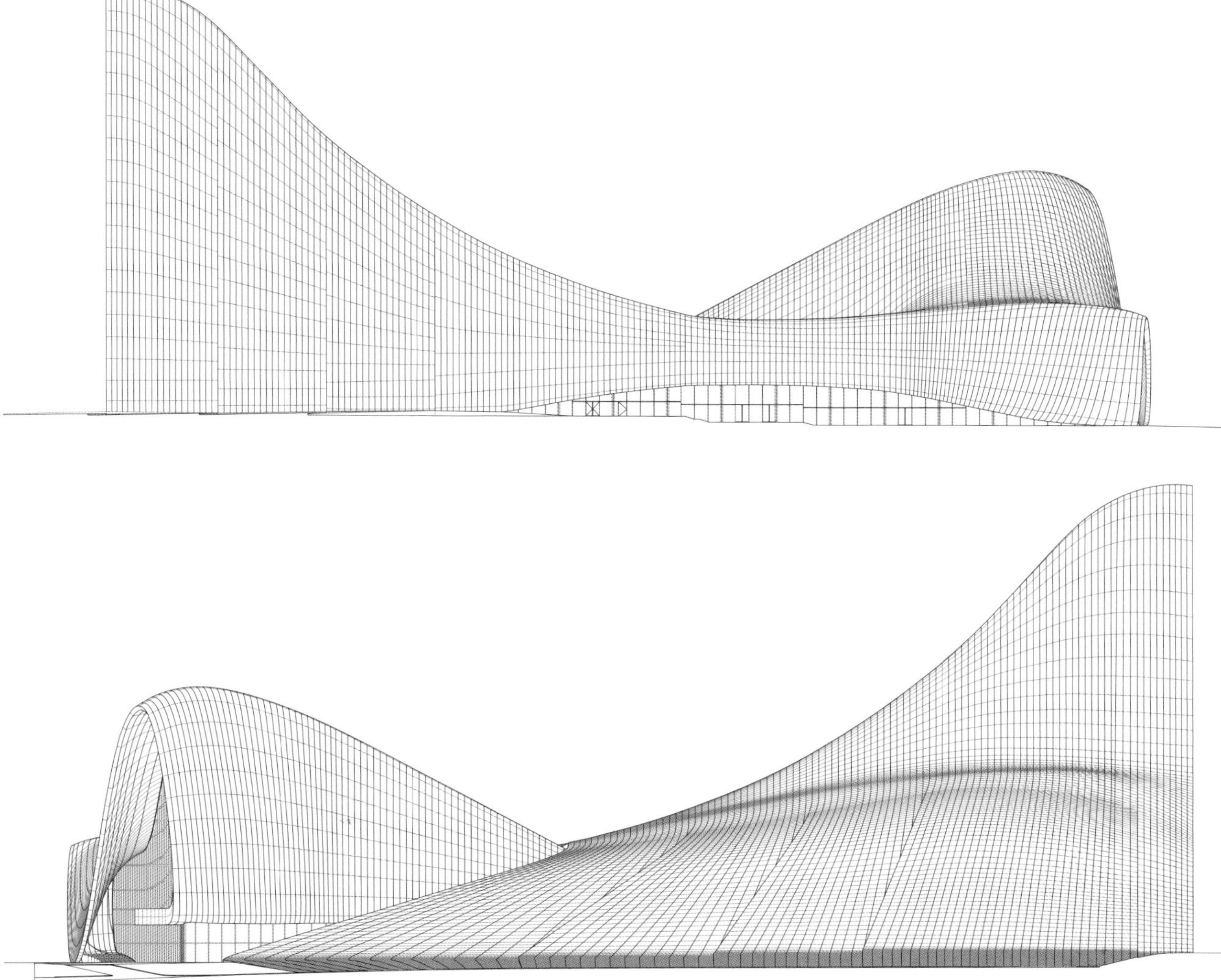

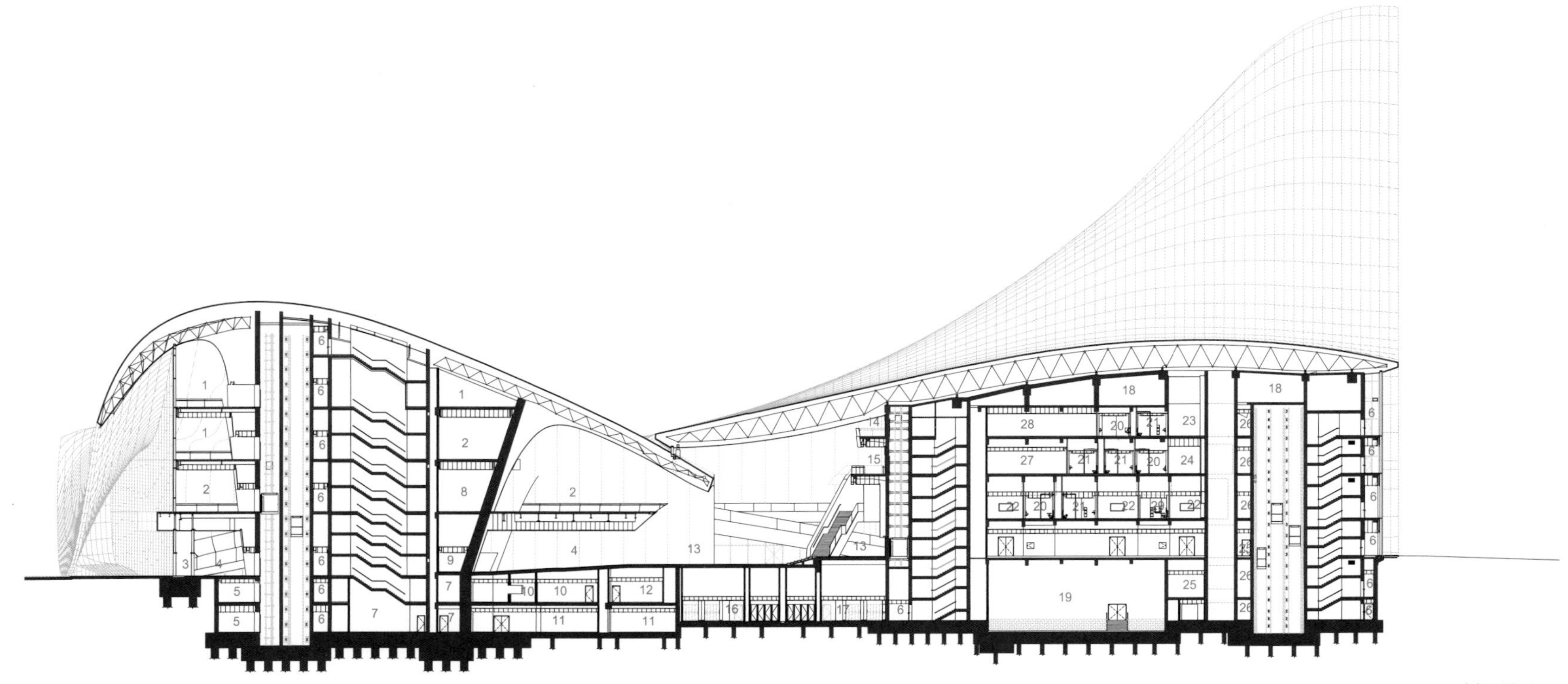

剖面图 G-G

1. 长期收藏馆
2. 临时展览馆
3. 保安室
4. 博物馆大厅
5. 总统 / VIP 会客室
6. 门廊
7. 储藏室
8. 小型临时画廊 / 暗室
9. 接待处
10. 衣帽间
11. 注册 & 艺术处理处
12. 医疗室
13. 会议中心大厅
14. 主办单位办公室
15. 会议室大厅
16. 男浴室 / 衣帽间
17. 女浴室 / 衣帽间
18. 通风机室
19. 空调房
20. 男卫生间
21. 女卫生间
22. 控制室
23. 管理办公室
24. 夹层餐厅
25. 服务大厅
26. 门卫室
27. 会议室
28. 网络室
29. 残疾人房间

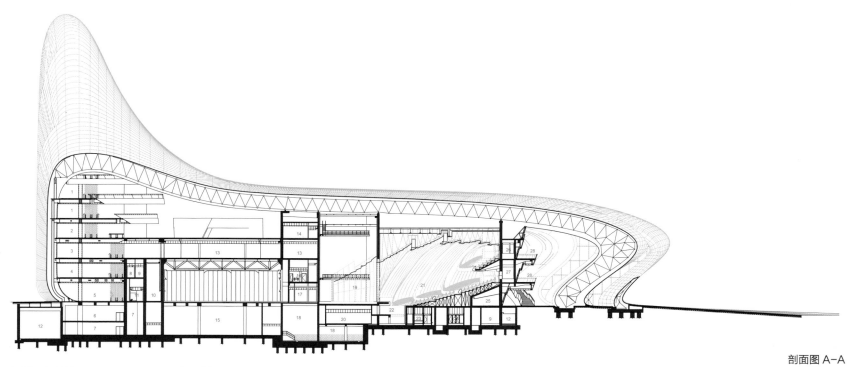

剖面图 A-A

1. 学习与阅读区
2. 多媒体区
3. 业务区
4. 儿童活动区
5. 接待区
6. 图书馆仓库
7. 图书馆堆放处
8. 无障碍卫生间
9. 门卫室
10. 会议中心大堂
11. 女卫生间
12. 装载舱
13. 会议室
14. 网络室
15. 礼堂 / 多功能大堂储藏室
16. 男卫生间
17. 厨房
18. 空调房
19. 主台
20. 后台储藏室
21. 观众席
22. 乐团席
23. 宾客更衣室
24. 女更衣室
25. 衣帽间
26. 翻译室
27. 放映室
28. 楼座

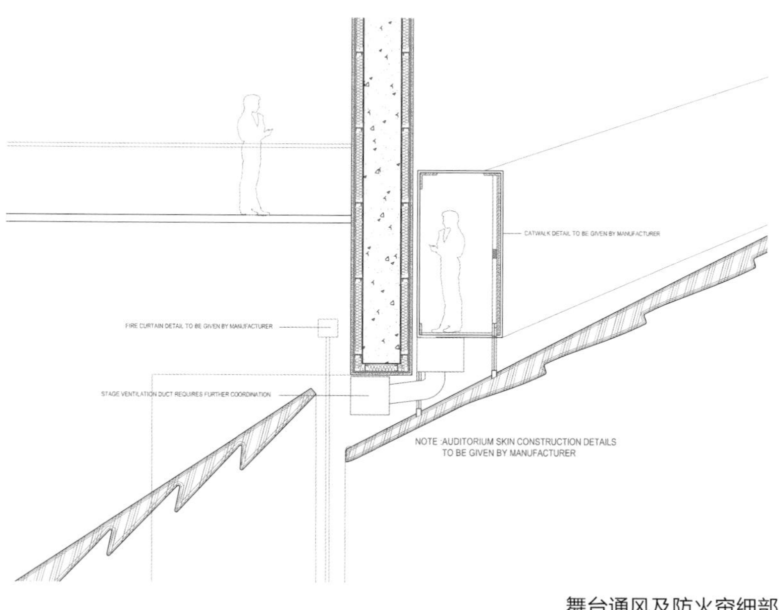
CATWALK DETAIL TO BE GIVEN BY MANUFACTURER
FIRE CURTAIN DETAIL TO BE GIVEN BY MANUFACTURER
STAGE VENTILATION DUCT REQUIRES FURTHER COORDINATION
NOTE :AUDITORIUM SKIN CONSTRUCTION DETAILS
TO BE GIVEN BY MANUFACTURER

舞台通风及防火帘细部

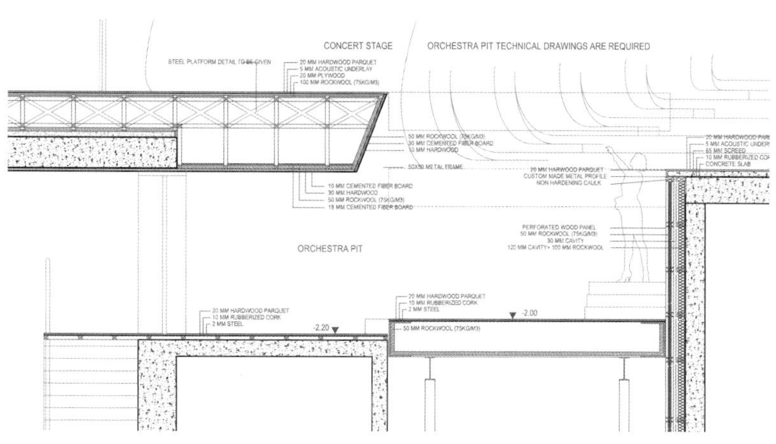
CONCERT STAGE
ORCHESTRA PIT TECHNICAL DRAWINGS ARE REQUIRED
ORCHESTRA PIT
-2.20
-2.00

乐团席细部

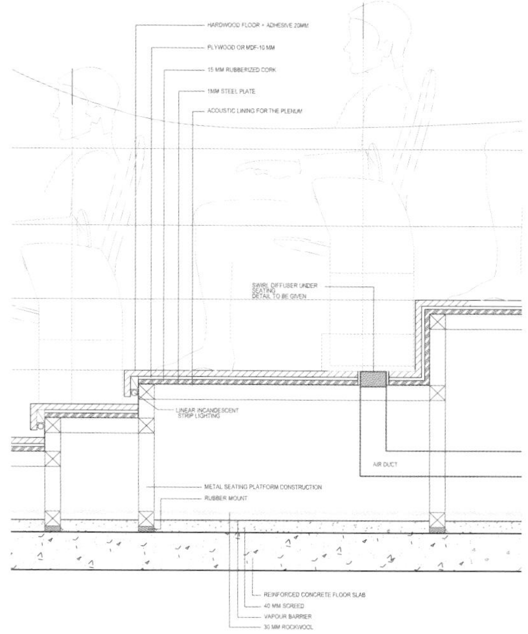
AIR DUCT
METAL SEATING PLATFORM CONSTRUCTION
RUBBER MOUNT
REINFORCED CONCRETE FLOOR SLAB
40 MM SCREED
VAPOUR BARRIER
30 MM ROCKWOOL

台阶灯光及通风细部

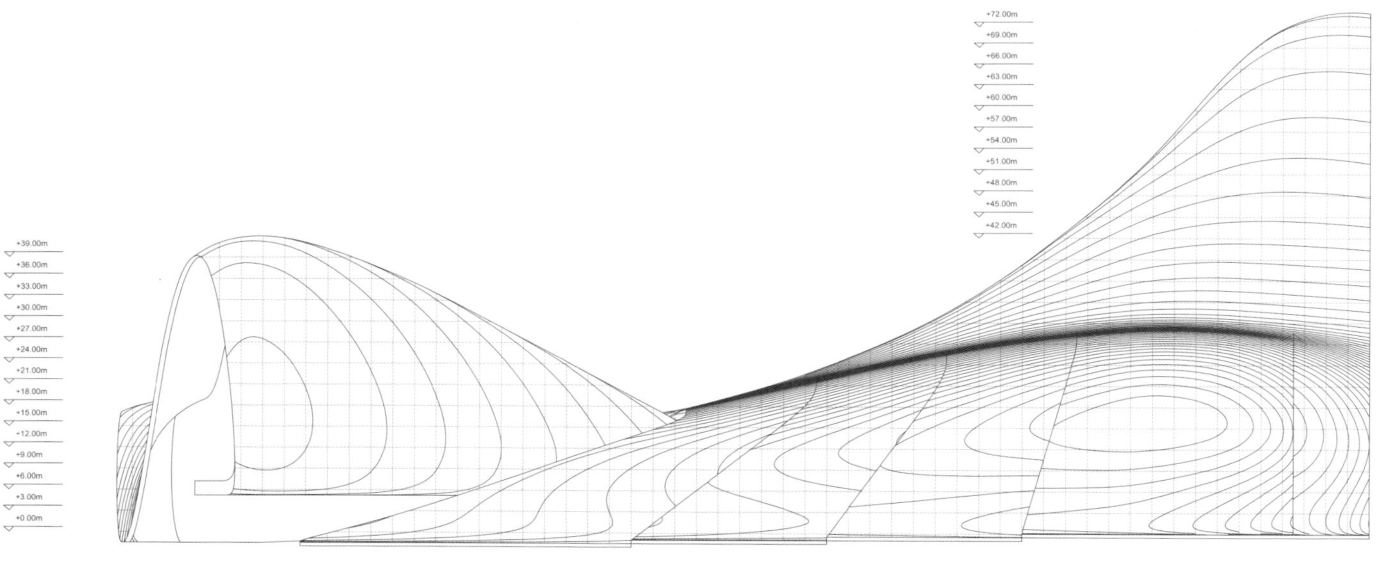
+72.00m
+69.00m
+66.00m
+63.00m
+60.00m
+57.00m
+54.00m
+51.00m
+48.00m
+45.00m
+42.00m
+39.00m
+36.00m
+33.00m
+30.00m
+27.00m
+24.00m
+21.00m
+18.00m
+15.00m
+12.00m
+9.00m
+6.00m
+3.00m
+0.00m

东南立面图

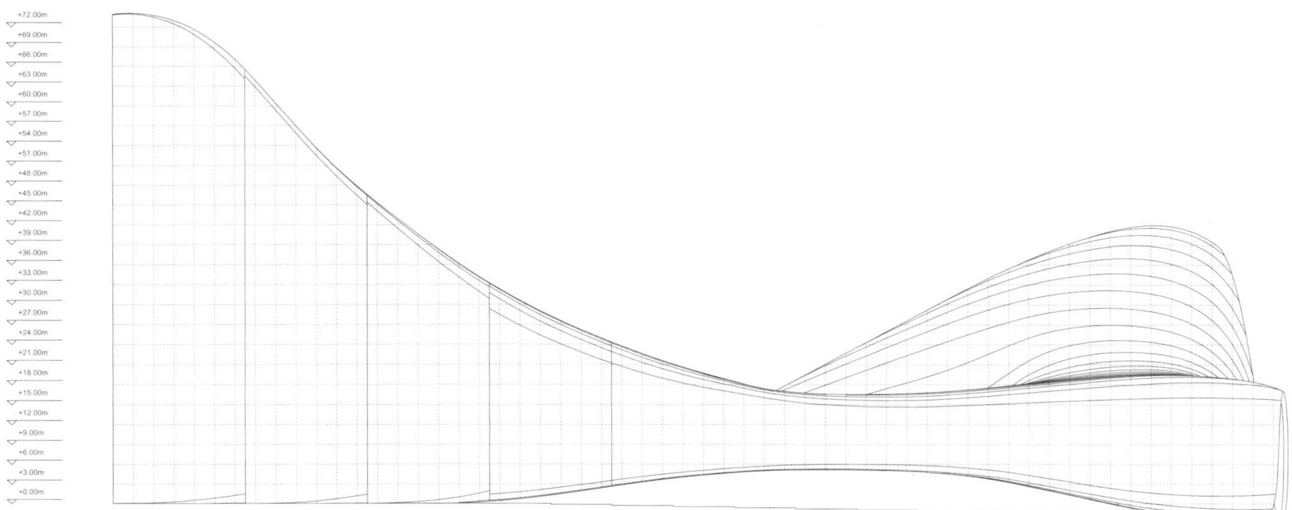
+72.00m
+69.00m
+66.00m
+63.00m
+60.00m
+57.00m
+54.00m
+51.00m
+48.00m
+45.00m
+42.00m
+39.00m
+36.00m
+33.00m
+30.00m
+27.00m
+24.00m
+21.00m
+18.00m
+15.00m
+12.00m
+9.00m
+6.00m
+3.00m
+0.00m

西北立面图

贝桑松文化艺术中心

项目地点：法国贝桑松
建筑设计：隈研吾建筑设计事务所
建筑面积：6 529 m²

文化中心

关键词 ● 玻璃瓦 ● 木结构体 ● 马赛克样式

项目亮点 项目的设计灵感来自不断起伏的波光粼粼的水面。整个建筑外表材料为木材，微微露出里面一层的玻璃窗；这似乎是这个建筑依偎在河边的一个隐喻。

项目概况

隈研吾设计的贝桑松艺术中心位于法国东部杜河（Doubs）河岸，与周围不甚协调的自然和建筑融合在一起。项目位于城市边缘，联系了上世纪 30 年代的仓库和 17 世纪的 Vauban 城堡。

建筑设计

最后的设计方案是将用地内一座上世纪 30 年代的砖衬仓库以及被当做要塞使用的 17 世纪五边形建筑用一个巨大"松散"的屋顶连接起来。屋顶之下是两个项目——博物馆和音乐学校，室外则是互相交织的通道、露台和花园。屋顶也成为了一道亮丽的景观，起伏的形态上安装了许多玻璃瓦，为室内洒下充足的自然光，模拟出了树下阴影。

为了打造"树荫"效果，屋顶设计成由多种自然材料制成的马赛克形集合体。细长的钢筋支柱架上起托梁作用的木结构体，然后用绿植、当地的木头、石头以及玻璃做出马赛克般的效果。马赛克的样式还持续到了室外的立面上。马赛克的样式形成生动的光影效果，它融合了室内室外的空间，和谐统一。当光线透过马赛克，会形成美丽的阴影，将河边的人们温柔地笼罩在其中。城市是立体的，站在山丘上也能清楚地俯瞰整个屋顶，它将人工与自然织就成马赛克的形状，融入了河边的景观，和整个环境交相辉映。

项目的设计灵感来自不断起伏的波光粼粼的水面。整个建筑外表材料为木材，微微露出里面一层的玻璃窗；这似乎是这个建筑依偎在河边的一个隐喻。

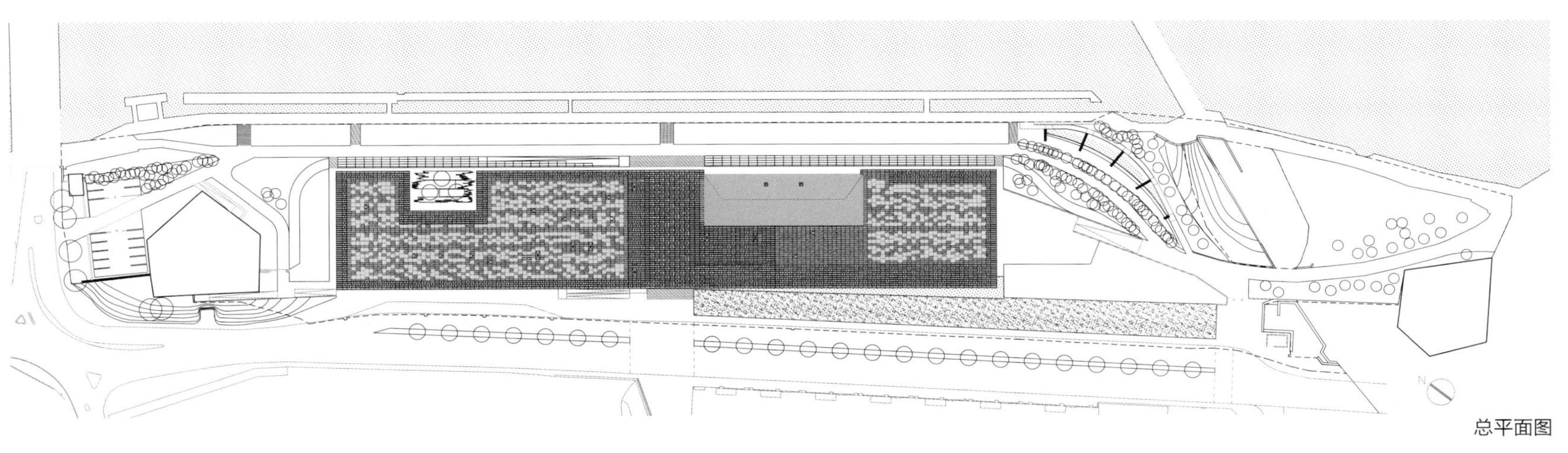

总平面图

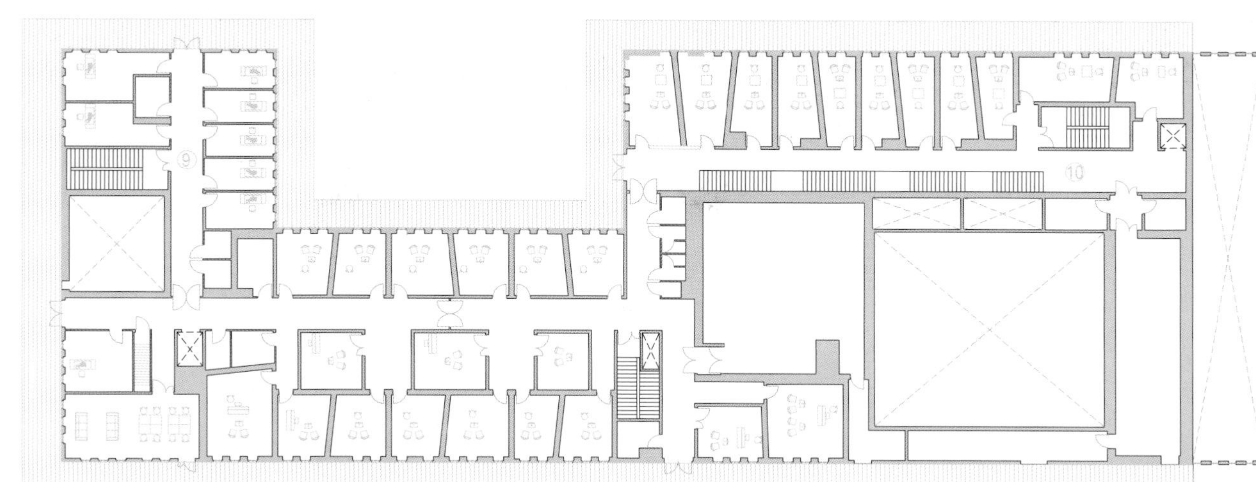

NIVEAU 2

1 FOYER
2 MEZZANINE
3 AUDITORIUM
4 SALLE ORCHESTRE
5 SALLE BATTERIE
6 SALLE DE DANSE
7 SALLE DE REPETITION
8 SALLE D'ART DRAMATIQUE
9 ZONE ADMINISTRATIVE
10 ATRIUM

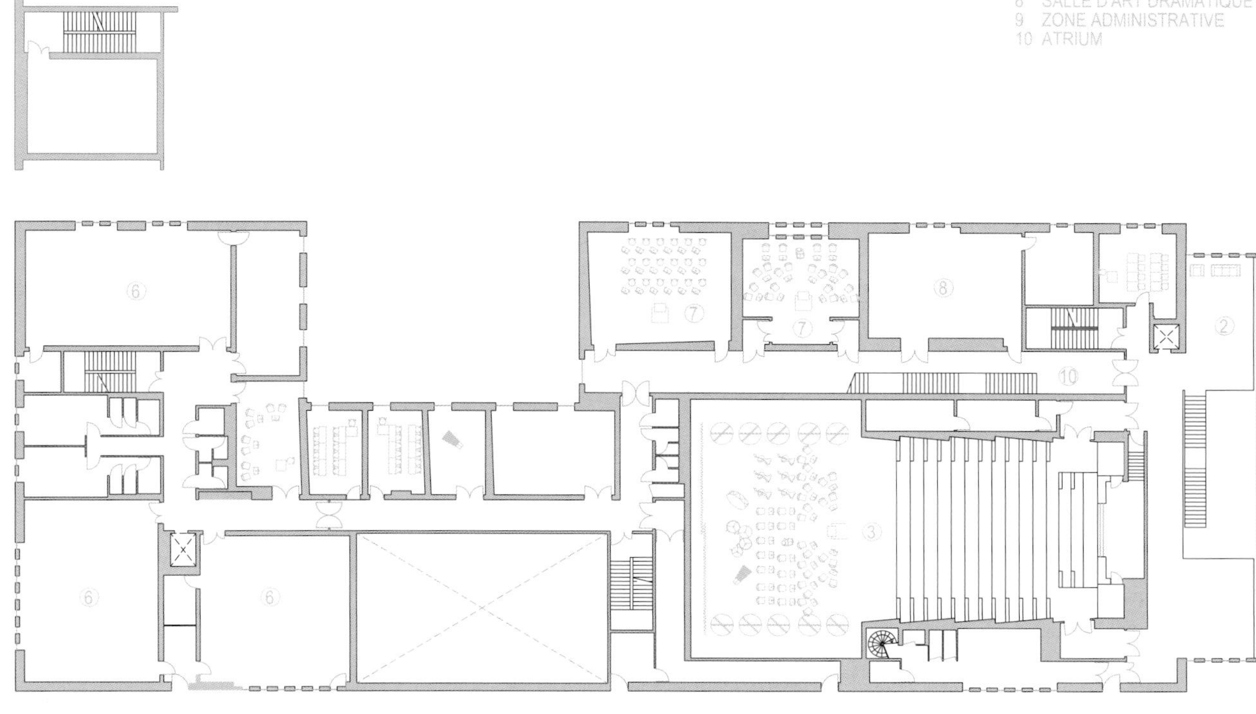

NIVEAU 1

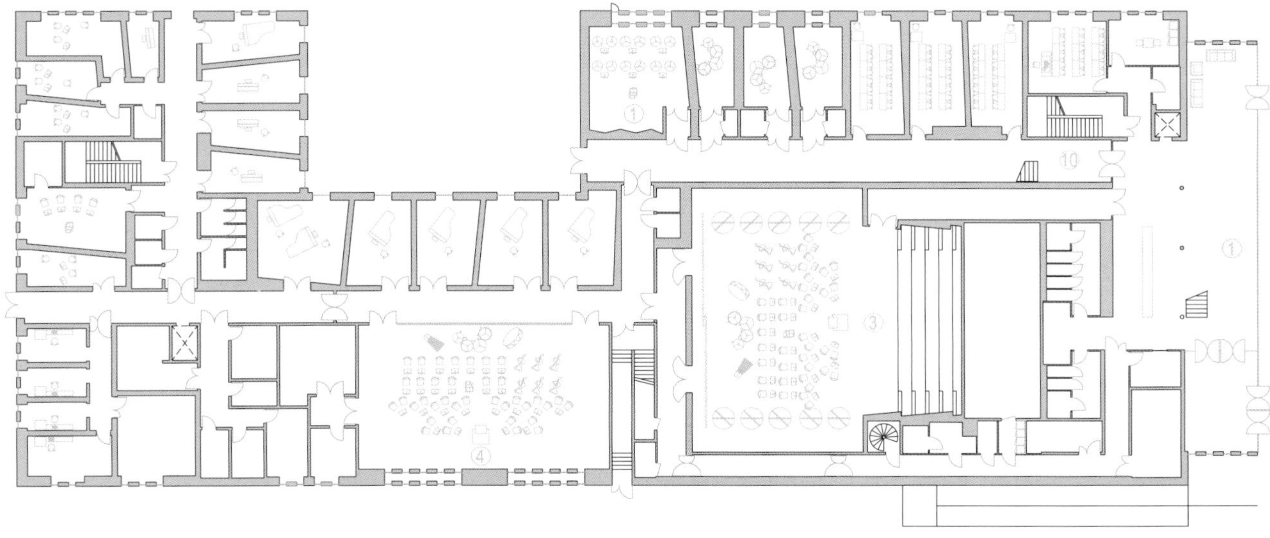

REZ DE CHAUSSEE

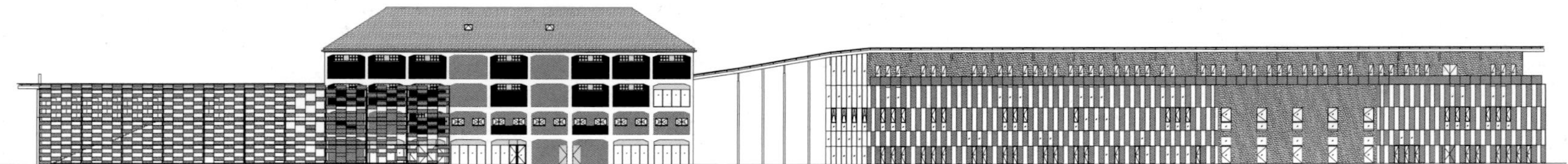

东立面图

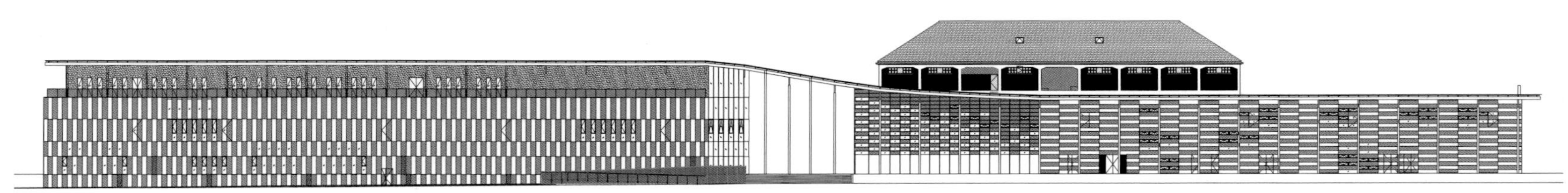

西立南图

剖面图

立面图

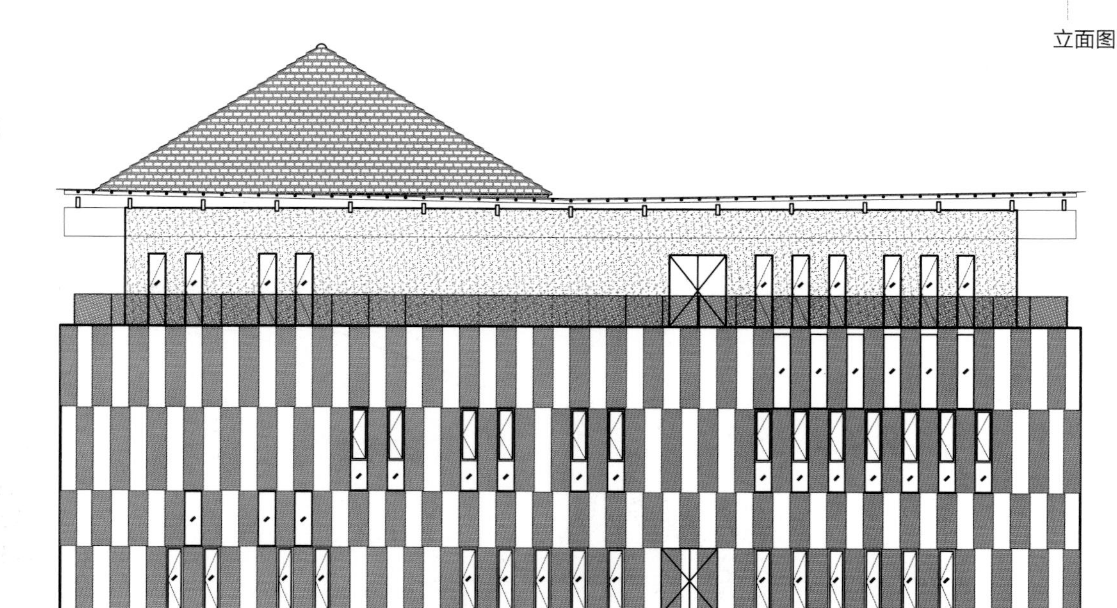

立面图

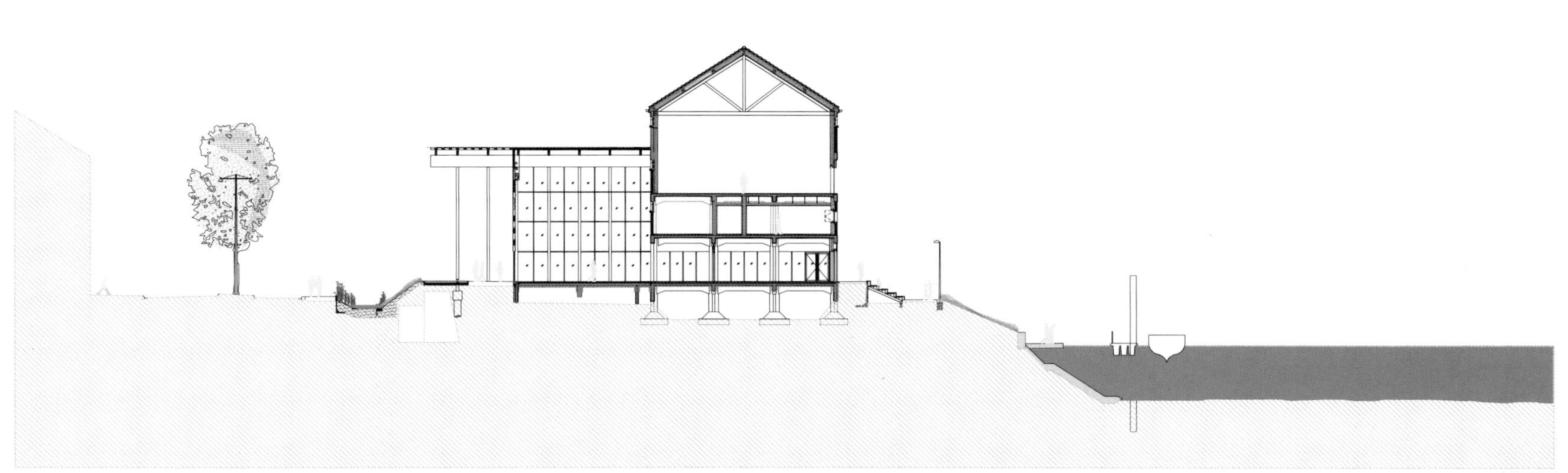

剖面图

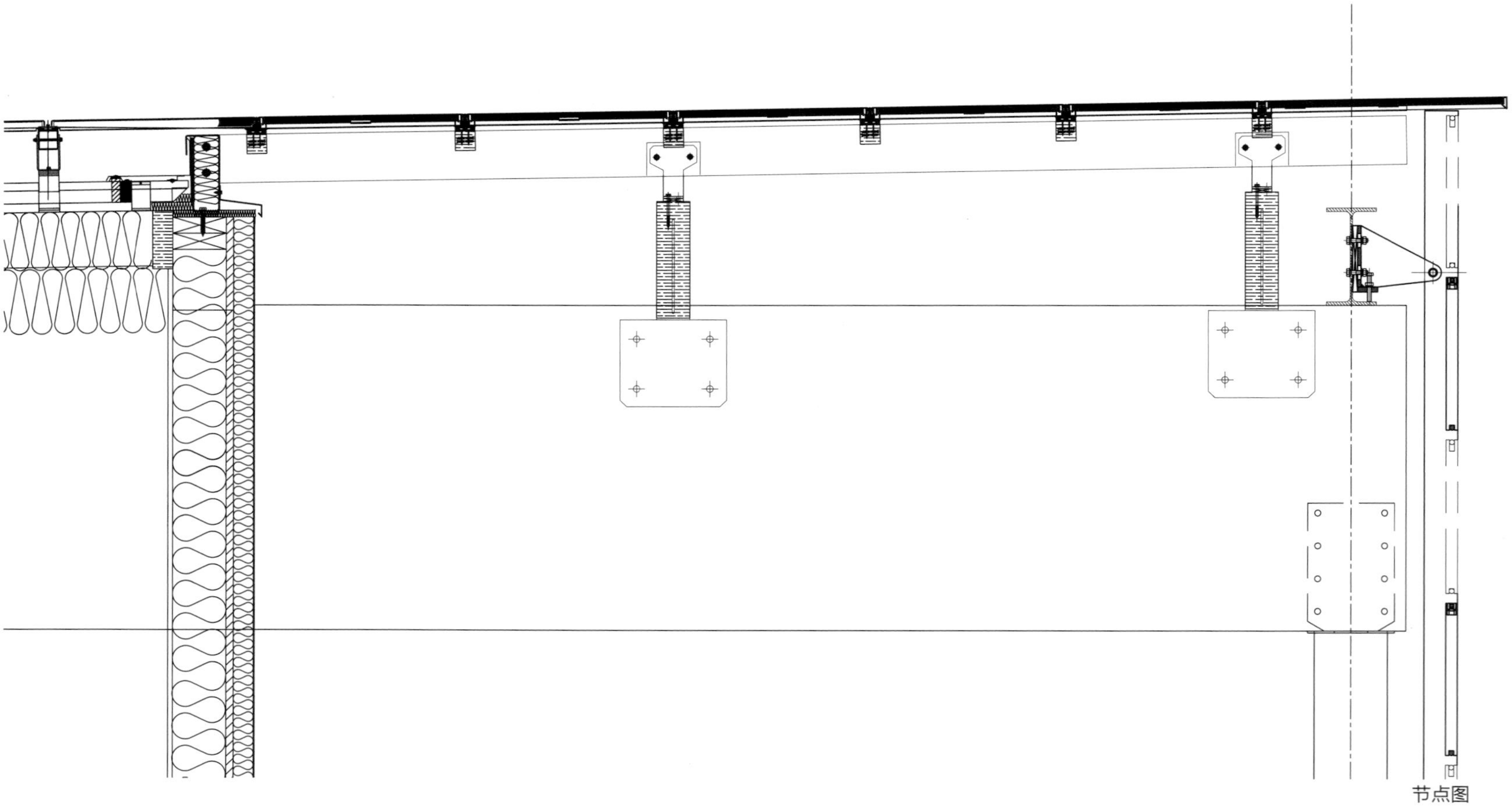

节点图

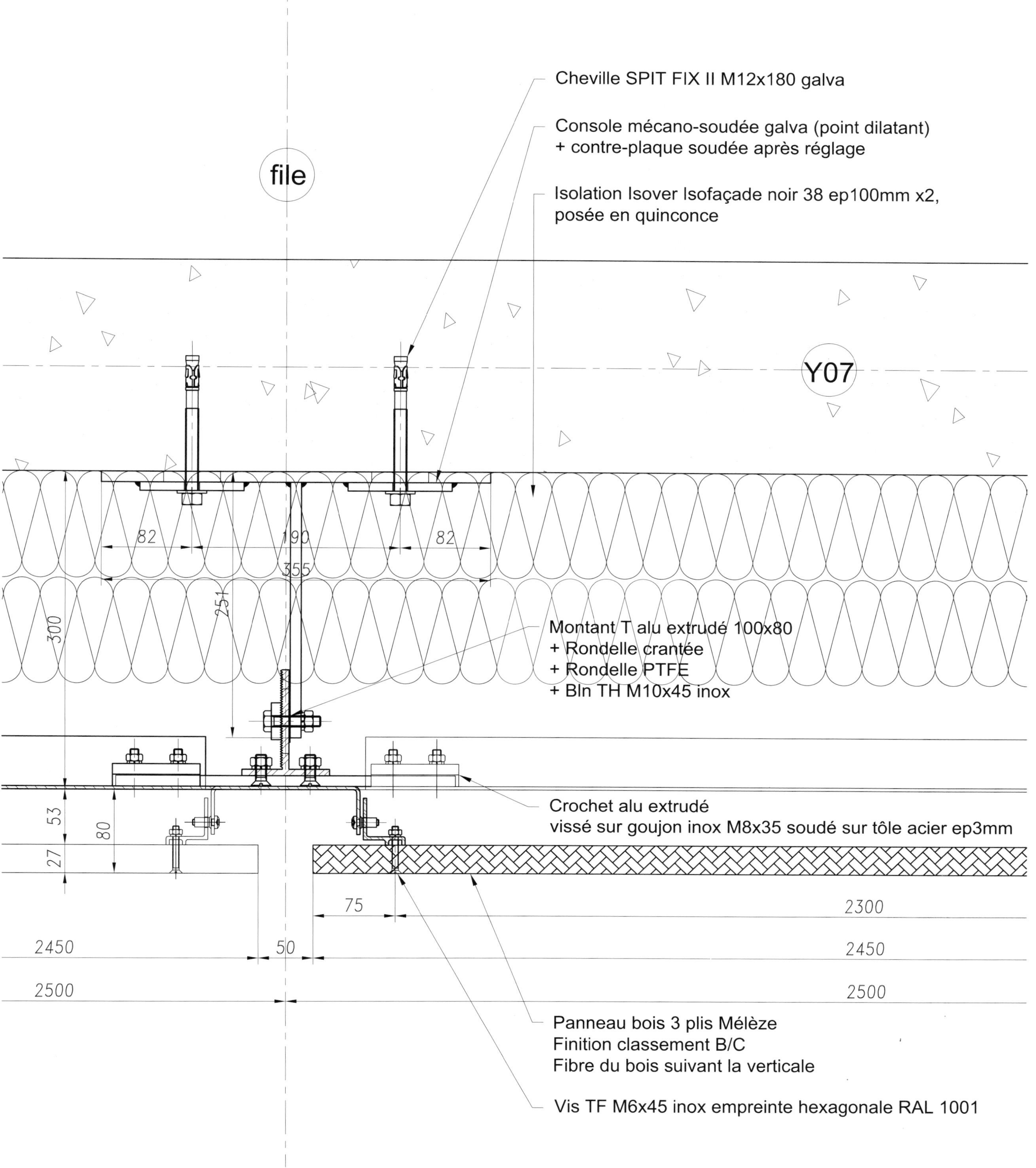

Cheville SPIT FIX II M12x180 galva
Console mécano-soudée galva (point dilatant)
+ contre-plaque soudée après réglage
Isolation Isover Isofaçade noir 38 ep100mm x2,
posée en quinconce
file
Y07
82
190
82
355
251
300
Montant T alu extrudé 100x80
+ Rondelle crantée
+ Rondelle PTFE
+ Bln TH M10x45 inox
Crochet alu extrudé
vissé sur goujon inox M8x35 soudé sur tôle acier ep3mm
53
80
27
75
2300
2450
50
2450
2500
2500
Panneau bois 3 plis Mélèze
Finition classement B/C
Fibre du bois suivant la verticale
Vis TF M6x45 inox empreinte hexagonale RAL 1001

节点图

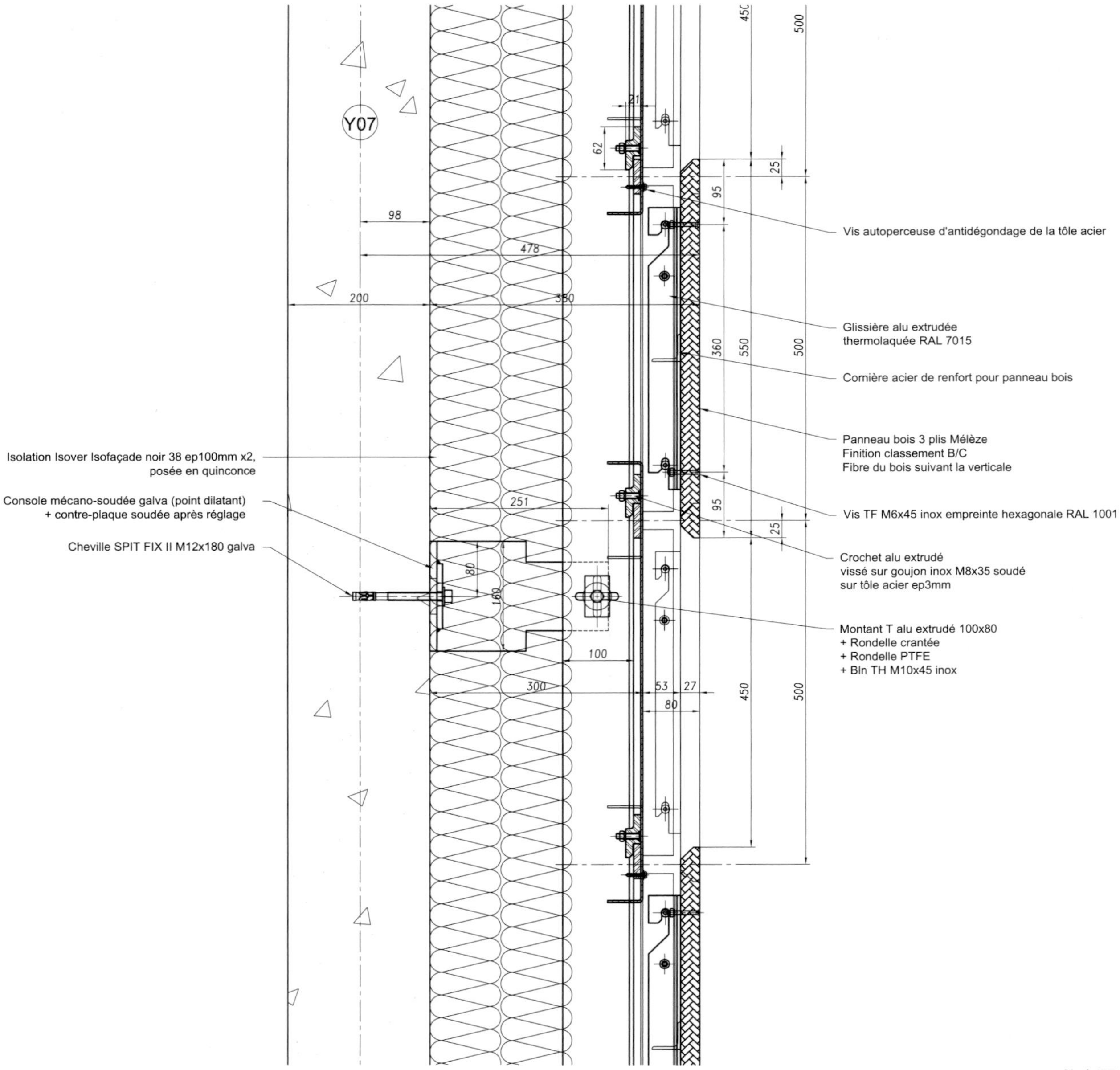

Isolation Isover Isofaçade noir 38 ep100mm x2, posée en quinconce

Console mécano-soudée galva (point dilatant) + contre-plaque soudée après réglage

Cheville SPIT FIX II M12x180 galva

Vis autoperceuse d'antidégondage de la tôle acier

Glissière alu extrudée thermolaquée RAL 7015

Cornière acier de renfort pour panneau bois

Panneau bois 3 plis Mélèze
Finition classement B/C
Fibre du bois suivant la verticale

Vis TF M6x45 inox empreinte hexagonale RAL 1001

Crochet alu extrudé
vissé sur goujon inox M8x35 soudé
sur tôle acier ep3mm

Montant T alu extrudé 100x80
+ Rondelle crantée
+ Rondelle PTFE
+ Bln TH M10x45 inox

节点图

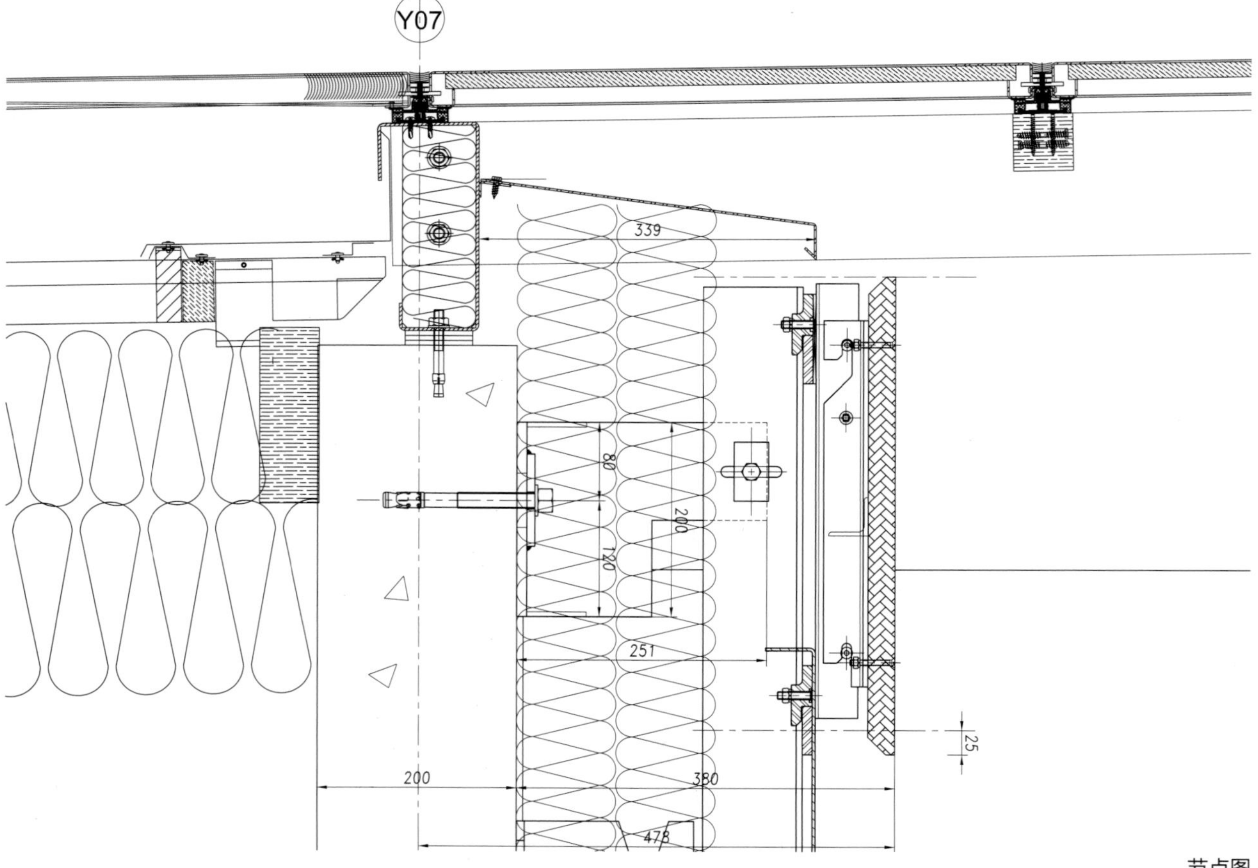

节点图

体育中心

- 科技文化
- 造型奇特
- 立面简洁
- 大跨度结构

李宁体育园

- 项目地点：中国广西省南宁市
- 开发商：李宁基金会
- 建筑设计：澳大利亚柏涛设计咨询有限公司
- 用地规模：351 742.31 m²
- 建筑面积：31 688.16 m²
- 容积率：0.09

体育中心

关键词

● 大跨度结构 ● 混凝土框架 ● 基座厚重

项目亮点

设计采用混凝土框架与大跨度钢结构屋面相结合的方式。厚重的基座宛如从山体里面生长而出，支撑着屋顶钢结构的有力出挑，淋漓尽致的表现了体育建筑的性格特点。

项目概况

南宁李宁体育园项目是李宁基金会捐赠南宁的第一个体育主题公园工程。项目位于广西南宁凤岭片区，东盟国际商务区南部，地势属于丘陵地形，用地的西侧为南宁天文台。李宁体育园区主要分综合训练馆、室内游泳馆、员工宿舍、园区辅助用房及配套用房，室外运动设施等。园区规划理念取源于树木的脉络成长结构，主干道－次级道－建筑的关系体现了根－茎－叶的有机联系，同时也隐喻了李宁公司的发展过程。建筑设计体现了现代技术和木工材料的结合，同时着重表现体育建筑的性格特征。

规划布局

项目基地为丘陵山地，按照尊重自然、依山就势、化整为零的设计原则，规划分为含四个标准单元的综合馆及游泳馆两部分，这种布局为使用和管理的独立性带来了较大的便利。

综合馆和游泳馆的入口即配套的商业功能均围绕着中心庭园区域布置，形成积极的空间界面，大量的人流进出和交流活动为这个空间带来了人气聚集的能量场。

进一步的设计把这个场地根据自然高差做成一个露天剧场，剧场的“舞台”为游泳馆的入口区域，而“观众厅”的边界则由综合馆的入口回廊限定而成。在建成后的运营中这个空间获得了巨大的成功，成为了许多演艺及媒体组织争相使用的场所。体育设施的本源目标、群众性、观演性、娱乐性在这里得到了充分的演绎。

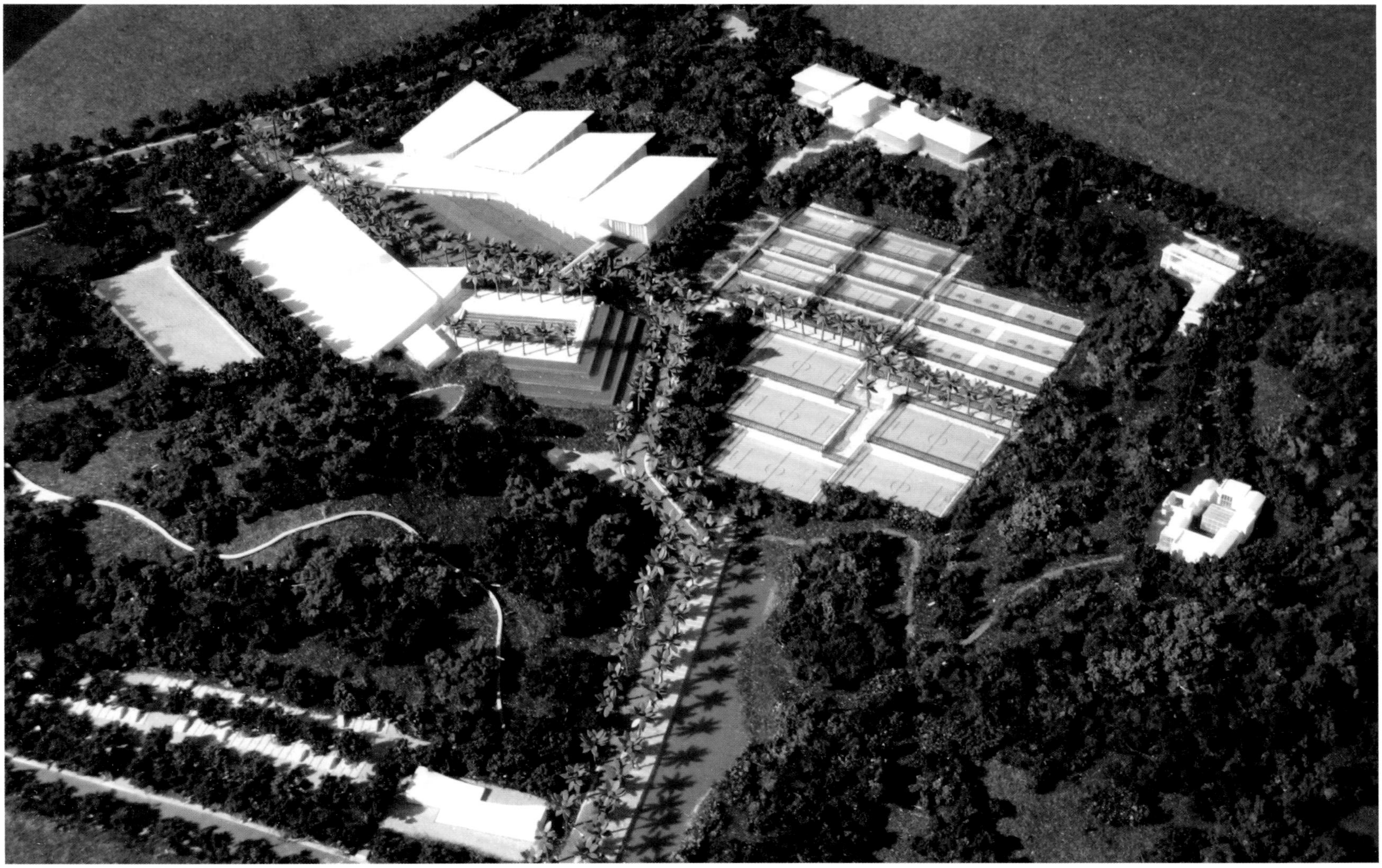

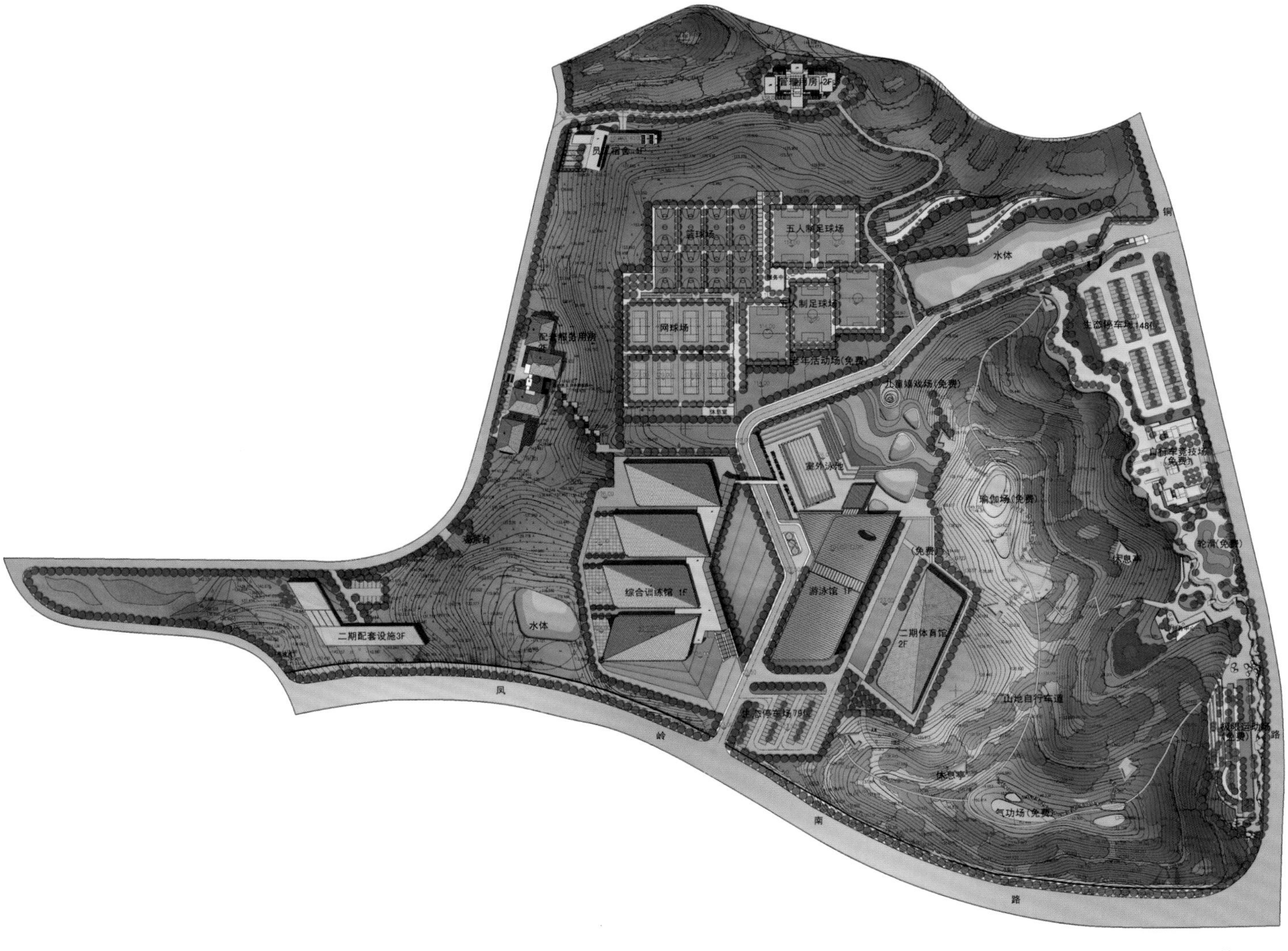

总平面图

树与叶的关系

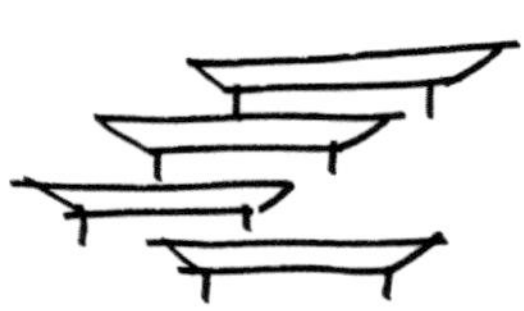
重叠的屋顶形式

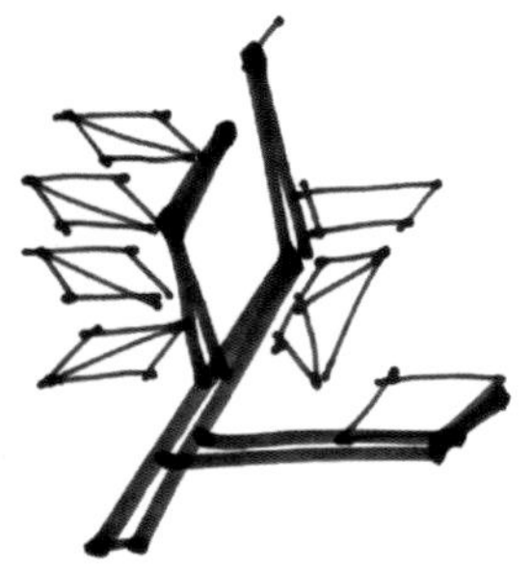
树枝叶结构
扎根－〉成长
规划结构反映李宁公司历史

2008.11.20

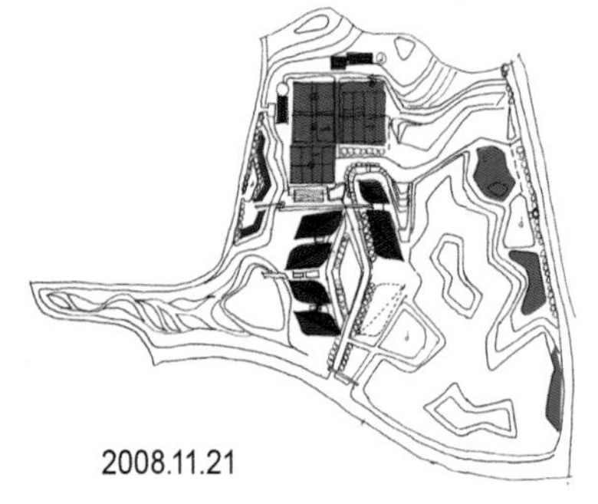

2008.11.21

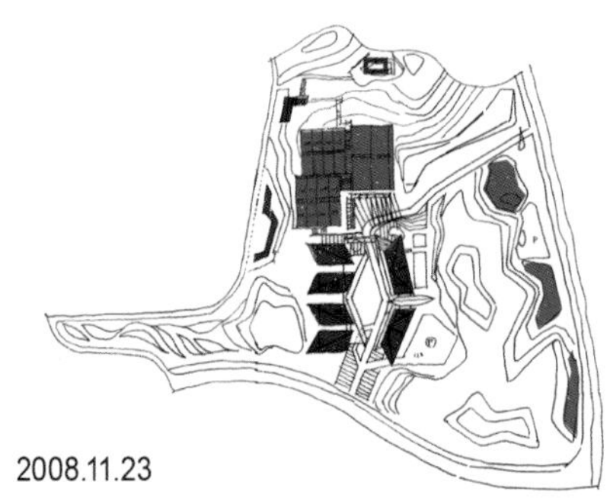

2008.11.23

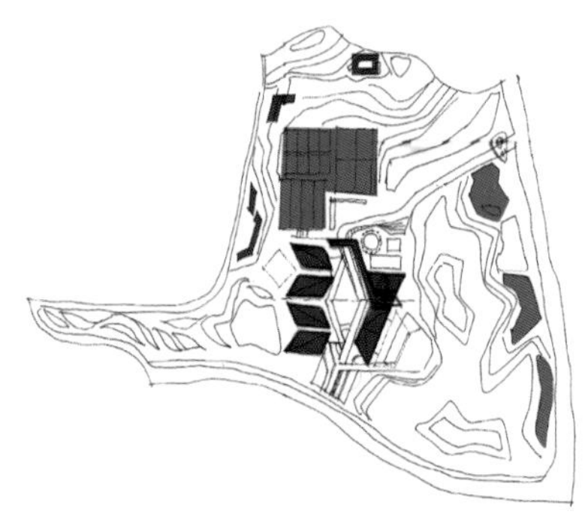

2008.11.24

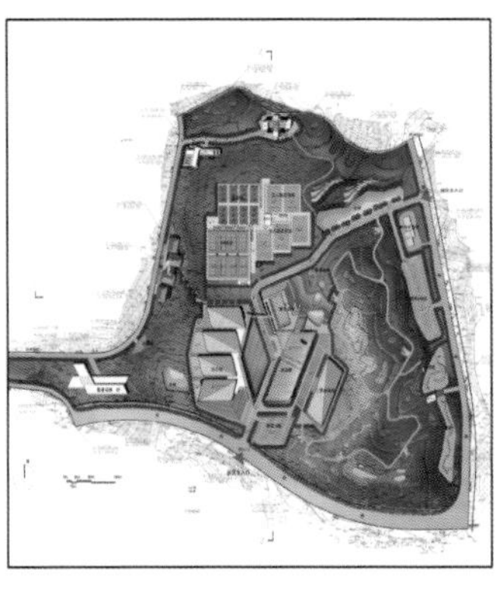

2009.03.11

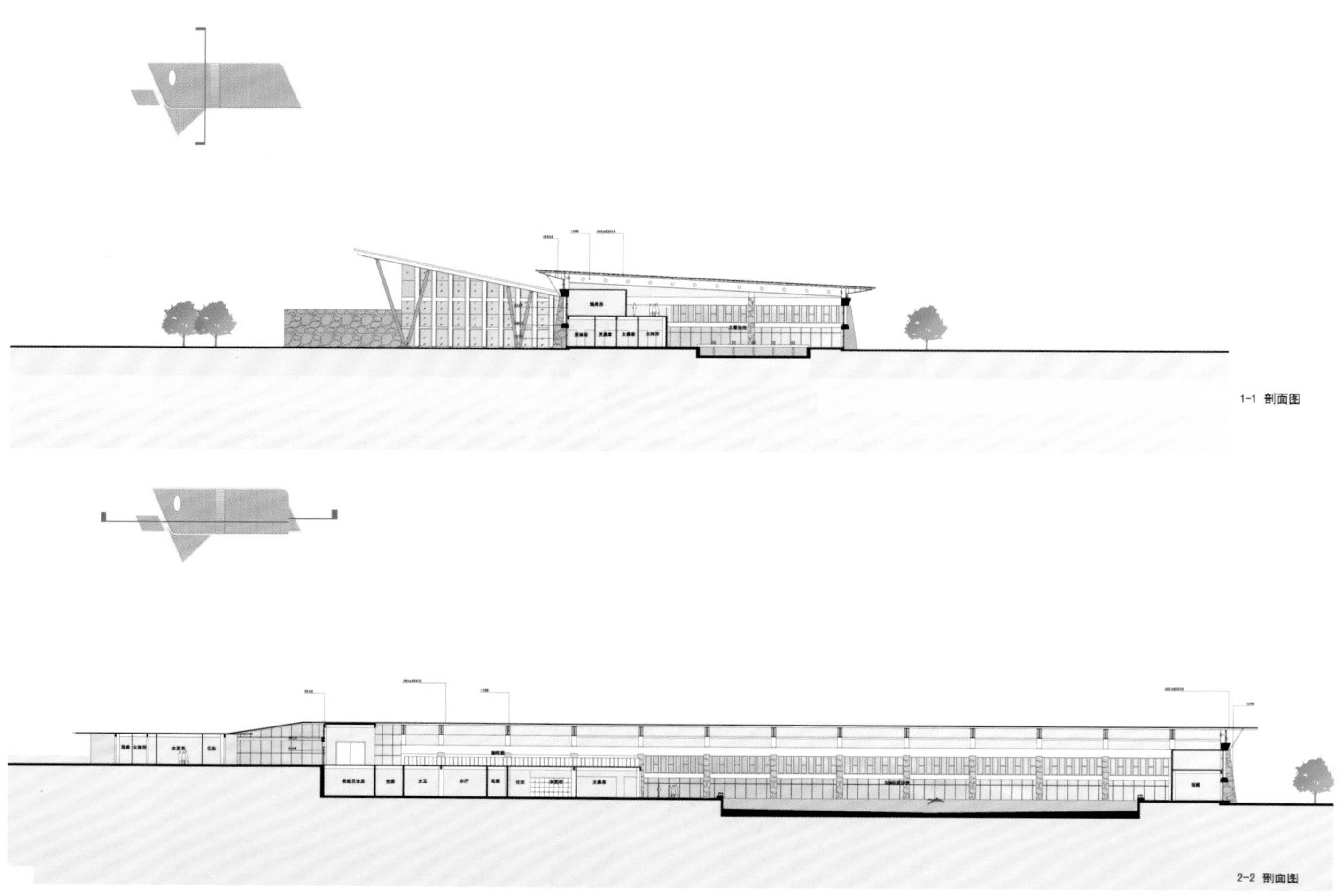

1-1 剖面图

2-2 剖面图

南立面图

北立面图

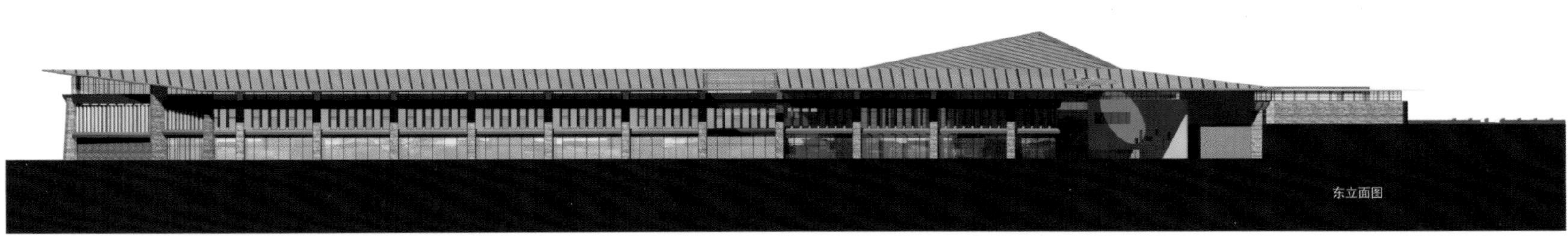

东立面图

西立面图

建筑结构与造型

生长的概念也体现在构造和造型逻辑上，设计采用混凝土框架与大跨度钢结构屋面相结合的方式。厚重的基座宛如从山体里面生长而出，支撑着屋顶钢结构的有力出挑，淋漓尽致的表现了体育建筑的性格特点。从邻侧山顶的鸟瞰角度，钢结构屋面被设计成叶片的形式，墨绿色的叶子自然地点缀着连绵起伏的山地。这种自在展现结构和材料、构造和形式的建构美学，也在一定程度上呼应了体育运动一贯追求的精神：真与美。

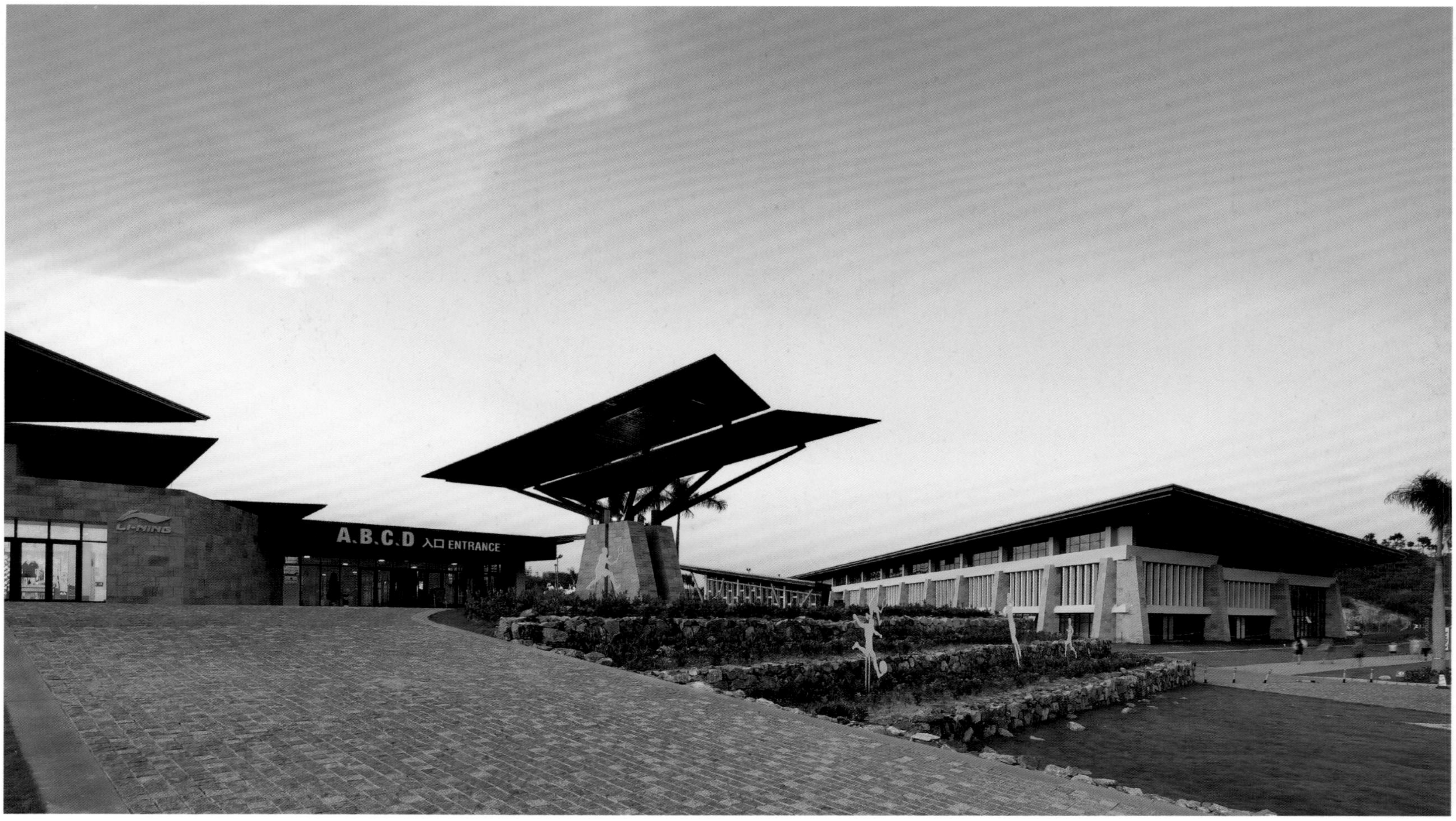
LI-NING
A.B.C.D 入口 ENTRANCE

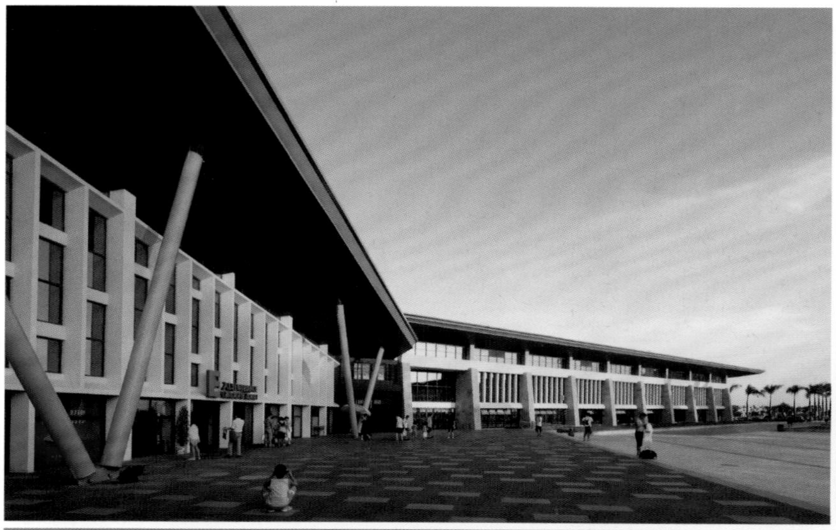

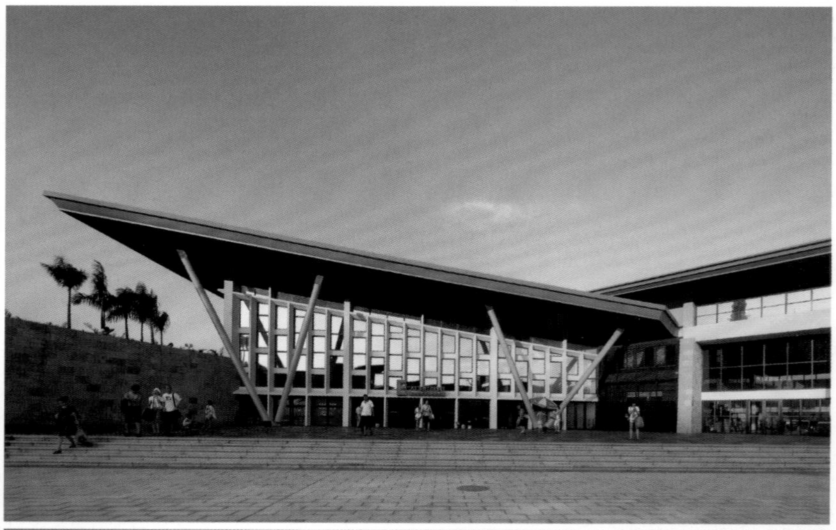

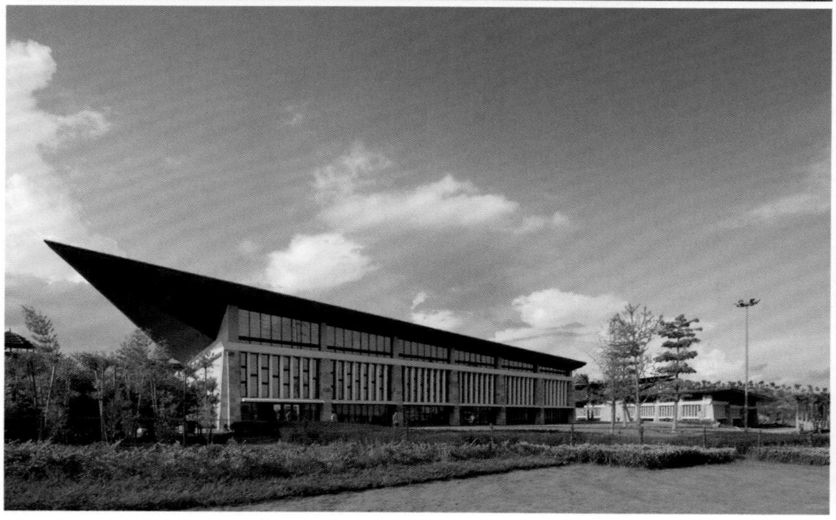

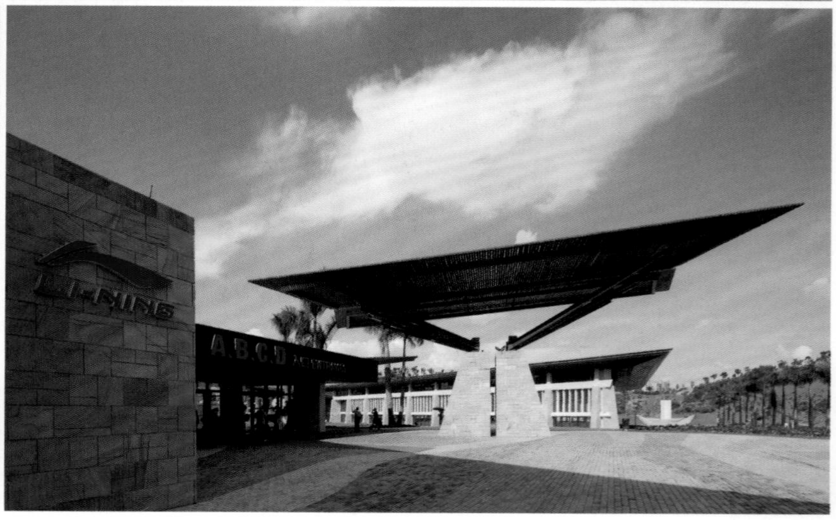
LI-NING
A.B.C.D

A.B.C.D 入口 ENTRANCE

C
← C
D ↑

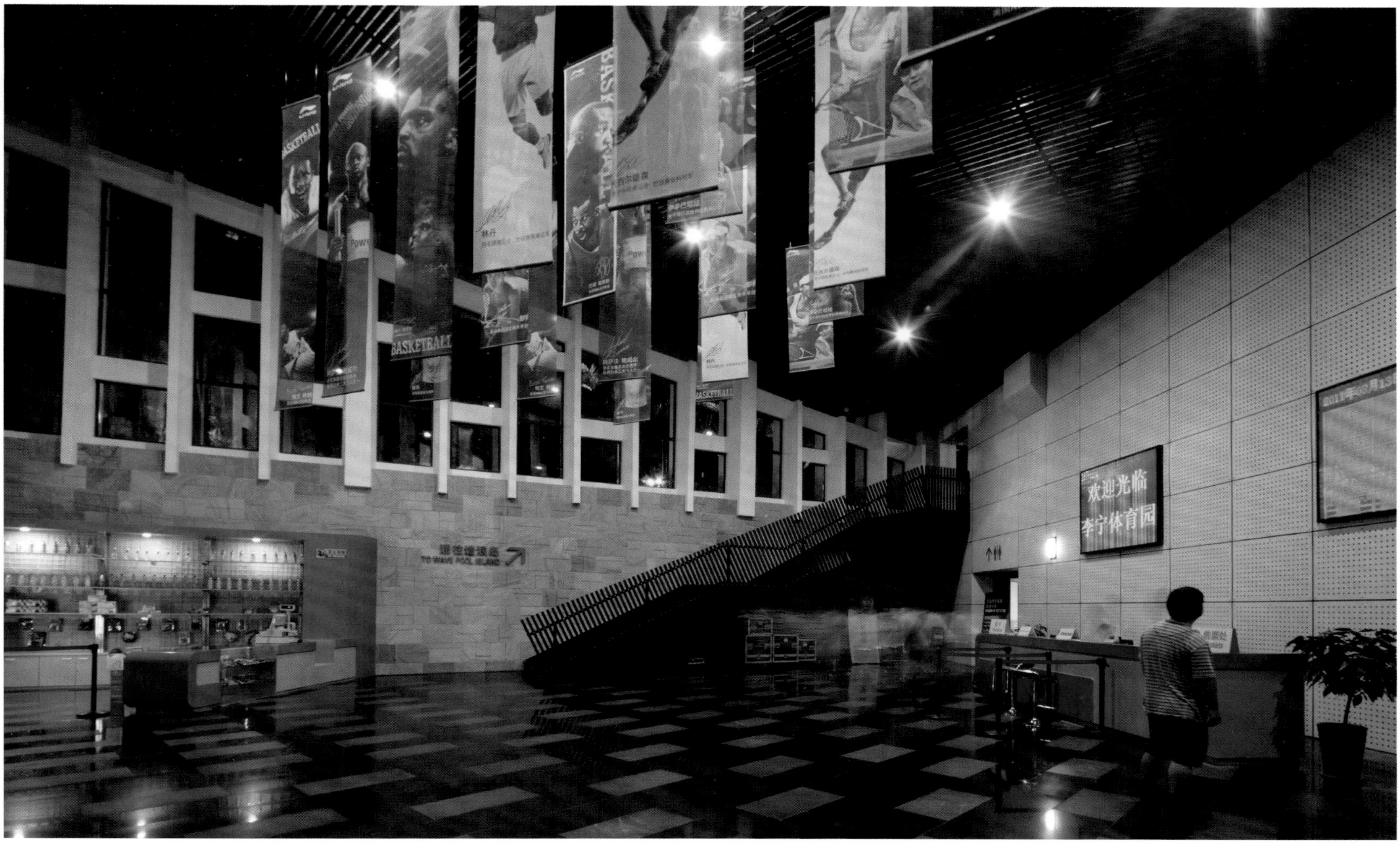
BASKETBALL
TO WAVE POOL ISLAND
欢迎光临
李宁体育园

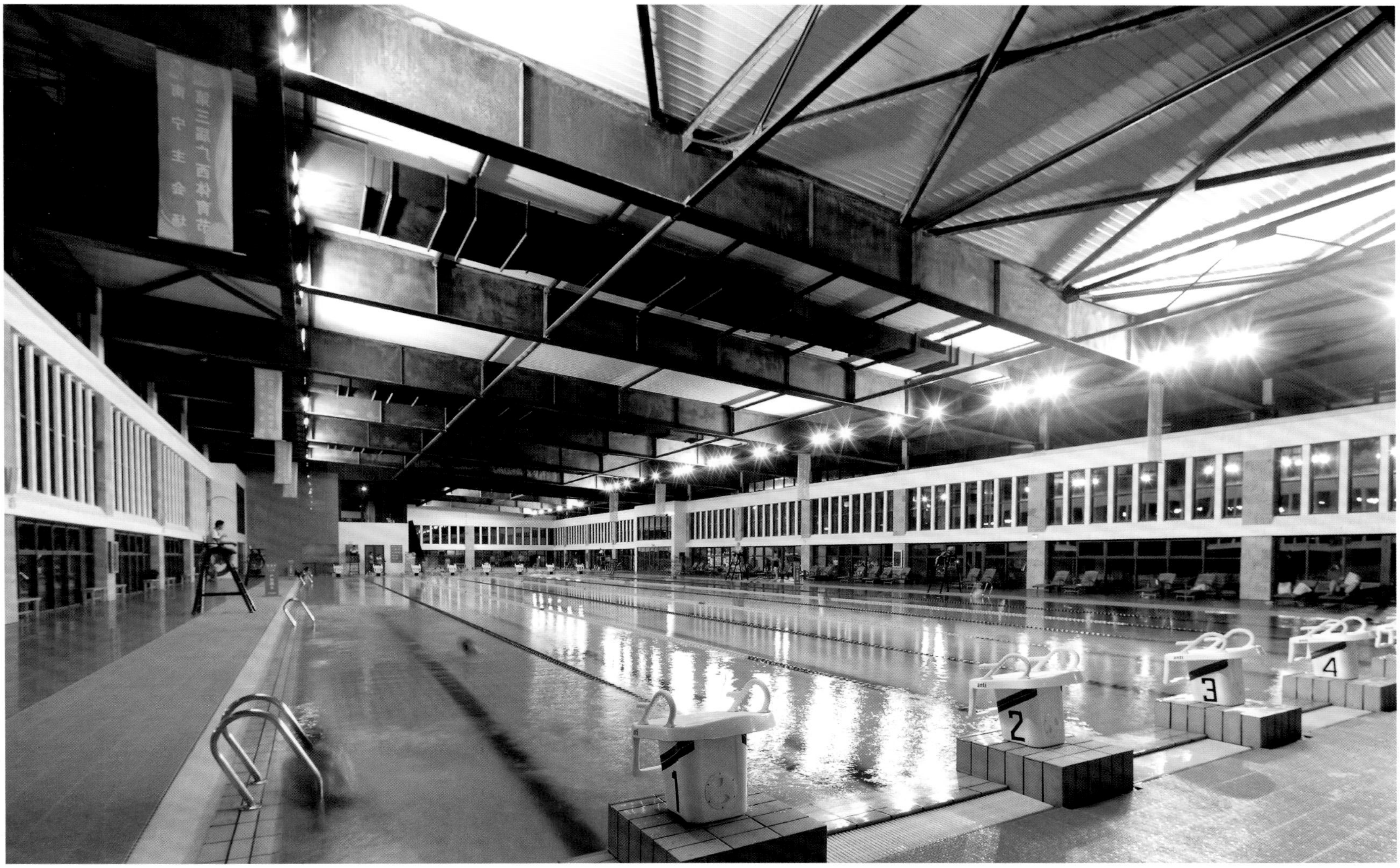
第三届广西体育节
南宁主会场

立面图

立面图

坪山体育中心规划及二期

- 项目地点：中国广东省深圳市
- 开发商：金地集团
- 设计单位：澳大利亚柏涛设计咨询有限公司
- 用地规模：195 800 m^2
- 建筑面积：93 000 m^2

体育中心

关 键 词

● 力量之美 ● 现代材料 ● 古典柱廊

项目亮点

设计中巧妙地将古典建筑的比例与材质运用到场馆建筑的基座，屋盖则由结构形态决定建筑形态，体现出体育建筑特有的大跨度与工业化元素。

项目概况

坪山体育中心位于深圳市坪山新区，东临大山陂路，南面与大山陂水库隔沙岭路相临，西临健体路，北临坪兰路、新合路。项目由三期构成，一期为已建成并投入使用的篮球馆，二期即将投入建设，是整个体育中心的核心部分——网球学院，三期为待开发的配套商业设施和综合馆。场地地势平坦。

规划结构

规划强调体育中心新旧建筑之间的融合，以及建筑和环境间的和谐共生。南北向的长轴，从北侧的形象入口直视一期已建成的篮球馆，500 m 的视距穿过开阔的草坪，以高大的篮球馆作为聚焦的中心，形成了纵览整个体育中心场馆的主轴线，强调的是新旧建筑之间的和谐之美。东西向的短轴开始于网球学院的主入口，从对称的网球训练场馆中穿越，经运动中心、泳池、山丘，止于东侧开阔的草坪上，以对称中轴的视角，起于建筑群，止于环境，强调了宏伟的体育建筑给人带来的力量之美，逐渐顺应环境，最终归于自然之中。

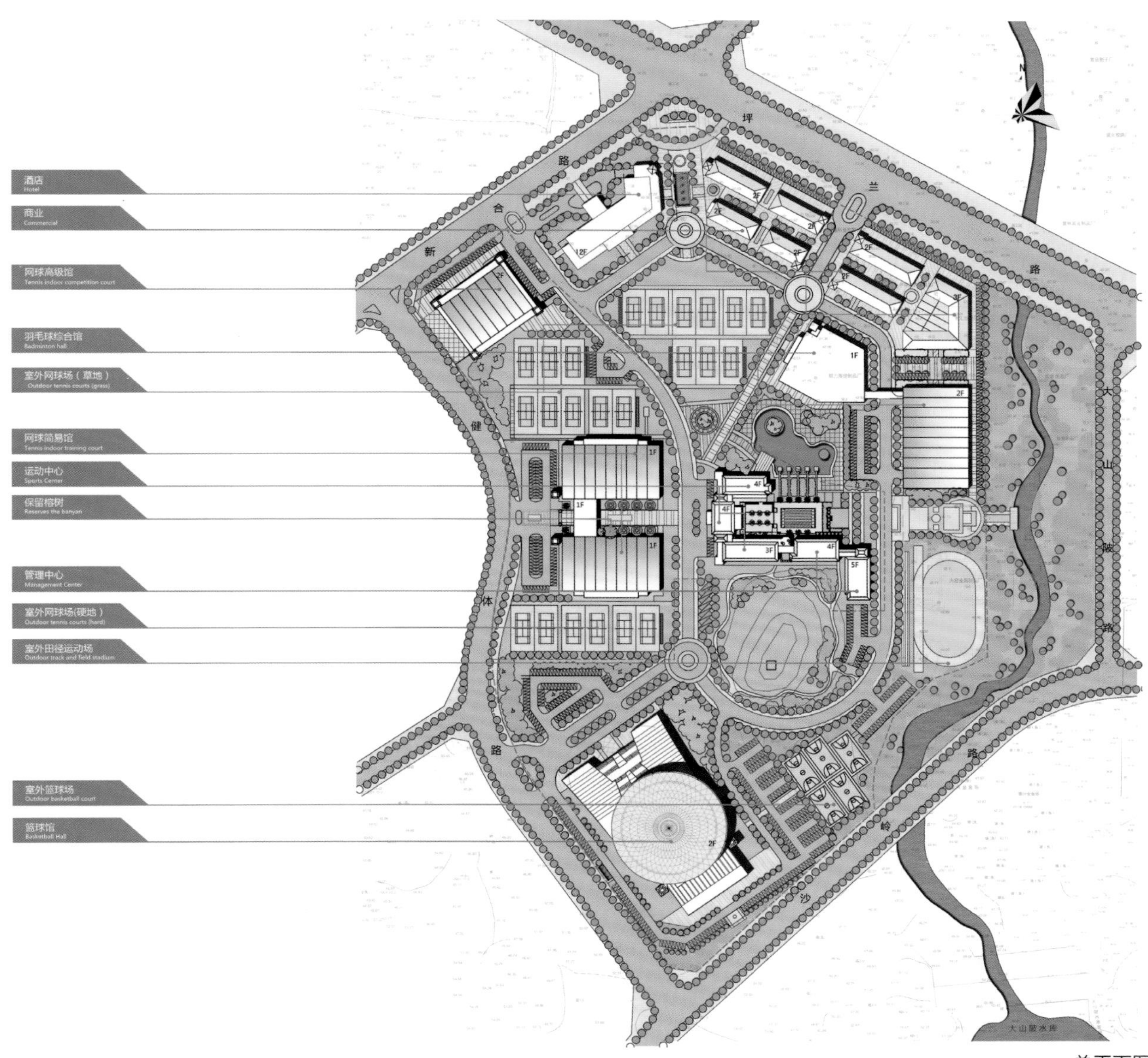
酒店
Hotel
商业
Commercial
网球高级馆
Tennis indoor competition court
羽毛球综合馆
Badminton hall
室外网球场（草地）
Outdoor tennis courts (grass)
网球简易馆
Tennis indoor training court
运动中心
Sports Center
保留榕树
Reserves the banyan
管理中心
Management Center
室外网球场(硬地）
Outdoor tennis courts (hard)
室外田径运动场
Outdoor track and field stadium
室外篮球场
Outdoor basketball court
篮球馆
Basketball Hall
新
合
路
坪
兰
路
健
体
路
沙
岭
路
大山塘水库

总平面图

二期规划

体育中心二期为网球学院，包括一个网球室内馆、两个训练馆、运动中心、管理中心以及 14 片室外网球场，总用地面积约 60 000 m^2，总建筑面积约 25 000 m^2，停车位约 173 辆。由于用地面积相对较小，规划将运动中心与管理中心合并设计在场地内保留山丘的北面，并与其西侧对称布置的两个训练馆形成一个建筑组团，同时也形成了整个规划东西向的主轴。训练馆的南北两侧共设有 14 片室外网球场地，其中，南侧 6 片场地利用架空停车场屋顶设置，有效地节约了场地。网球室内馆设于新合路和健体路路口，便于底层商业直接对外经营。

建筑风格

考虑到网球这一具有传统贵族运动气息的特殊性，以及一期已建建筑为现代风格等因素，二期建筑设计为新古典建筑风格。如何将不同风格的新旧建筑协调地统一在一个地块里，成为此次建筑单体设计中最大的难点。设计中巧妙地将古典建筑的比例与材质运用到场馆建筑的基座，屋盖则由结构形态决定建筑形态，体现出体育建筑特有的大跨度与工业化元素，同时利用深灰色的百叶、槽钢、钢板等现代建筑材料，与简化的古典柱廊、拱券等元素，使现代和古典完美结合，共同构成了本项目的新古典主义建筑风格。

坪山国际网球中心
弘金地国际网球学院
金地集团

室内设计

室内馆共设有两层，一层为配套商业及入口接待、更衣等功能；二层为场馆，包括三个场地和六个贵宾房，二层夹层设有 180 座的临时看台。室内馆为高级馆，设有空调系统，主要为贵宾服务，也可举办小规模比赛。训练馆设有两个，每个馆有 4 片场地，其中一个为红场地，另一个为硬场地。训练馆为有盖但外墙不封闭的半封闭场馆，不设空调，有良好的自然通风采光，主要为网球学院学员及外来人员服务。

里耶卡扎梅特中心

- 项目地点：克罗地亚里耶卡
- 客户：Rijeka Sport d.o.o.
- 建筑设计：3LHD 事务所
- 景观设计：Ines Hrdalo
- 用地面积：12 289 m^2
- 总建筑面积：16 830 m^2
- 摄影师：DomagojBlažević、MiljenkoBernfest、DamirFabijani 、3LHD

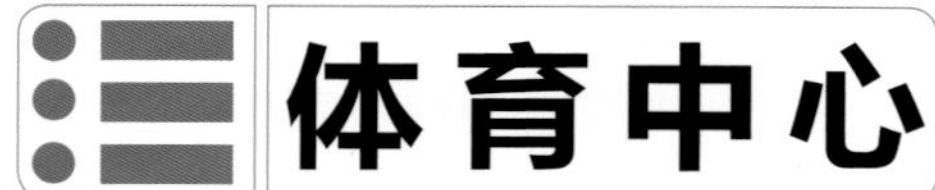

关 键 词 ● 丝带状 ● 钢梁结构 ● 大跨度

项目亮点

带状条纹的灵感源自“gromača”，这是里耶卡特有的一种石头，扎梅特中心在颜色和形状上都经过了人为的重新诠释。3LHD 事务所设计了 51 000 块瓷砖铺设成条纹，专为扎梅特中心而制作。

项目概况

扎梅特中心位于里耶卡扎梅特广场，总建筑面积 16 830 m^2，集各种设施于一体：2 380 座体育馆、社区办公室、图书馆、13 个商铺和 1 个有着 250 个车位的停车场。

建筑设计

带状条纹的灵感源自“gromača”，这是里耶卡特有的一种石头，扎梅特中心在颜色和形状上都经过了人为的重新诠释。3LHD 事务所设计了 51 000 块瓷砖铺设成条纹，专为扎梅特中心而制作。钢梁跨度达 55 m，高低不同的梁间空隙透入自然光线照亮体育馆场内。

设计的基本特征是将扎梅特的工程项目与市区结构综合在一起，旨在最大限度地降低干扰，评估特定的市区条件——地形起伏、南北走向的人行道、小学前的高地、公园，扎梅特中心项目就位于十字路口。手球馆和扎梅特中心的概念设计采用南北走向的丝带状，既是主体建筑设计元素，也是分区元素，形成公共广场，连接北面的公园与南侧学校和 B.Vidas 大街。体育馆 1/3 的体量切入地下，其他公共服务设施完全与地势相融合。

1 Square
2 Utility court
3 Entrance for visitors
4 Entrance players
5 Press entrance
6 Vip entrance
7 Local community
8 Library
9 Entrance shops

总平面图

规划布局

体育馆按照最新世界体育标准设计而成，承办主要国际比赛。体育馆的概念基于空间的灵活多变。比赛场地面积为 46 m × 44 m，可作两个手球场地。体育馆容纳了用作专业训练和比赛的所有配套设施。观众席位设计成远视型看台，可适应日常灵活使用，也可用于其他活动，如音乐会和会议室。精心挑选的室内材料木材和吸音板使得整个体育馆就像运动员的一个大客厅。体育馆和其他设施的主要出入口位于体育馆西侧的公共广场和地下停车场。

屋顶的公共空间不仅是扎梅特中心商业建筑部分独有的特征，也是位于体育馆北部的公园的延伸部分。公共设施建筑、购物中心、图书馆和地方当局屹立，连接体育馆和学校前的广场，试着与西部的扎梅特中心整体环境相融。

1 Square
2 Utility court
3 Entrance for visitors
4 Entrance players
5 Press entrance
6 Vip entrance
7 Local comunity
8 Library
9 Entrance shops
10 Shop
11 Staircase
12 Entrance
13 Entrance control
14 Lobby
15 Superintendent
16 Storage
17 Sauna
18 Massage
19 Locker room
20 Hall
21 Hall
22 WC
23 Referee
24 Utility room
25 Coach
26 Dopping control
27 Office
28 Conference room
29 Auditorium

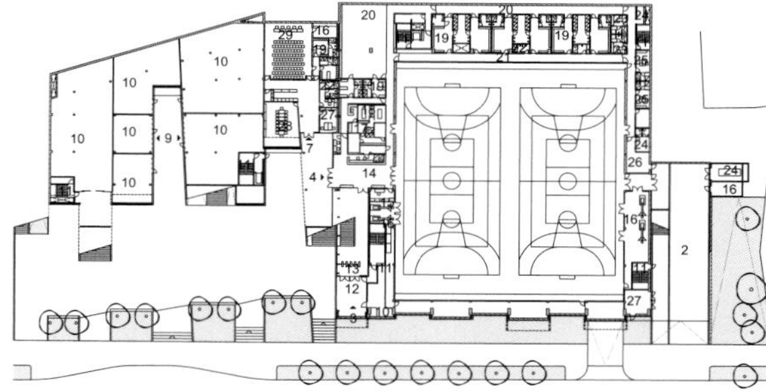

1 Square
2 Utility court
3 Entrance for visitors
4 Entrance players
5 Press entrance
6 Vip entrance
7 Local comunity
8 Library
9 Entrance shops
10 Shop
11 Staircase
12 Entrance
13 Entrance control
14 Lobby
15 Superintendent
16 Storage
17 Sauna
18 Massage
19 Locker room
20 Hall
21 Hall
22 WC
23 Referee
24 Utility room
25 Coach
26 Dopping control
27 Office
28 Conference room
29 Auditorium
30 Coat check
31 Spectators
32 Caffe
33 Gallery
34 VIP Lounge
35 Press
36 Camera
37 Press
38 VIP area

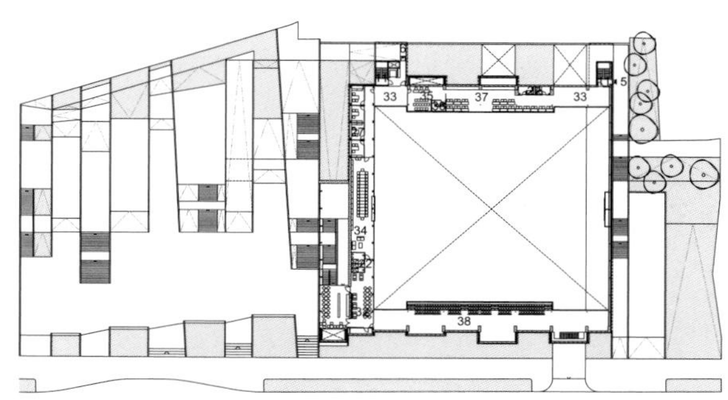

1 Square
2 Utility court
3 Entrance for visitors
4 Entrance players
5 Press entrance
6 Vip entrance
7 Local comunity
8 Library
9 Entrance shops
10 Shop
11 Staircase
12 Entrance
13 Entrance control
14 Lobby
15 Superintendent
16 Storage
17 Sauna
18 Massage
19 Locker room
20 Hall
21 Hall
22 WC
23 Referee
24 Utility room
25 Coach
26 Dopping control
27 Office
28 Conference room
29 Auditorium
30 Coat check
31 Spectators
32 Caffe

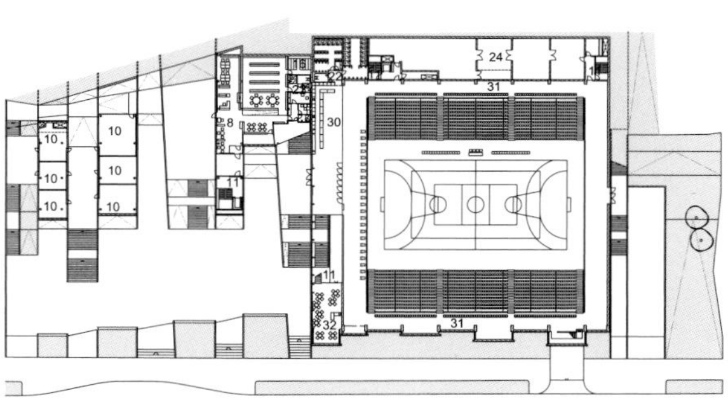

11 Staircase
24 Utility spaces

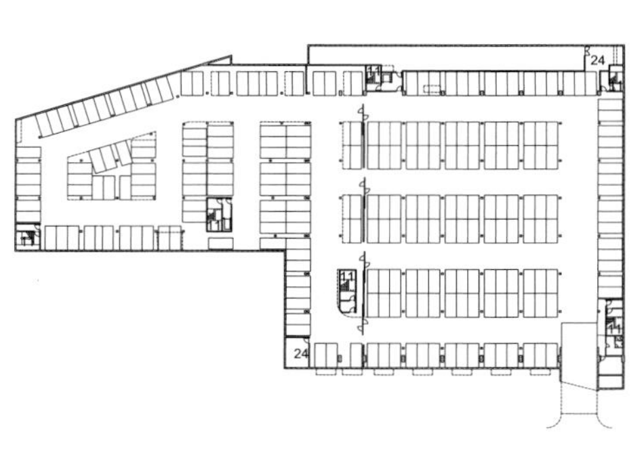

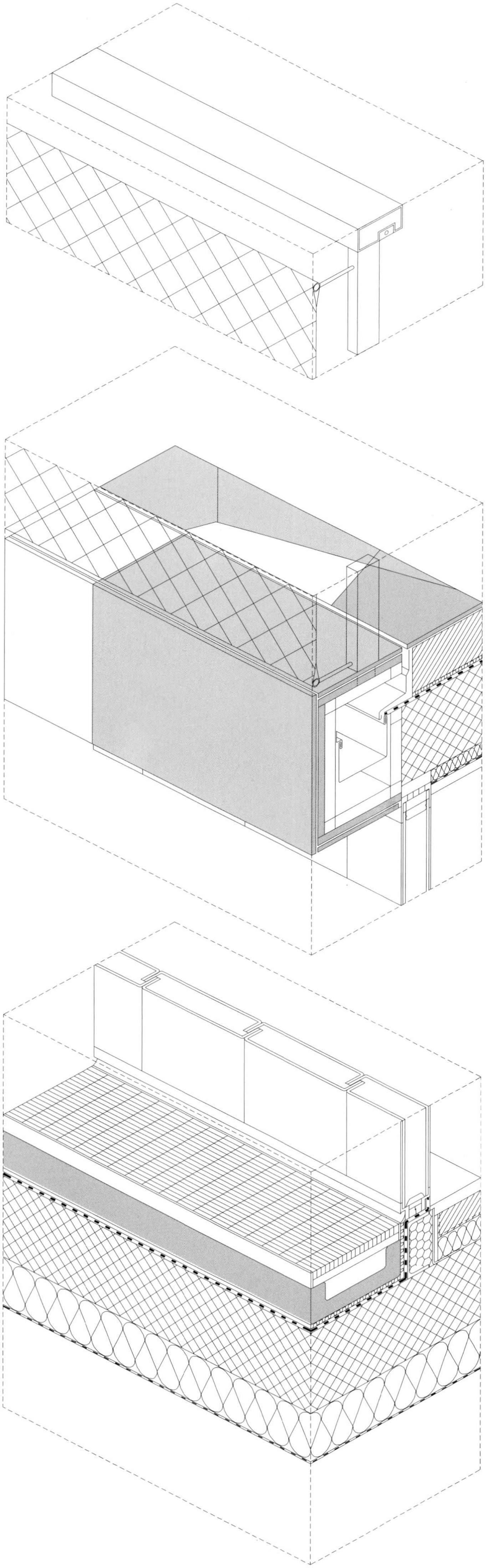

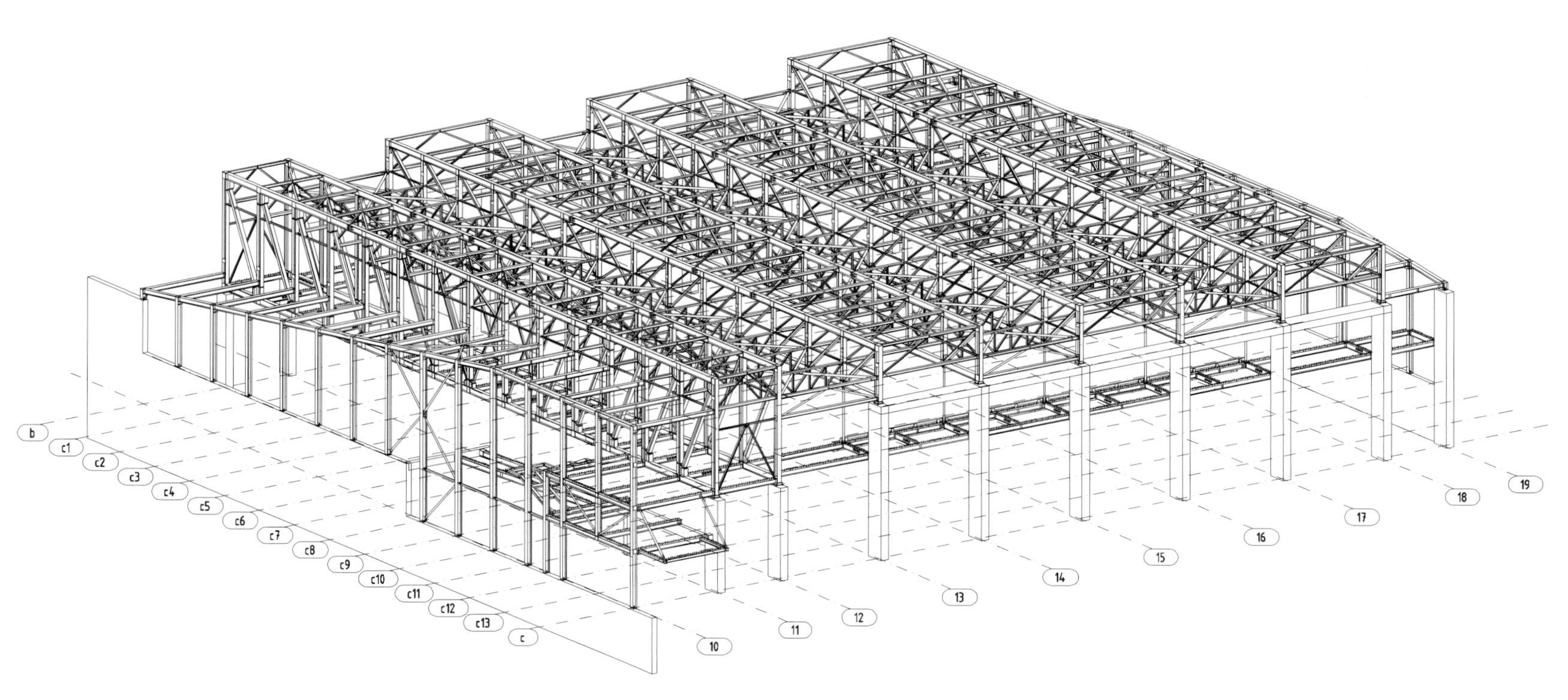
b
c1
c2
c3
c4
c5
c6
c7
c8
c9
c10
c11
c12
c13
c
10
11
12
13
14
15
16
17
18
19

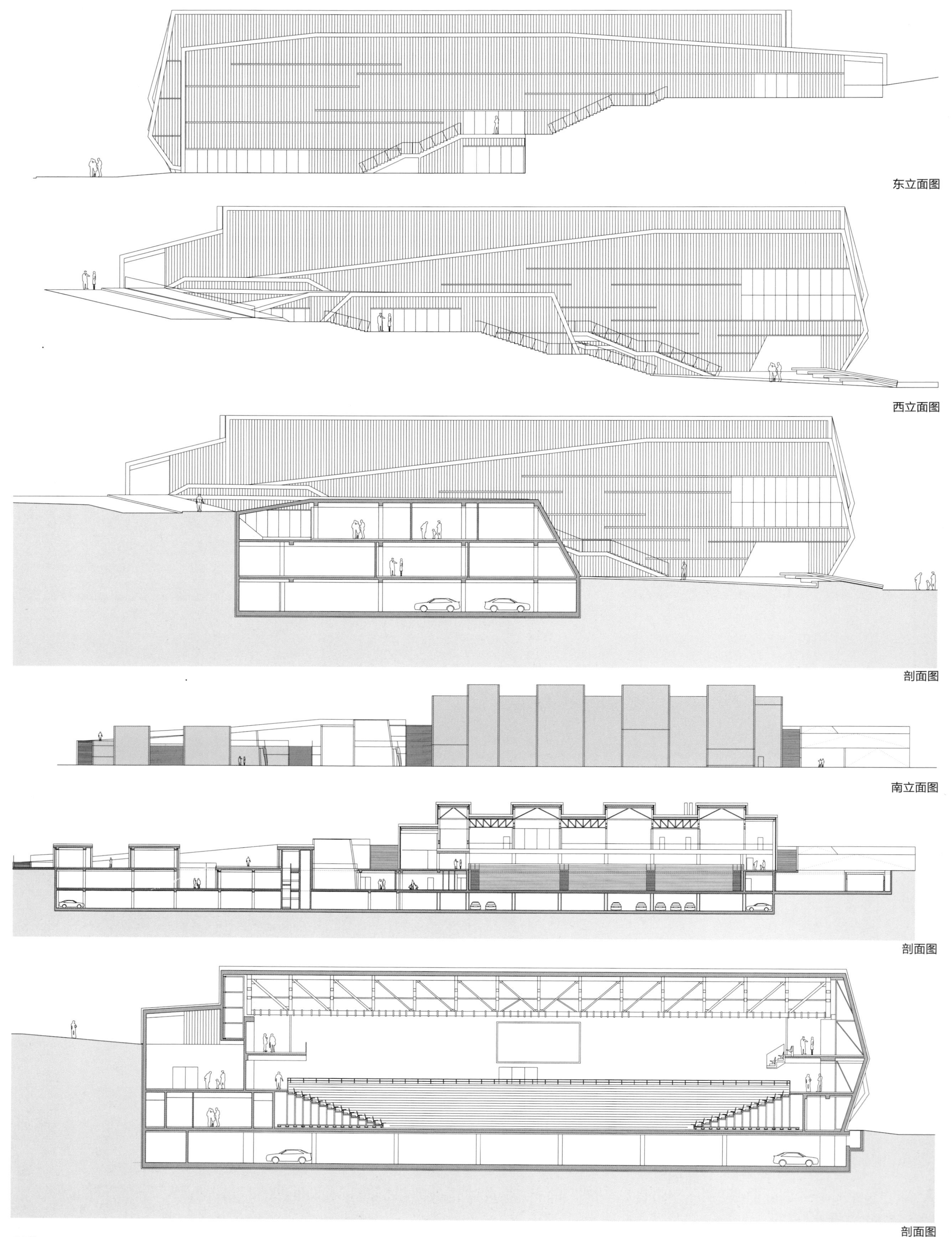
东立面图
西立面图
剖面图
南立面图
剖面图
剖面图

1	**roof construction**	
	ceramic tiles on aluminium construction	11 mm
	ventilated cavity	-
	two-layer TPO roof seal	4 mm
	sloping polystyrene rigid-foam thermal insulation	200 mm
	vapour barrier	5 mm
	corrugated steel sheeting	137 mm
	steel structure	
	wood wool acoustic panels	
8	**floor construction**	
	parquet	15 mm
	screed	65 mm
	separating layer	0.2 mm
	expanded polystyrene impact-sound insulation EPS	40 mm
	elastic expanded polystyrene EPS-T	20 mm
	reinforced concrete slab	150 mm
	air cavity	-
	wood wool acoustic panels	25 mm
9	**floor construction**	
	parquet	15 mm
	screed	65 mm
	separating layer	0.2 mm
	expanded polystyrene impact-sound insulation EPS	40 mm
	elastic expanded polystyrene EPS-T	20 mm
	reinforced concrete slab	200 mm
	rock wool thermal insulation	120 mm
10	**floor construction**	
	cast floor - polyurethane	3 mm
	screed	65 mm
	separating layer	0.2 mm
	expanded polystyrene impact-sound insulation EPS	40 mm
	elastic expanded polystyrene EPS-T	20 mm
	reinforced concrete slab	300 mm
	mineral wool thermal insulation	120 mm
	plaster	2 mm
12	U-profiled glass - double glazing in aluminium frame	83mm

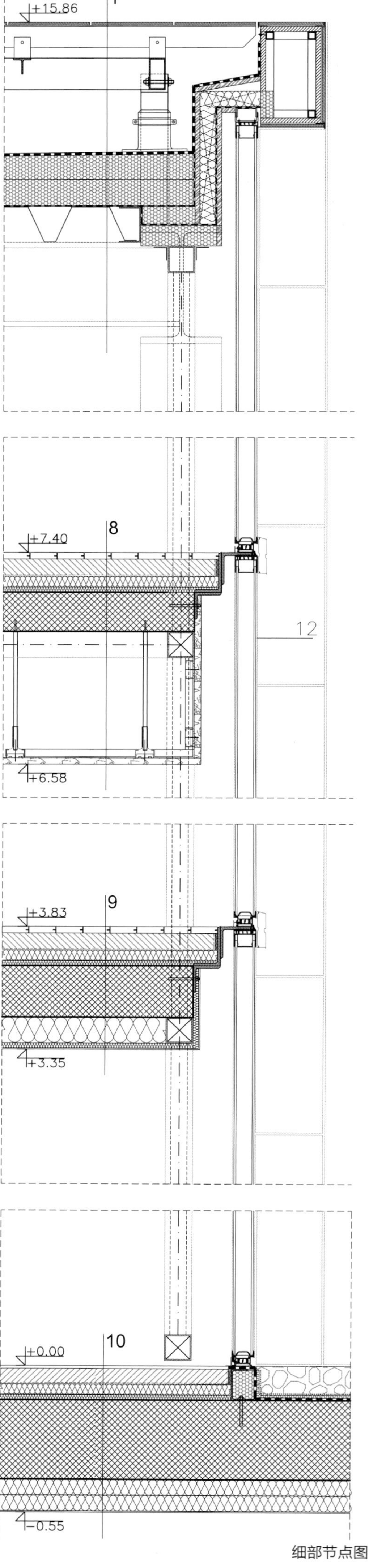

细部节点图

1	**roof construction**	
	ceramic tiles on aluminium construction	11 mm
	ventilated cavity	-
	two-layer TPO roof seal	4 mm
	sloping polystyrene rigid-foam thermal insulation	200 mm
	vapour barrier	5 mm
	corrugated steel sheeting	137 mm
	steel structure	
	wood wool acoustic panels	
2	**wall construction - ceramic tiles**	
	wood wool acoustic panels	25 mm
	oriented-strand board on wood construction	20 mm
	air cavity	-
	vapour barrier	0.2 mm
	mineral wool thermal insulation	120 mm
	oriented-strand board	20 mm
	sealing layer	4 mm
	ventilated cavity	-
	ceramic tiles on aluminium construction	11 mm
3	**wall construction - ceramic tiles**	
	fibre-cement board	25 mm
	oriented-strand board on wood construction	20 mm
	air cavity	-
	oriented-strand board on steel construction	20 mm
	vapour-permeable and water-resistant membrane	1 mm
	air cavity	-
	ceramic tiles on aluminium construction	11 mm
10	**floor construction**	
	cast floor - polyurethane	3 mm
	screed	65 mm
	separating layer	0.2 mm
	expanded polystyrene impact-sound insulation EPS	40 mm
	elastic expanded polystyrene EPS-T	20 mm
	reinforced concrete slab	300 mm
	mineral wool thermal insulation	120 mm
	plaster	2 mm

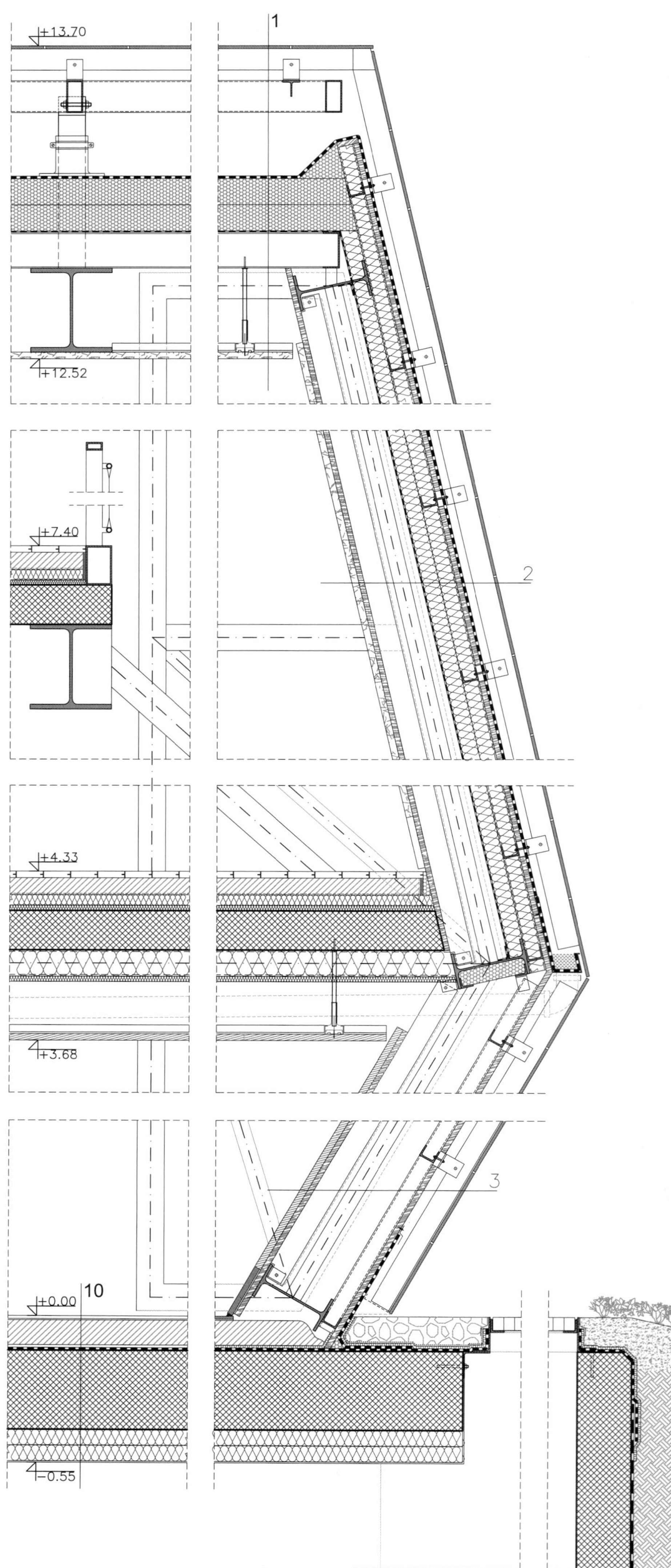

1	**roof construction**	
	ceramic tiles on aluminium construction	11 mm
	ventilated cavity	-
	two-layer TPO roof seal	4 mm
	sloping polystyrene rigid-foam thermal insulation	200 mm
	vapour barrier	5 mm
	corrugated steel sheeting	137 mm
	steel structure	
	wood wool acoustic panels	
4	**wall construction - U profiled glass**	
	2x12.5mm plasterboard	25 mm
	oriented-strand board on steel construction	20 mm
	air cavity	-
	vapour barrier	0.2 mm
	oriented-strand board on steel construction	20 mm
	rock wool thermal insulation	120 mm
	ventilated cavity	40 mm
	U-profiled glass in aluminium frame	83 mm
5	**wall construction - U profiled glass**	
	reinforced concrete wall	300 mm
	rock wool thermal insulation	120 mm
	ventilated cavity	40 mm
	U-profiled glass in aluminium frame	83 mm
6	**wall construction in ground**	
	reinforced concrete wall	300 mm
	bentonite-geotextile waterproofing membrane	6.4 mm
	sloping polystyrene rigid-foam thermal insulation	80 mm
	soil layer	100 mm
	drainage layer of gravel	
7	**wall construction in ground**	
	reinforced concrete wall	300 mm
	bentonite-geotextile waterproofing membrane	6.4 mm
	soil layer	100 mm
	drainage layer of gravel	
10	**floor construction**	
	cast floor - polyurethane	3 mm
	screed	65 mm
	separating layer	0.2 mm
	expanded polystyrene impact-sound insulation EPS	40 mm
	elastic expanded polystyrene EPS-T	20 mm
	reinforced concrete slab	300 mm
	mineral wool thermal insulation	120 mm
	plaster	2 mm
11	**ground floor construction**	
	epoxy coating	3 mm
	reinforced concrete foundation slab	500 mm
	bentonite-geotextile waterproofing membrane	6.4 mm
	soil layer	100 mm
	bed of gravel	

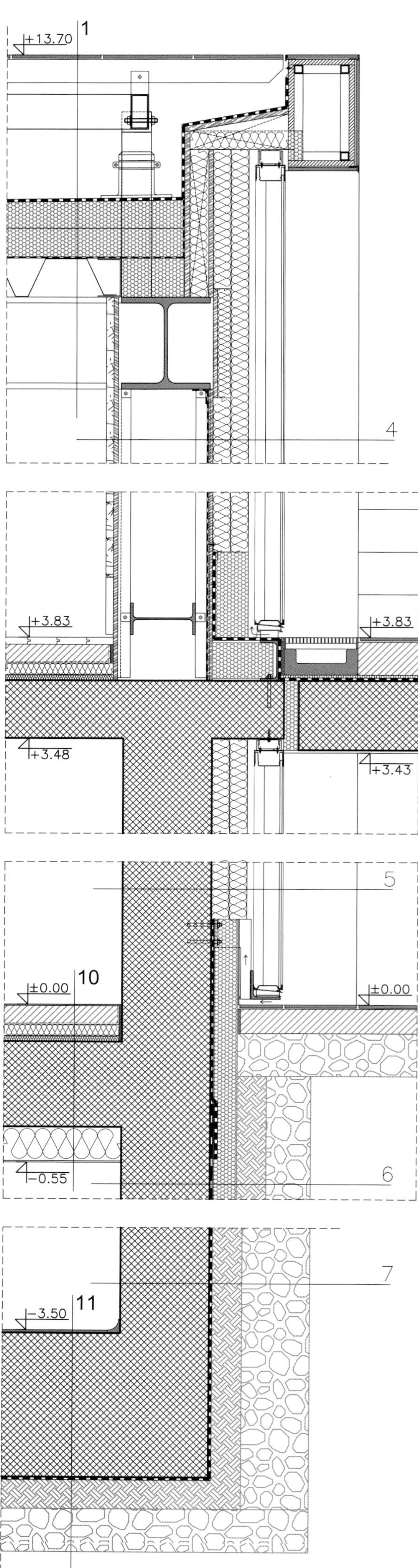

展览馆

- 群众特征
- 学习娱乐
- 功能分区
- 功能齐全

Umwelt Arena 展厅

- 项目地点：瑞士斯普赖滕巴赫
- 建筑设计：René Schmid Architekten ag
- 设计团队：René Schmid、Gøran Keuchel
- 客户：Umwelt Arena AG Spreitenbach
- 可用面积：11 000 m^2
- 摄影：Michael Egloff、Bruno Helbling、A Pix Alex Buschor Photography

关键词 ● 保护性外壳 ● 水晶外观 ● 文化内涵

建筑的中心设计了一个舞台，这个舞台是个多用途的空间，几乎可从建筑的任何一个区域看到它。其代表了建筑的中心，并提供了项目创始者想要的那种知识交换的空间。

项目概况

太阳能建筑的重要性得到了不断的提升，尤其是因为规则师、建筑师和业主们意识到可节约能源的可持续性建筑的优势。这也正式处于斯普赖滕巴赫（Spreitenbach）的瑞士 Umwelt Arena 展厅成为一个地标性建筑的原因。作为展览会场，这一中庭式建筑有着市场上可持续性和环保建筑的每一个技术创新。

设计愿景

起初，客户的愿景是创建一个能够作为环境讨论和信息平台的建筑。其将成为一个由太阳能供电的电动汽车的试驾场所；也可举行研讨会、贸易展览会和演唱会。Umwelt Arena 展厅被打造成为一个学习知识和交换经验的场所—— 一个激励与自然进行负责人的互动的场所。 每一个参观者都应能体验到在环保和经济的同时也能相当容易的满足现代生活的需求。对于设计单位 René Schmid Architekten ag 来说，其面临的并不是个简单的任务。

建筑设计

首先设计了一个空间概念，在建筑的中心设计了一个舞台。这个舞台是个多用途的空间，几乎可从建筑的任何一个区域看到它。其代表了建筑的中心，并提供了项目创始者想要的那种知识交换的空间。

该建筑需要在参观者中引起什么样的反映以及如何传达最初的愿景，对于设计团队来说很快就变得清晰，作为一个地标性建筑，其应该在不干扰周边环境的前提下发出一种信号。换言之，其应该是一个在购物中心和复杂的工业建筑等多样的周边环境中一个不显眼的孤独建筑。

因此一个动态的简洁的建筑被设计而成，其有着多重折叠的屋顶景观以及约 5 400m^2 的太阳能电池板，其两端缓慢地下降到行人的高度。特殊形状的光伏板类似于爬行动物的鳞片，建筑的外壳成为一个保护性外壳。深色水晶外观激起了人们的兴趣并以一种微妙的接近自然的方式吸引着他们的目光。生态和经济在这该建筑中也很和谐：很多结构要素立刻实现了多种功能。有着闪烁表面的屋顶并不仅仅阻挡风雨，其同时吸取太阳光以产生电能。混凝土不仅形成了支撑结构，同时也存储热量。对于扶手，建筑内部扶手切断的多余部分被用在外部作为护栏。此外，光伏系统产生了多出一倍的建筑本身需要消耗的电力。

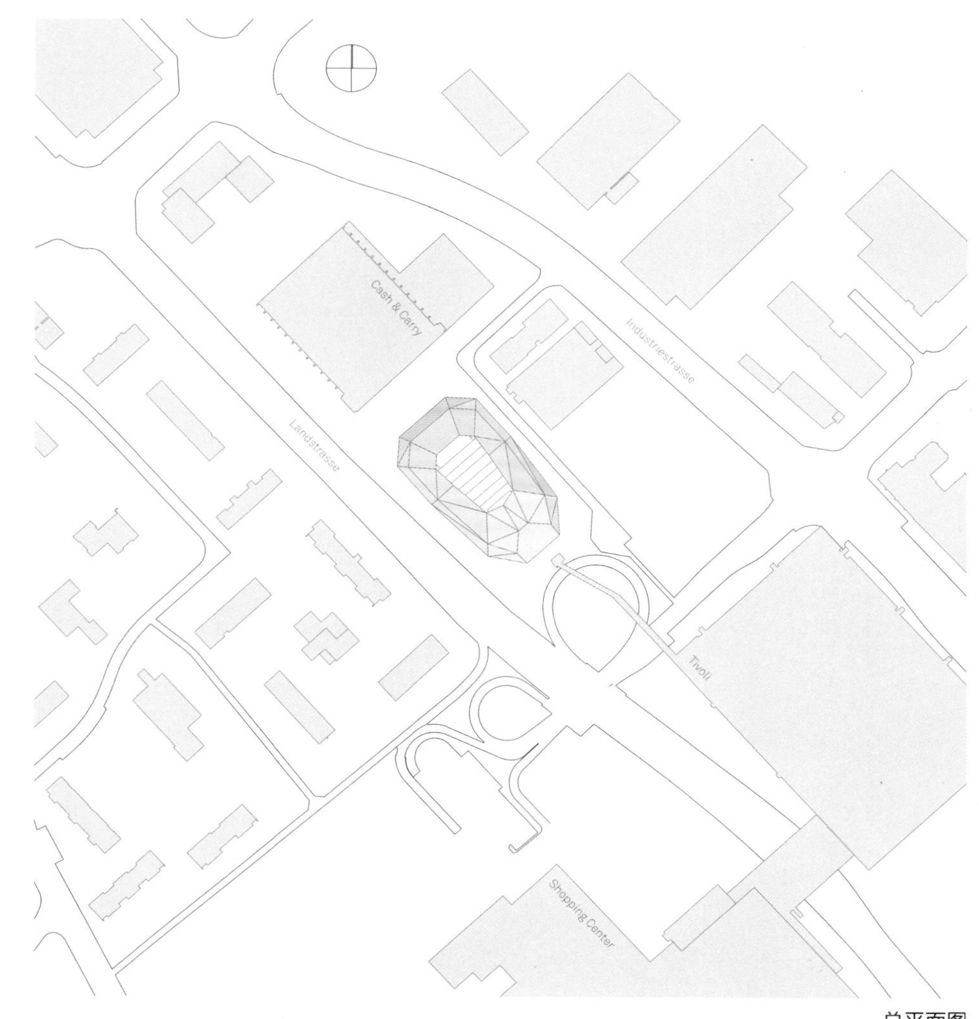

总平面图

浅色、紧凑、有棱角且有着水晶特色的主体有着明显的轮廓，自信独立地坐落着，自给自足。

这些反差允许建筑以一种不惹人注目，但又精致迷人的姿态出现，有着明确的立场。其表达的秘密就在于当参观者进入到室内发现一个巨大舞台的惊喜。

这一惊喜发送出一种信号且很容易激发兴趣。进来的人们会发现他们渴望发现更多，希望成为该项目的一部分——学习和理解的过程。参观者的思想是开放的，他们开始发展理念，变得很有创意。这反过来也激起了他们的情绪：参观者很积极地自行采取行动。

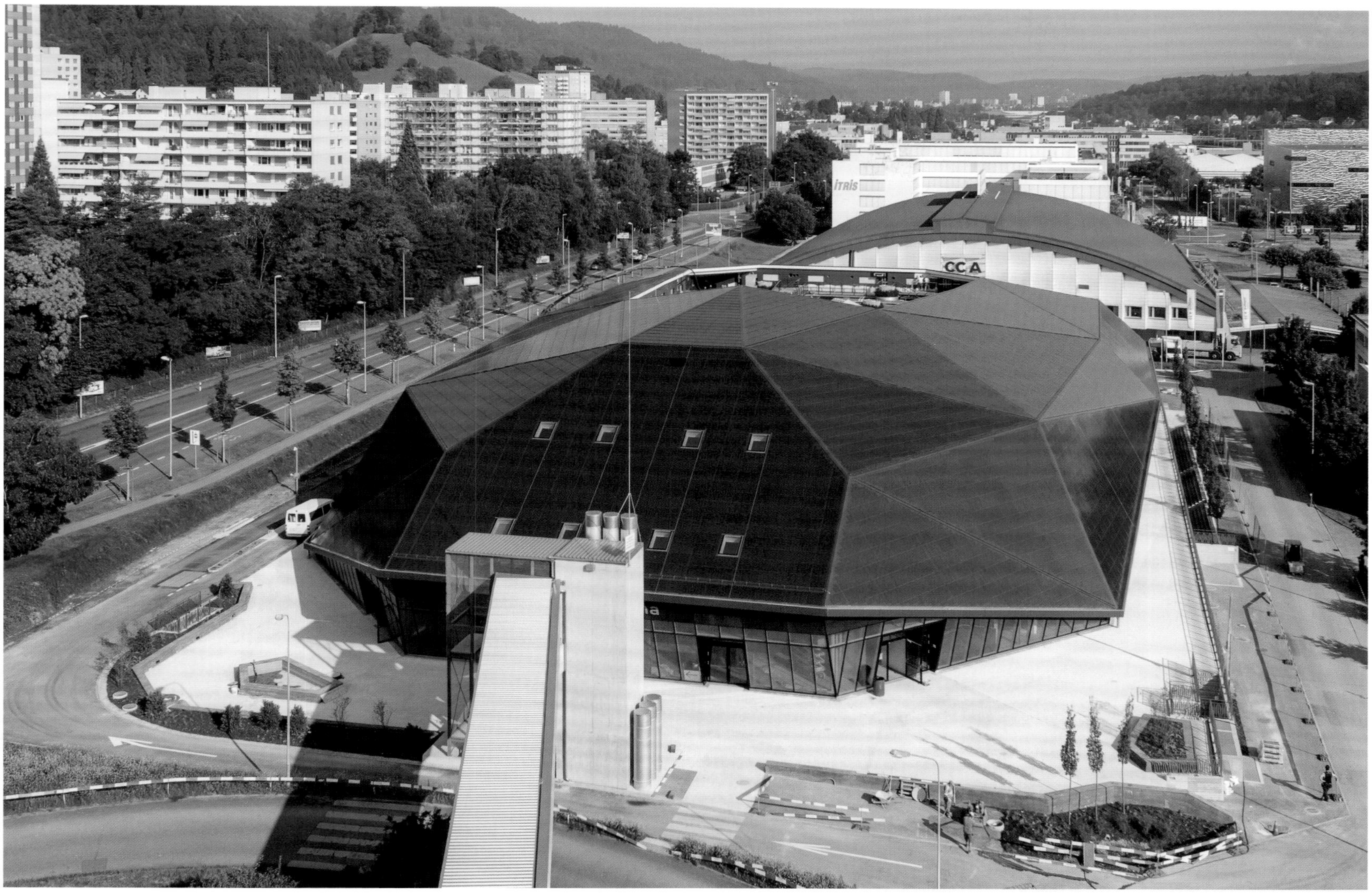
ITRIS
CCA

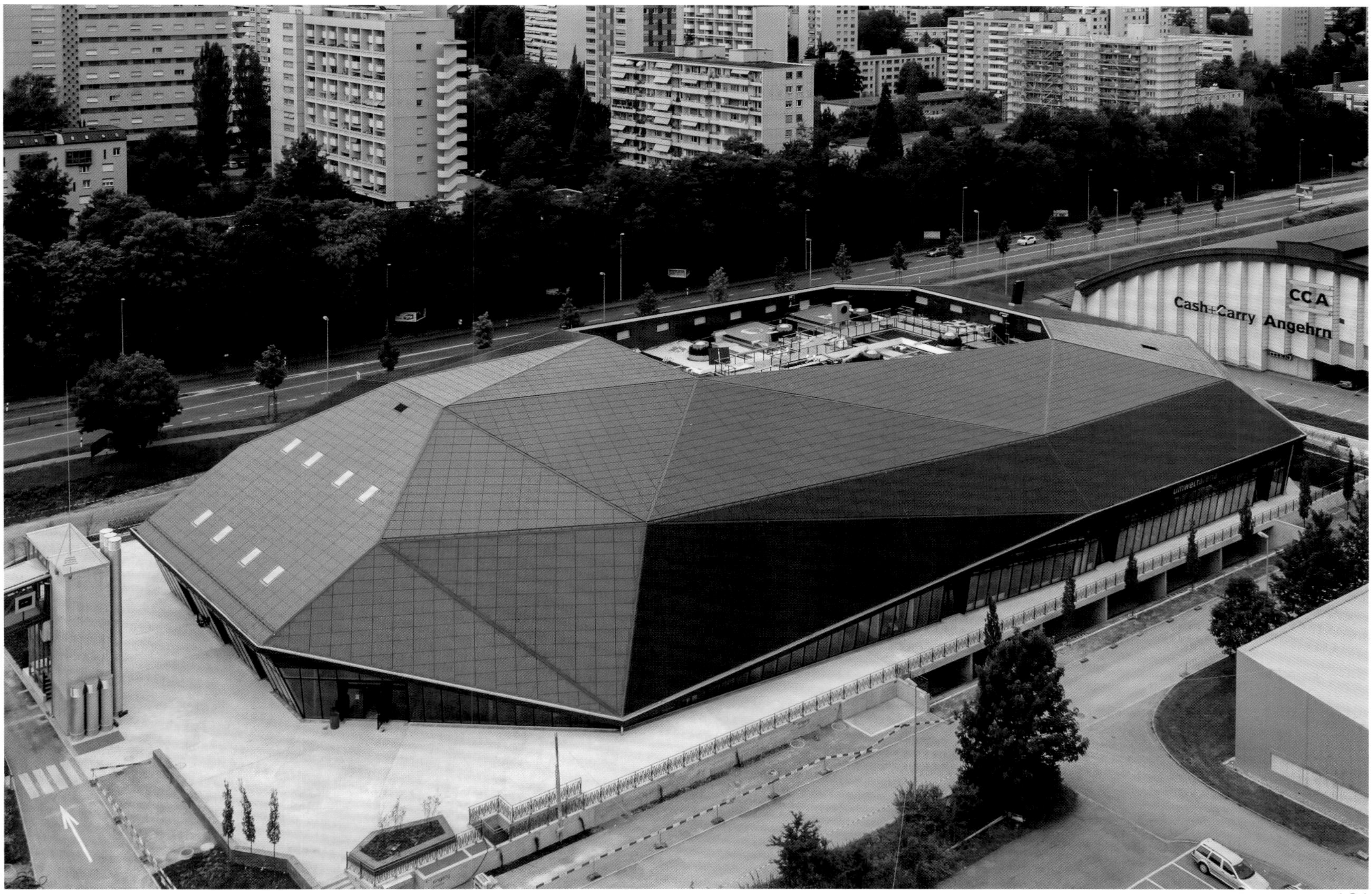
CCA
Cash+Carry Angehrn

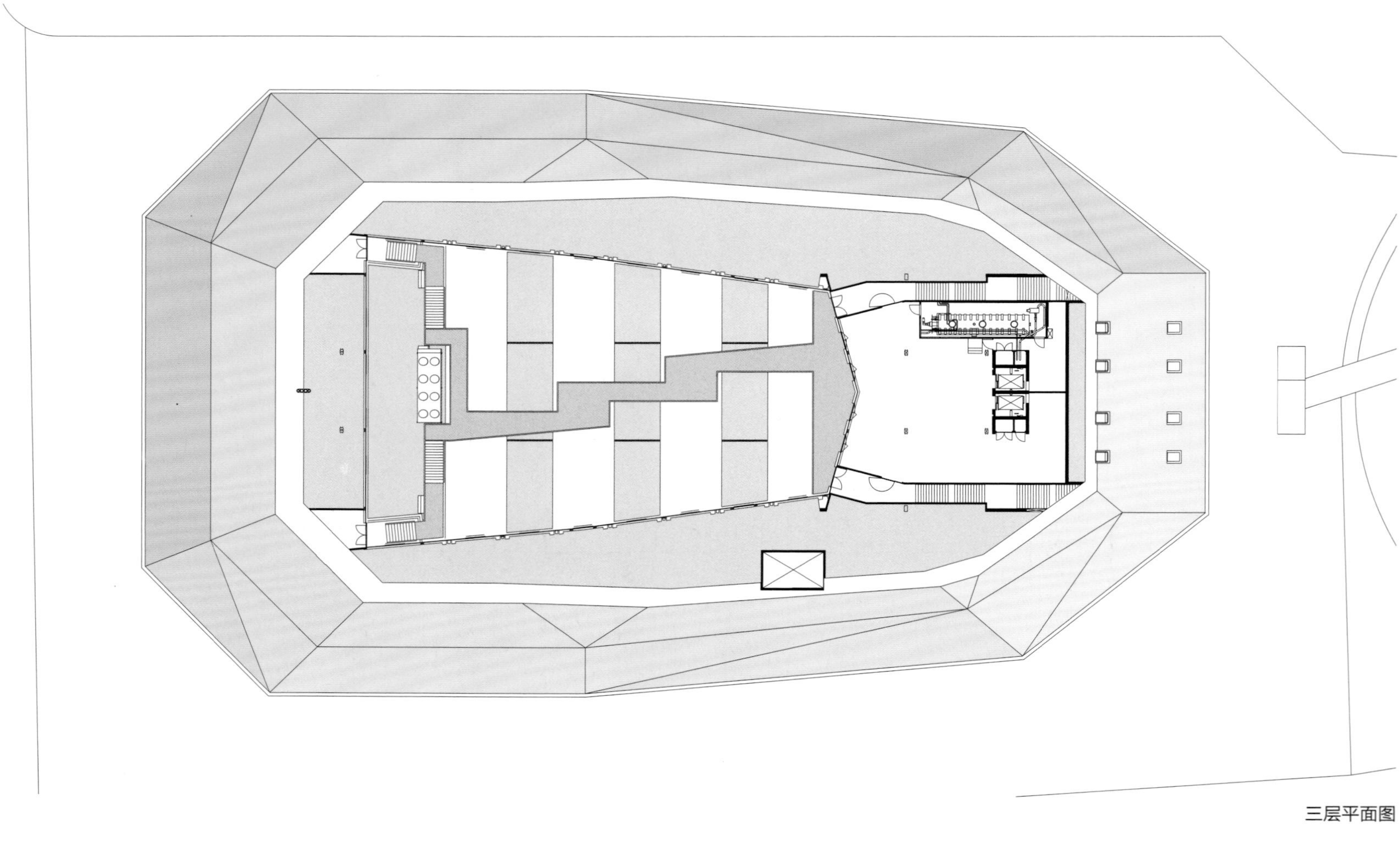

三层平面图

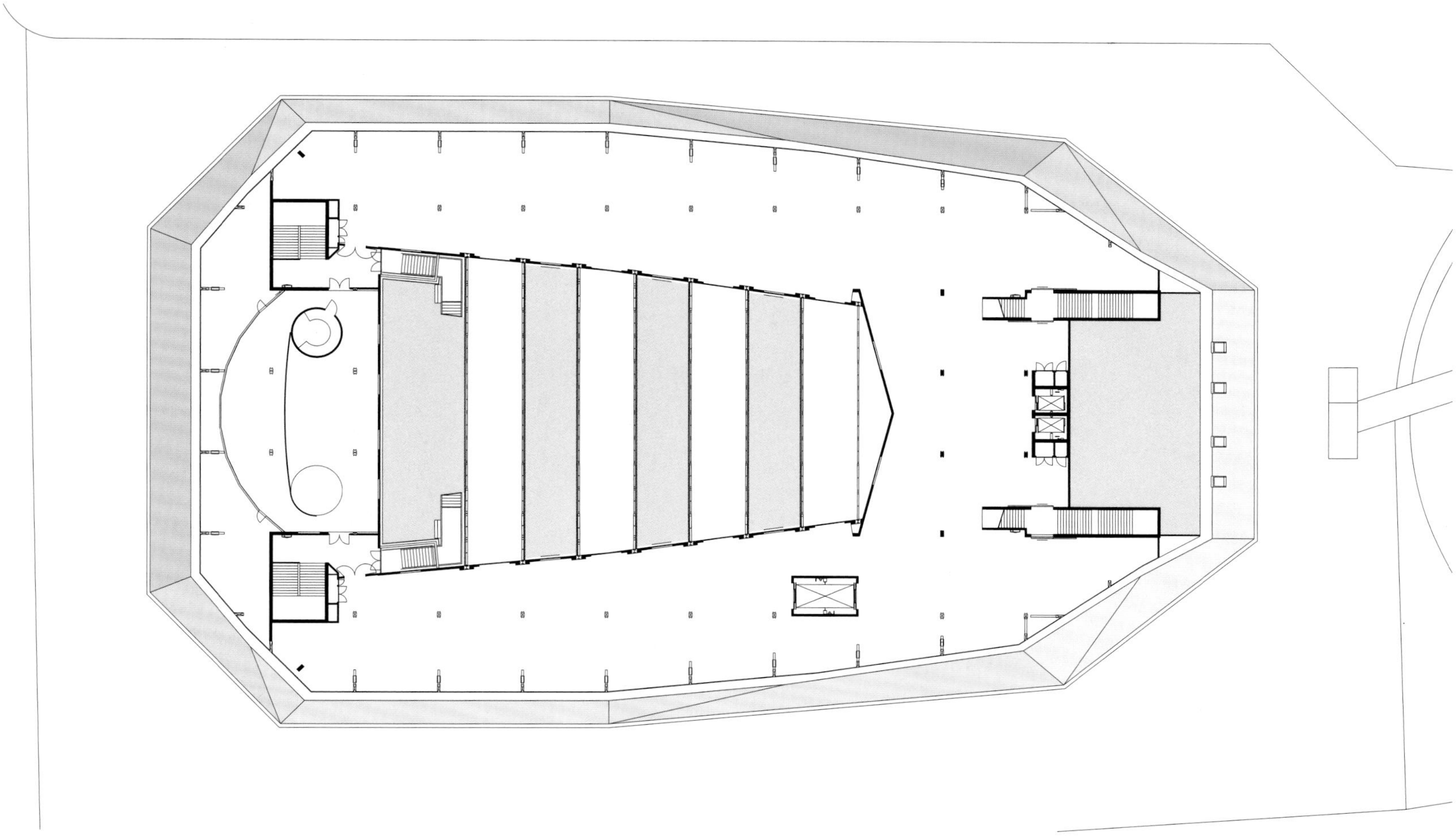

二层平面图

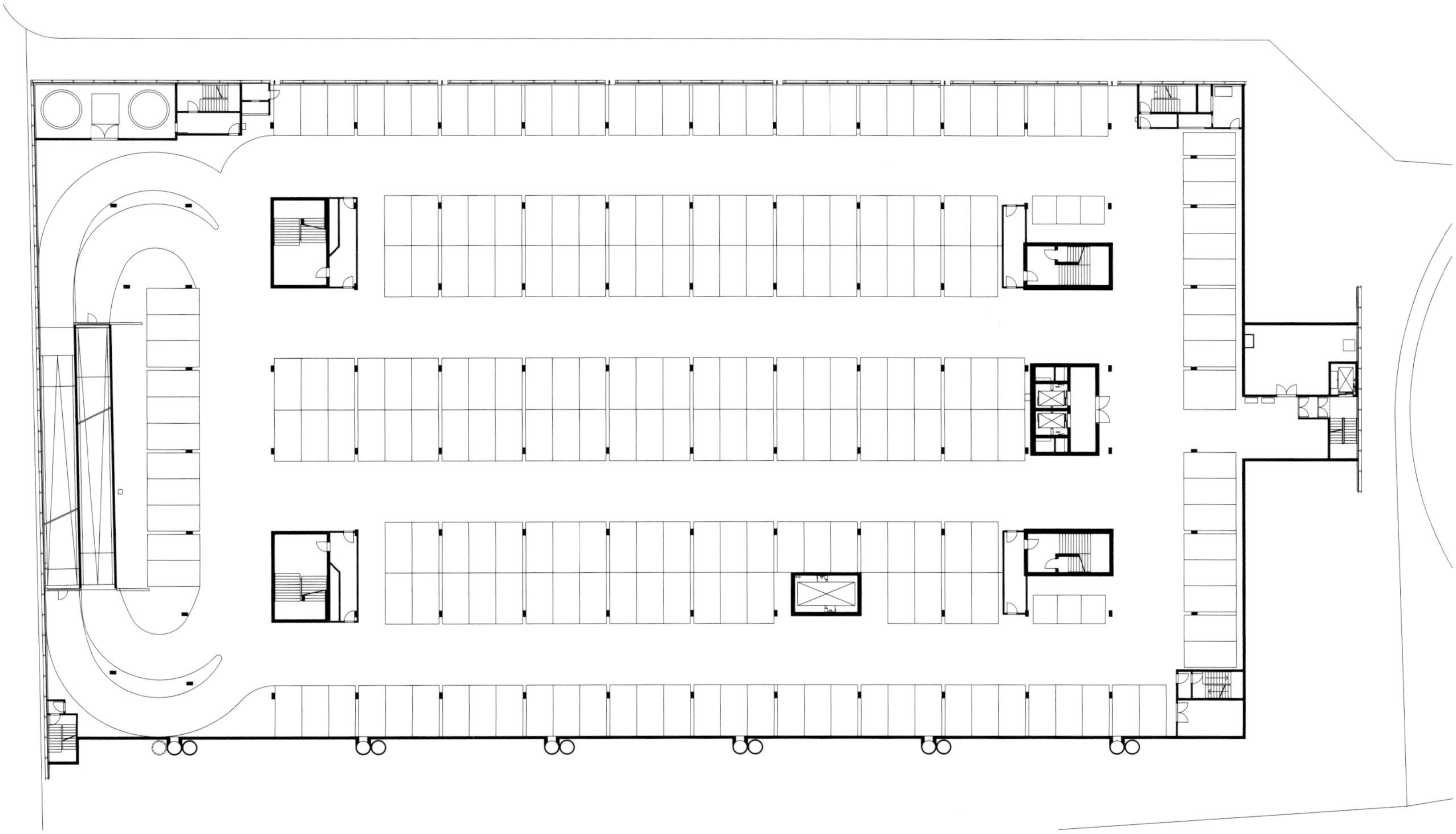

地下室 2&3 层、车库平面图

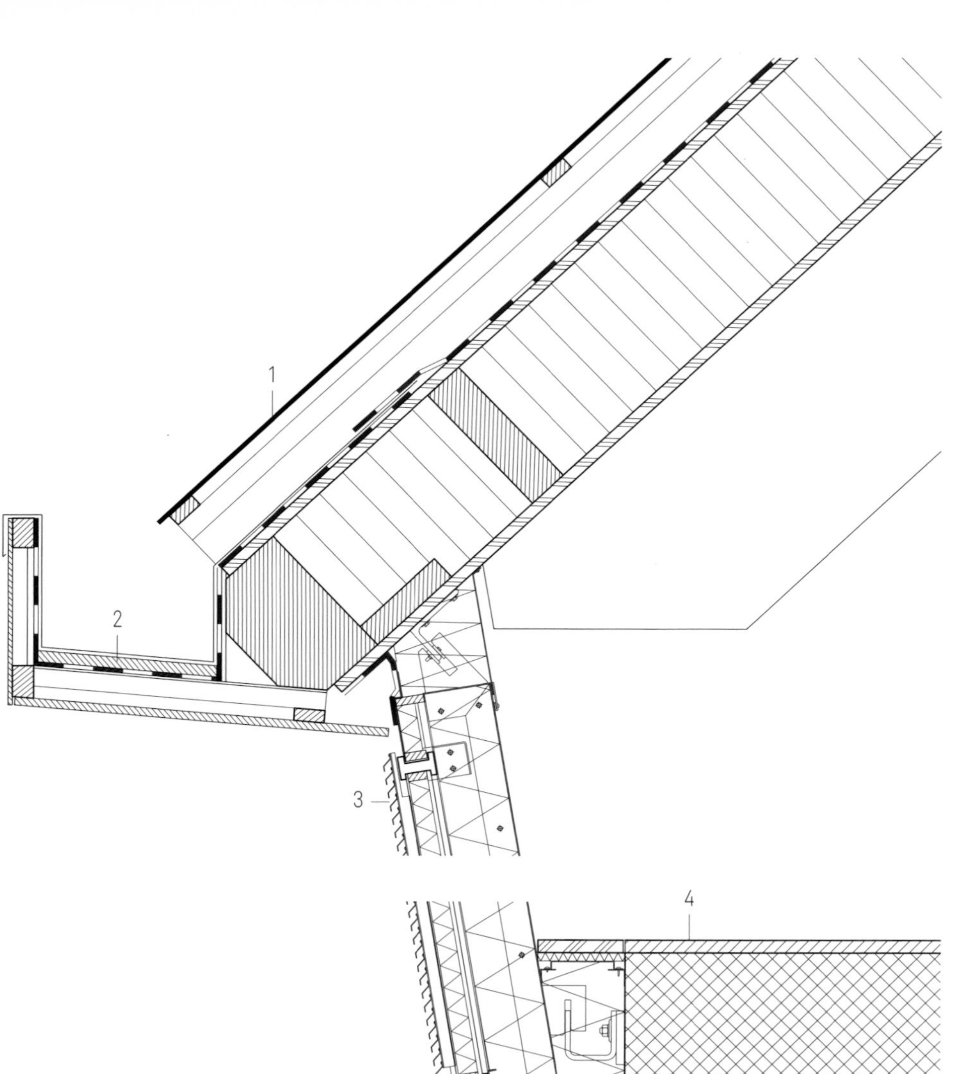

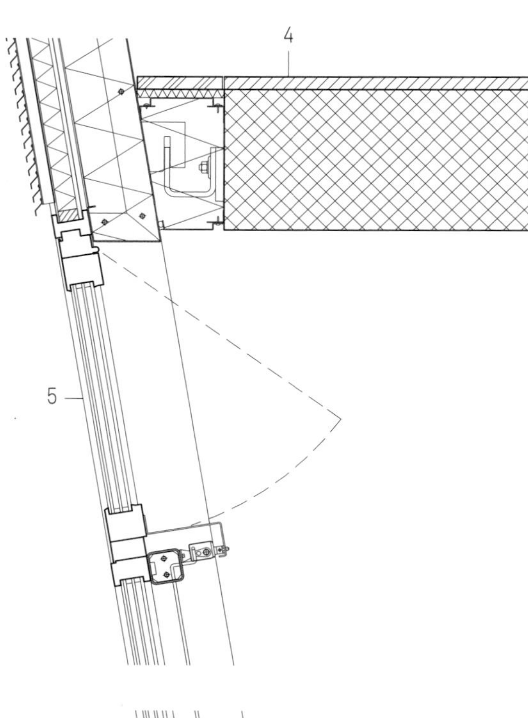

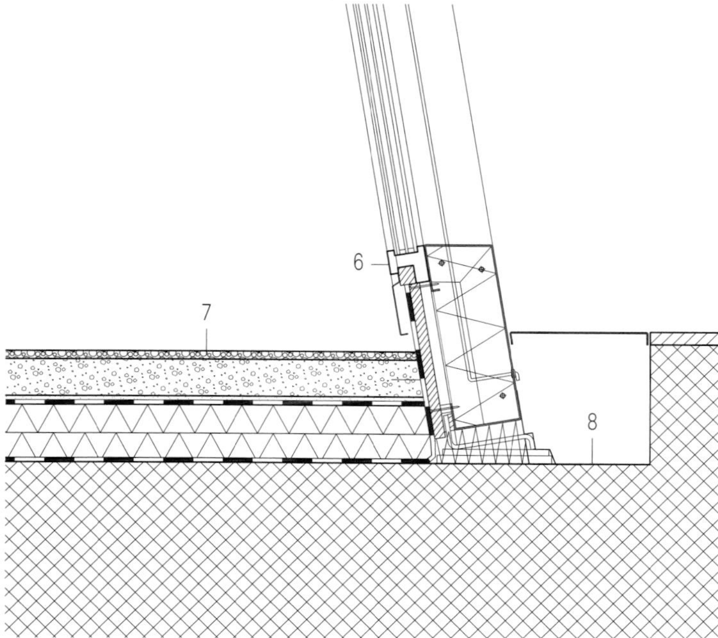

1 Solarpaneele
Gratbleche anthrazit 6.5 mm
Lattung 3 cm
Konterlattung variabel
Unterdachfolie
Holzelemente 42 cm
Chromblech
Trennlage
2 Dreischichtplatte 4 cm
Abdichtung/Folie
Unterkonstruktion Stahl 4 mm
Faserzementplatten
3 Lamellen Aluminium
Sandwichpanel 8.5 cm
Stahlprofil angewinkelt/verschweisst 3.5 mm
gedämmt
4 Hartbeton pigmentiert 3 cm
Betondecke 34 cm
Stahlblech Befestigung Fassade 12 mm
gedämmt
5 Öffnungsflügel mit 3-fach Verglasung
6 Deckleiste Aluminium RAL 9005
CNS-Blech 2 mm
Wassersperre
OSB-Platte 2.5 cm
Stahlprofil angewinkelt/verschweisst 3.5 mm
gedämmt
Bodenkonsole feuerverzinkt
7 Deckbelag 2 cm
HMT 10 cm
Ausgleichsschicht variabel
Wassersperre
Wärmedämmung (XPS) 14 cm
Dampfsperre
Betondecke 34 cm
8 Kabelkanal
Abdeckung Stahlplatte geölt 0.3 cm

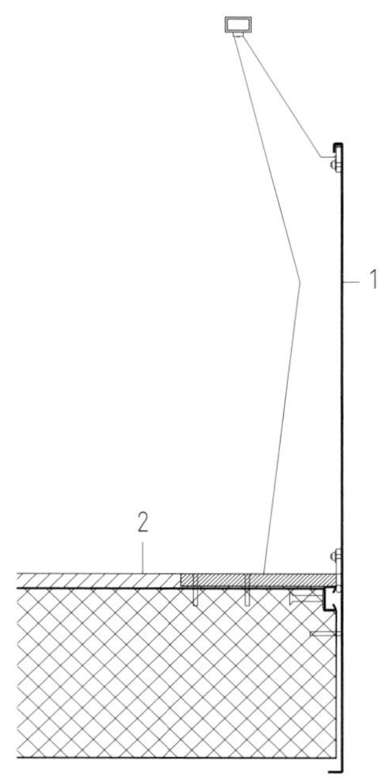

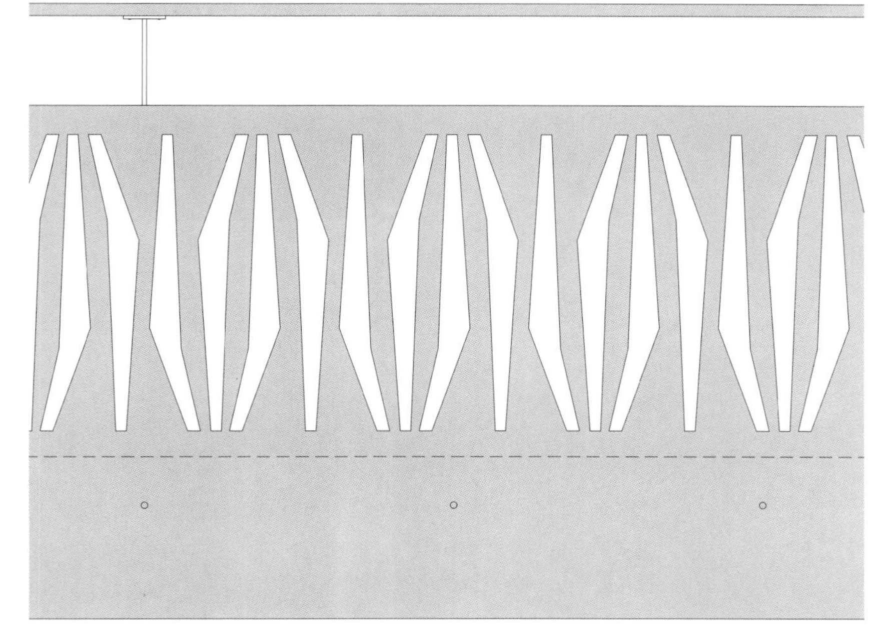

Arenageländer

1 Handlauf 5 x 3 cm
Stahlpfosten 1 cm
Stahlblech 0.4 cm
(Muster gelasert)
2 Hartbeton pigmentiert 3 cm
Fussplatte 20x1.5x30 cm
(im Hartbeton eingegossen)
Betondecke 34 cm

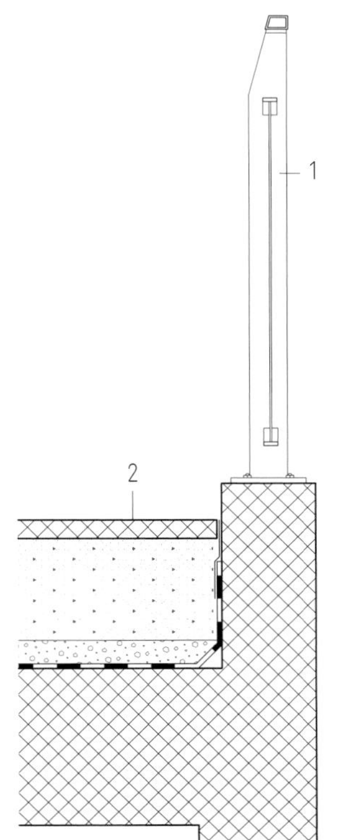

Geländer im Aussenraum

1 Handlauf 5 x 3 cm
Stütze 8 x 1.2 cm
Traverse 3 x 0.8 mm
Reststücke Arena-/Innengeländer
Traverse 3 x 0.8 cm
Fussplatte 16 x 18 x 1.2 cm
2 Zementplatte
Kies / Splitt 21 cm
Sperrschicht 5 cm
Abdichtung
Betondecke 34 cm

扶手内外部剖面图

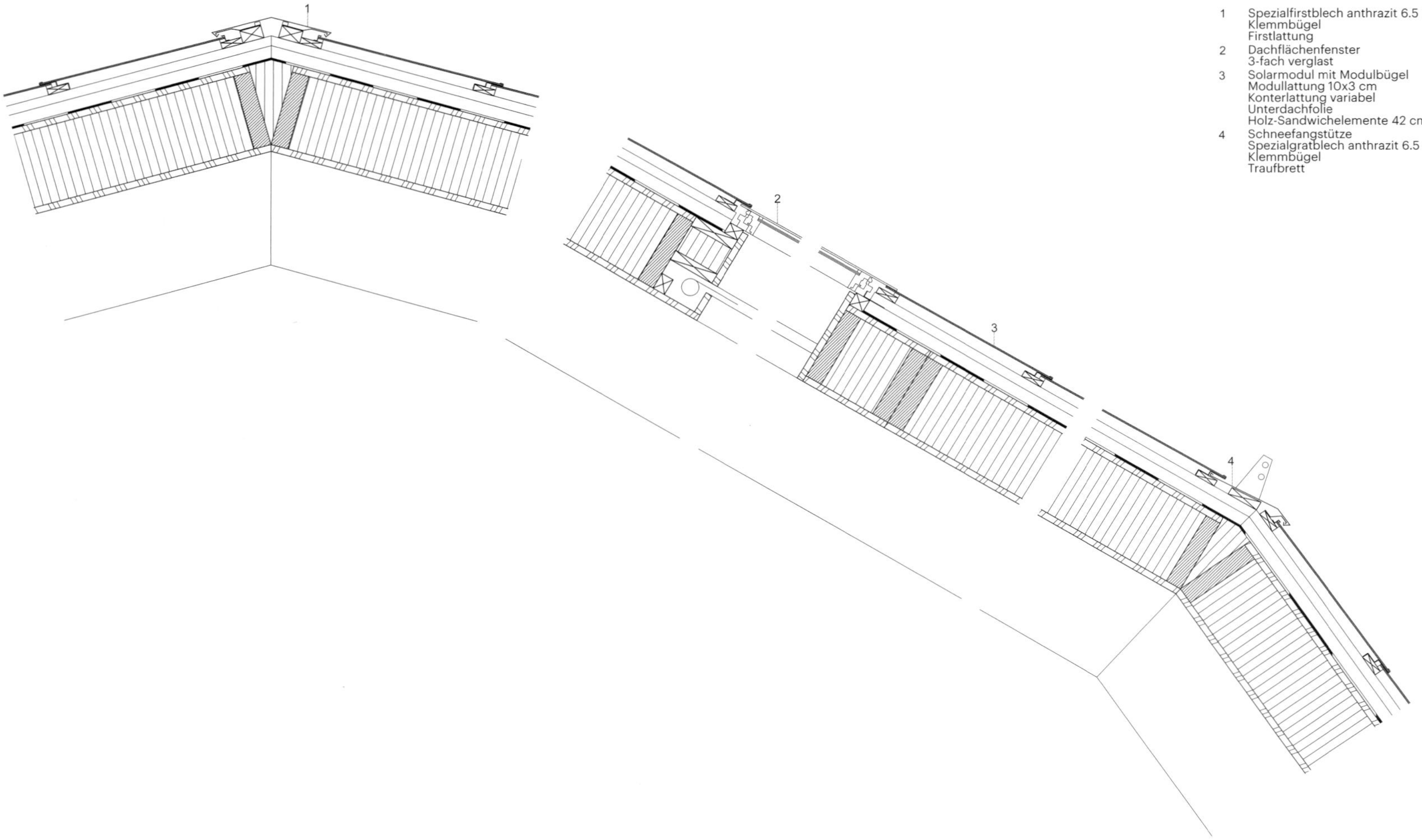

1 Spezialfirstblech anthrazit 6.5 mm
Klemmbügel
Firstlattung

2 Dachflächenfenster
3-fach verglast

3 Solarmodul mit Modulbügel
Modullattung 10x3 cm
Konterlattung variabel
Unterdachfolie
Holz-Sandwichelemente 42 cm

4 Schneefangstütze
Spezialgratblech anthrazit 6.5 mm
Klemmbügel
Traufbrett

屋顶细部

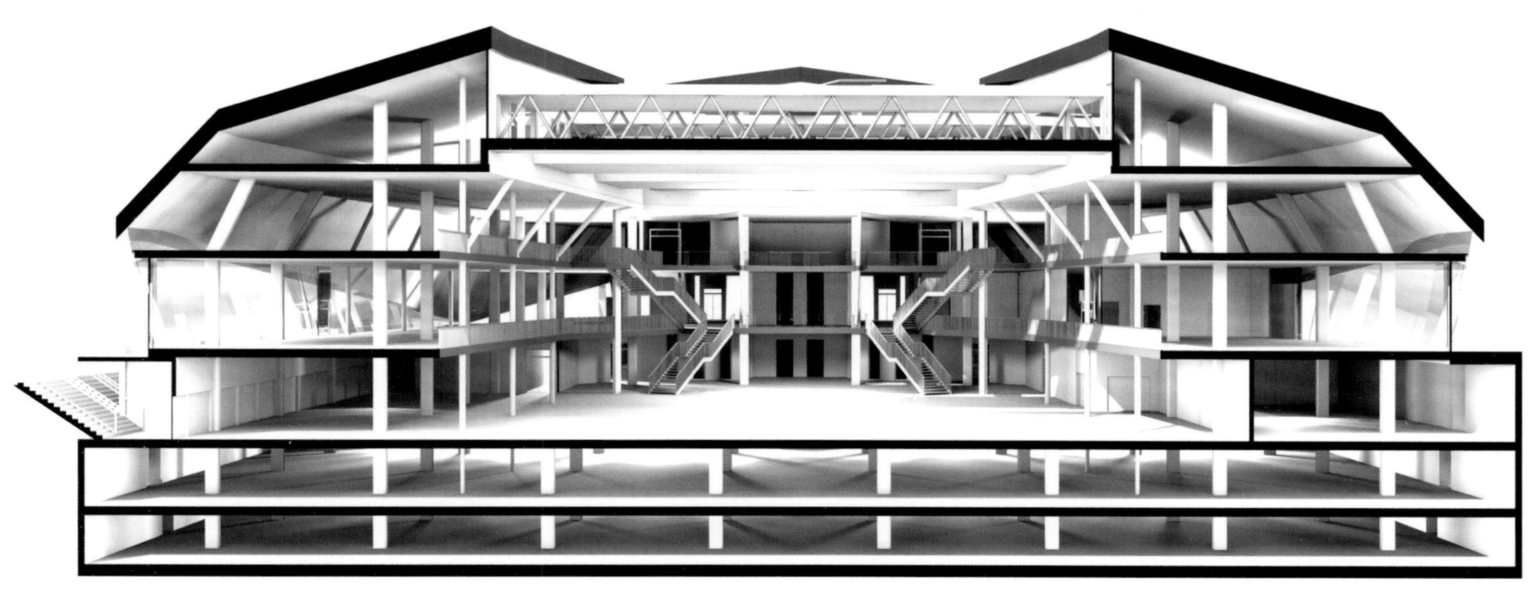

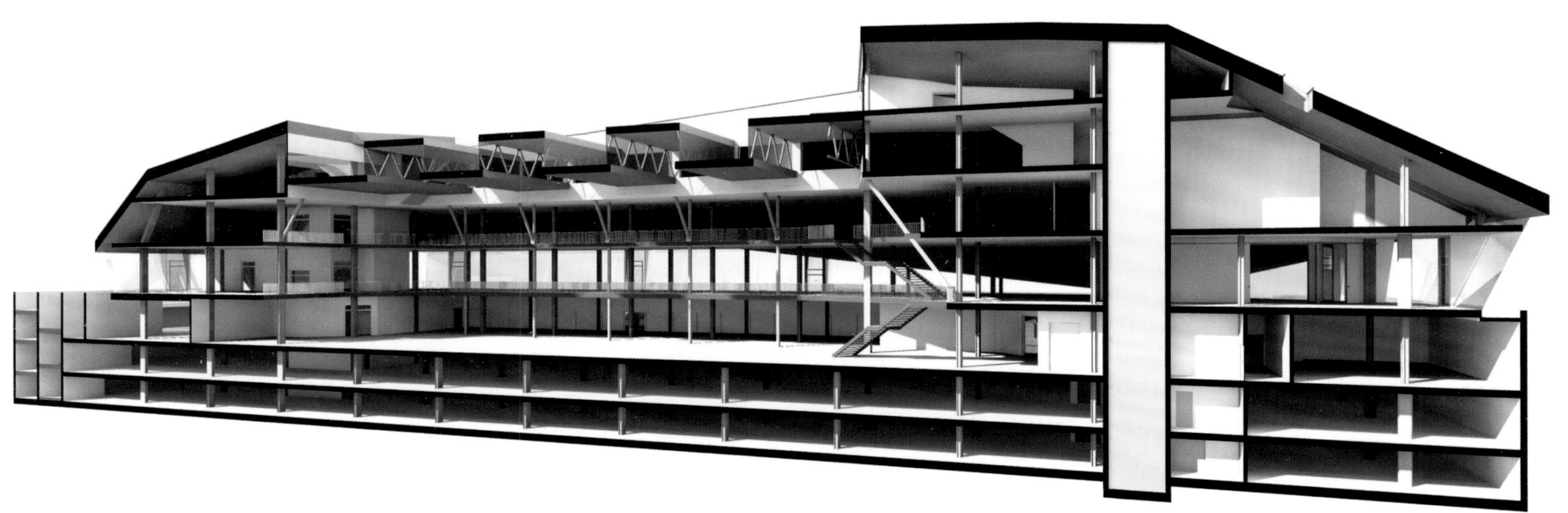

文化价值

建筑在环境中充分的融合将其特性与地理位置明确的联合在一起，并创建了文化价值。这一方法体现于很多在 Umwelt Arena 展厅中参展的创新性企业中。他们希望发送出一种使用和促进环保作用的项目的信息。这一方法也反映于这一迷人的建筑中。

超过上百的参展商希望在展厅中比较他们的节能和节约资源的产品，挑战现在的技术发展最新水平，展示自己。Umwelt Arena 展厅提供了一个理想的平台：这是一个所有的东西都很明显的展示和演示的建筑。所有的原材料都尽可能地以未经处理的自然状态呈现。创新性建筑服务也采用了相同的策略；这是显示理论中刻意强调的一部分。这允许每一个企业知道竞赛的所有内容以及他们的产品经过比较后的排名。其以可能最直接的方式将一切呈现在参观者面前，创造了一个巨大的知识库。

最终建筑、空间、工程和展览汇聚到一起成为了一个市场信息的媒介：可持续性是一个单独的、不言而喻的整体。参观者可以随意寻找信息并形成他们自己的观点。与此同时，企业可以自由组织展示和对比，也可以在和持续性展览和活动设置中举行企业活动。因此该项目鼓励每个人交流思想，交换意见。

2014 青岛世界园艺博览会主题馆

- 项目地点：中国山东省青岛市
- 委托方：2014 年青岛世界园艺博览会执行委员会办公室
- 建筑设计：荷兰 UNStudio
- 本土设计：青岛建筑设计院公司
- 建筑面积：35 000 m^2
- 建筑体积：168 000 m^3
- 场地面积：35 000 m^2
- 项目功能：主展馆包括展厅、大剧院、会议中心和媒体中心

展览馆

关键词

- 立面智能化
- 动态焦点
- 阶梯状构造

项目亮点

主题馆既凸出于周围景观又能和谐地融于其中。主题馆的构造与周边群山相互呼应，精心设计的馆顶象征着高原，每一个部分都有着不同的倾斜度和阶梯状构造，组合在一起呈现出一幅与周围风景融为一体的全景图。

项目概况

2014 世界园艺博览会于 4 月至 10 月在中国城市——青岛举办，共接待了约 1 500 万国内外游客前来参观。此次博览会以“让生活走进自然”为主题，旨在促进文化、科技和园艺知识的交流。世界园艺博览会占地约 500 万 m^2，有 100 多个国家共同参与，日接待量超过 6 000 人次。此外，博览会还将有效促进青岛市其他活动的举办，从整体上提高城市品质。

SURFACE EFFICIENCY

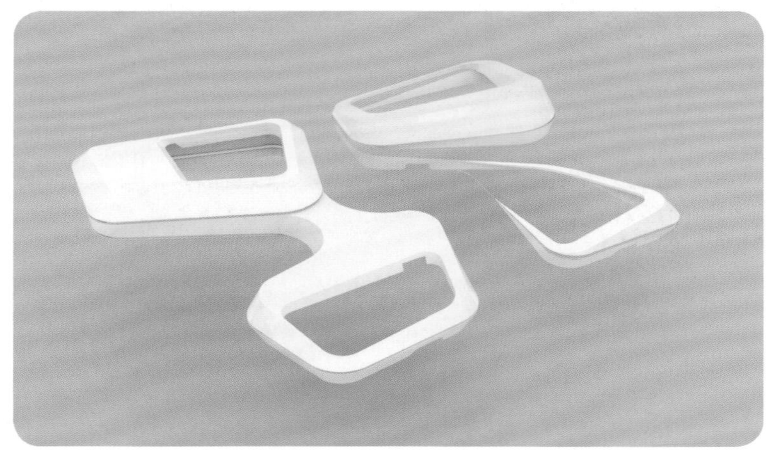

TOTAL SURFACE AREA: 27282 SM

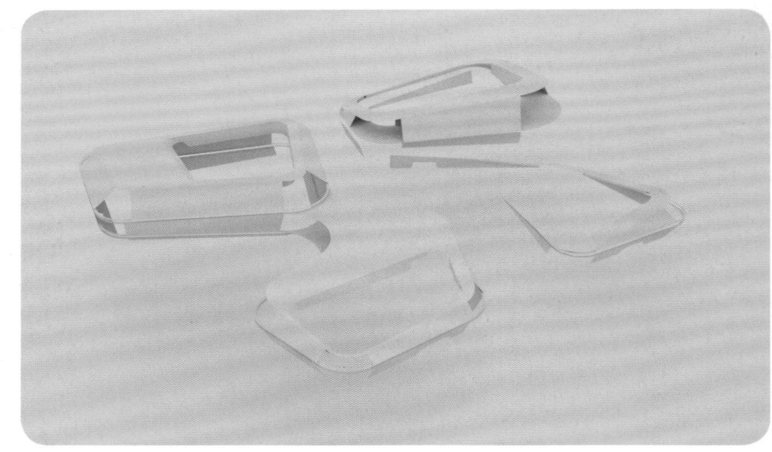

PLANAR SURFACE AREA: 21632 SM (70%-79% OF TOTAL SURFACE AREA)

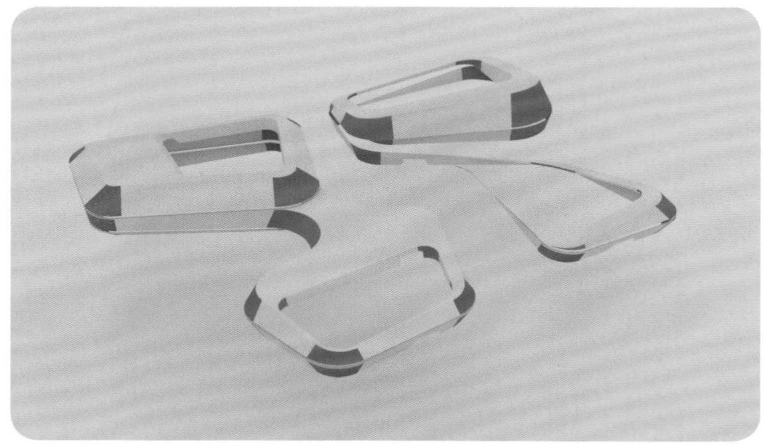

SURFACE BREAK DOWN: PLANAR SURFACE (IN PURPLE), RULED SURFACE (IN RED)

RULED SURFACE AREA: 5650 SM (21%-30% OF TOTAL SURFACE AREA)

主题馆设计

在主题馆的设计中，UNStudio 将物流学、空间组织、专业类型学、未来的灵活使用性、功能规划、立面智能化、用户舒适度和可持续性等专业知识相结合，力求打造一种独特的参观体验。

面积达 28 000 m^2 的主题馆包括主大厅、表演厅、会议中心和媒体中心。主题馆的设计平面图借用了青岛市市花“月季”的形状。内外通道将四个馆区，或者说四片“花瓣”连接起来，在中间形成了一个广场，成为参观者的“舞台”：一个被周围不同高度的视角环抱的动态焦点。

主题馆作为举办月季主题活动的平台，象征着春花、夏荫、秋实、冬绿。融入主题馆设计中的花瓣概念传达着沟通交流的信息。与自然界相似的是，建筑中花开的过程同样吸引着人类的感官，暗示着建筑对外开放，鼓励公共交流。

融入周围环境的“彩虹丝带”提供了世博会的通道和基础设施。颜色所传递的理念进一步运用到了主题馆垂直闭合的铝制面板外观中。在不同的视角下，四种主题颜色“绿、黄、橙、蓝”在垂直面板上若隐若现。

主题馆既凸出于周围景观又能和谐地融于其中。主题馆的构造与周边群山相互呼应，精心设计的馆顶象征着高原，每一个部分都有着不同的倾斜度和阶梯状构造，组合在一起呈现出一幅与周围风景融为一体的全景图。

世界园艺博览会后，景观艺术世博会主题公园将成为生态旅游的新聚点，将青岛旅游业的核心从观光旅游转为休闲旅游。在组织机构的共同合作下， UNStudio 的设计考虑了通过将主题馆改造成酒店、配备会议和教学设施等，灵活地将其转变为生活圈的可能性。作为设计的重要部分，主题馆未来的实用性已渗入设计的核心。

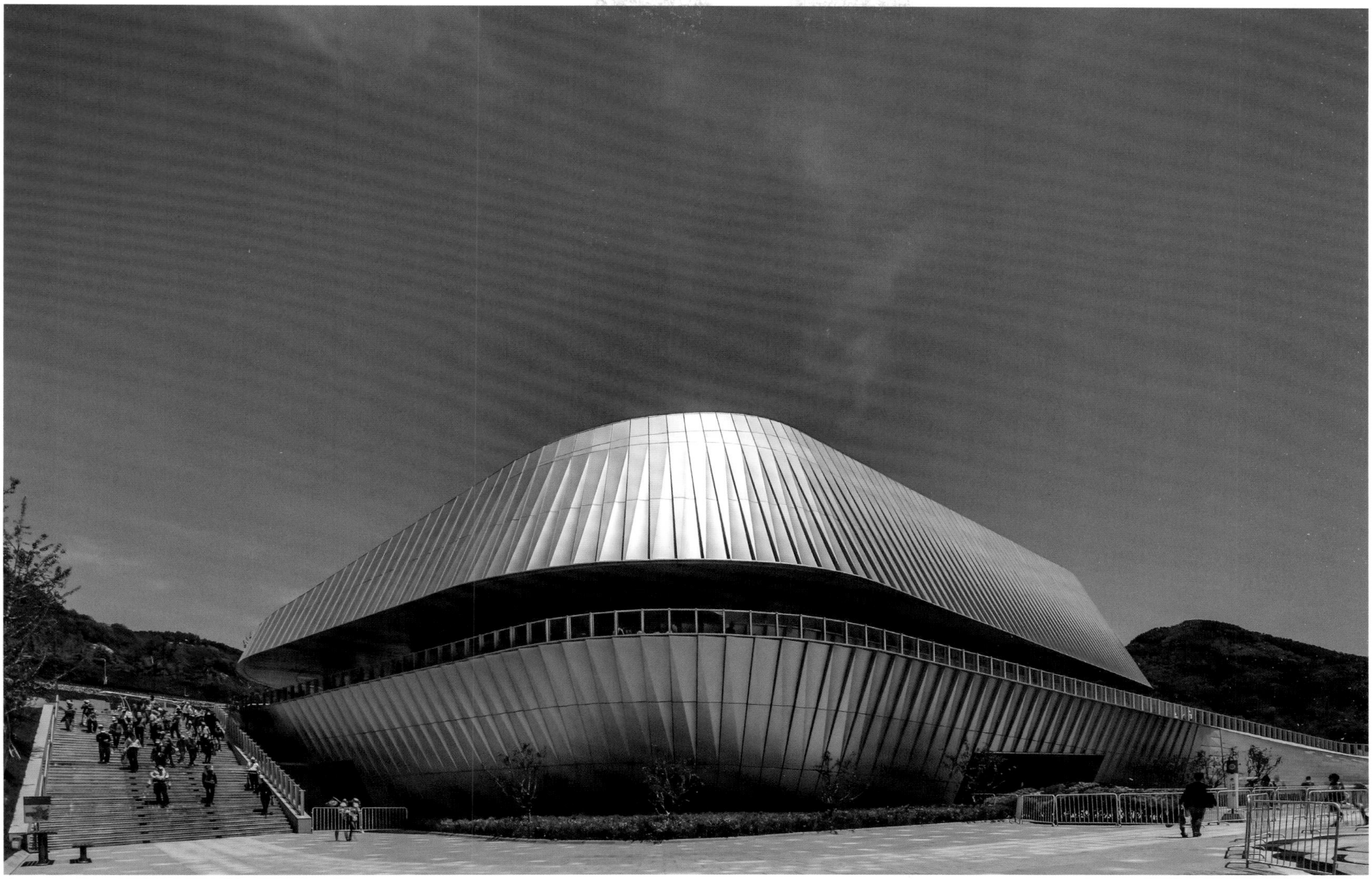

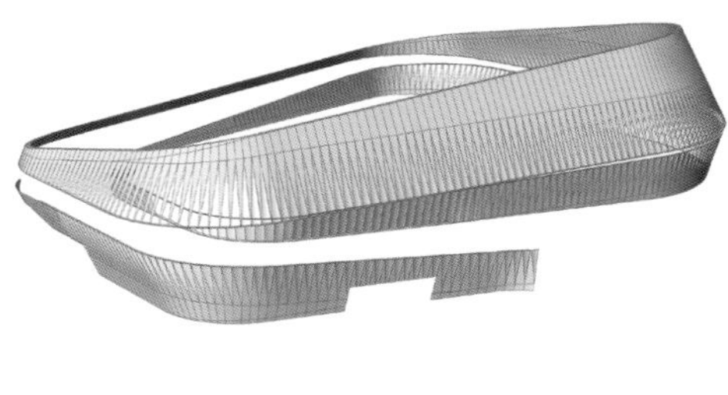

planar panels

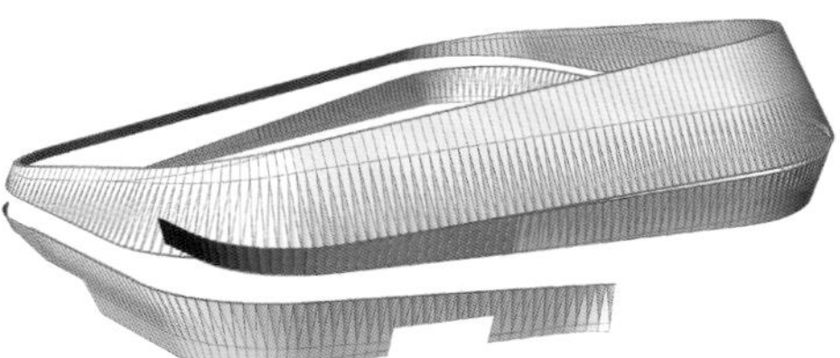

cylinder panels

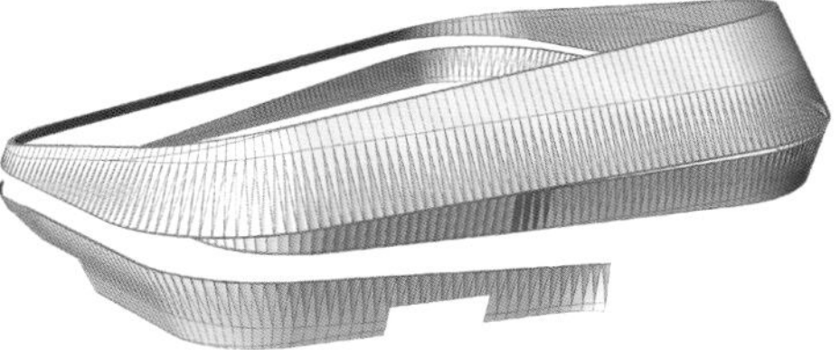

special cone panels

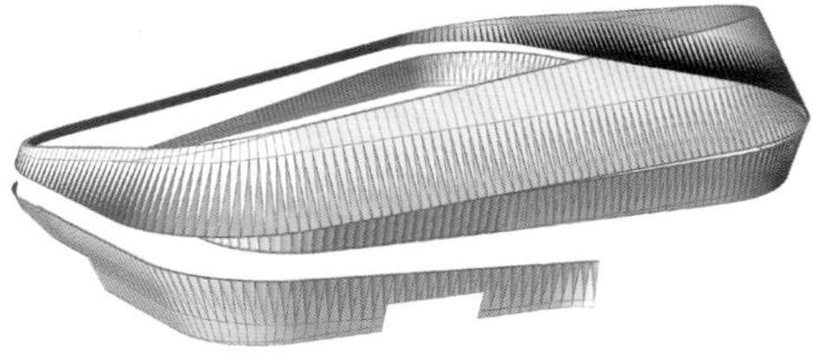

cone type 1 - 7000mm

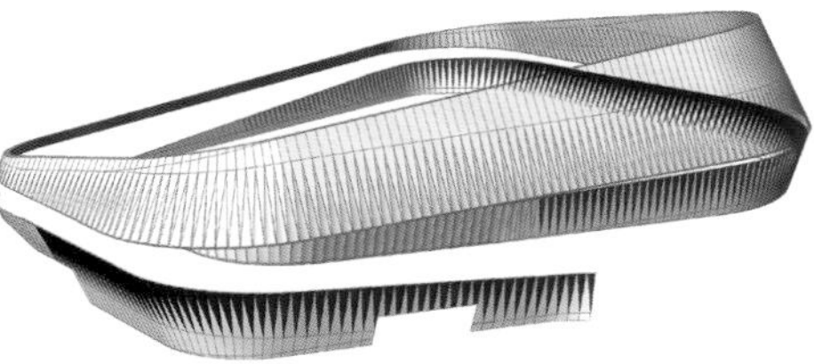

cone type 1 - 5000mm

cone type 1 - 3500mm
(in smaller pavilions)

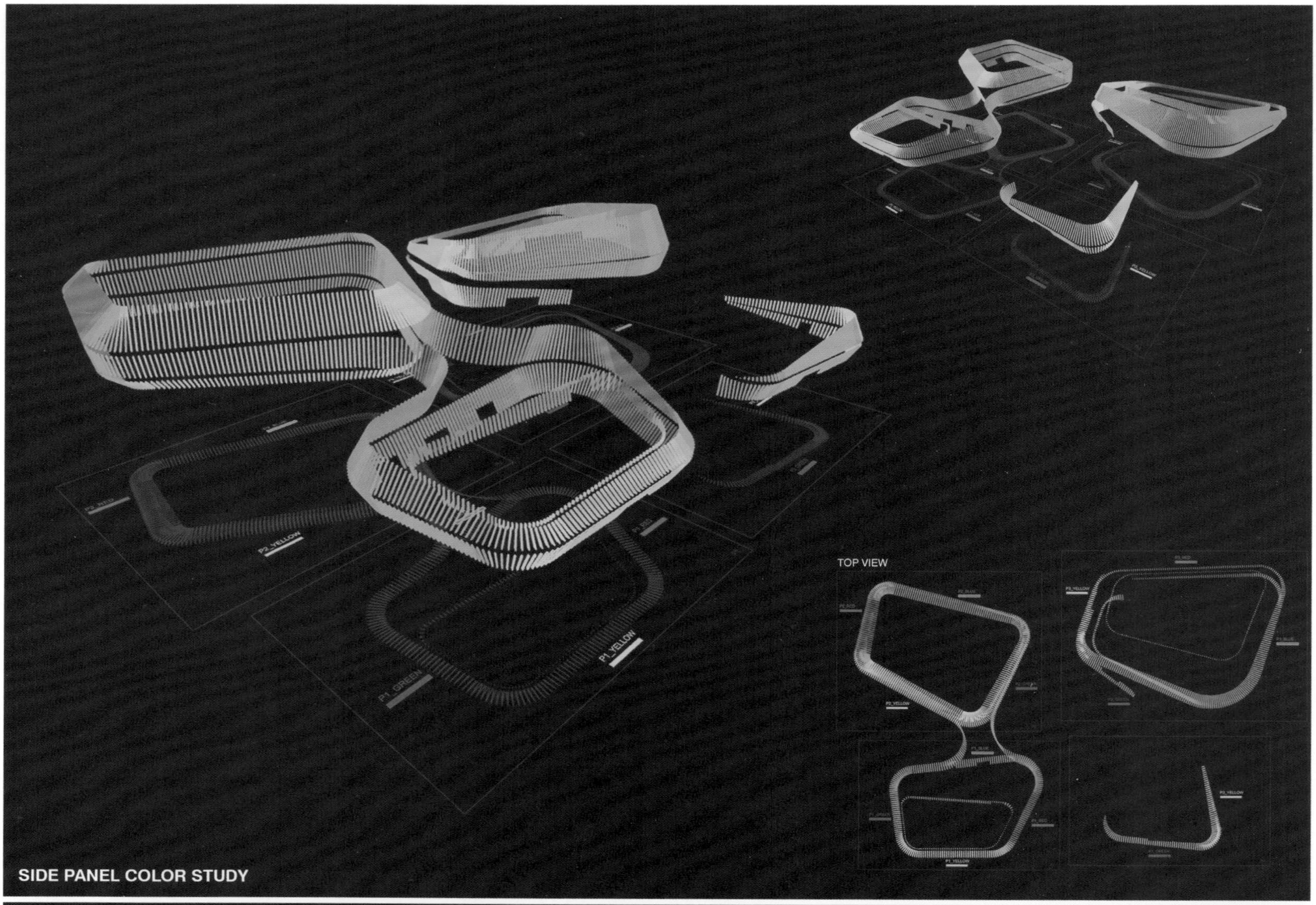
P2_YELLOW
P1_YELLOW
P1_GREEN
TOP VIEW
SIDE PANEL COLOR STUDY

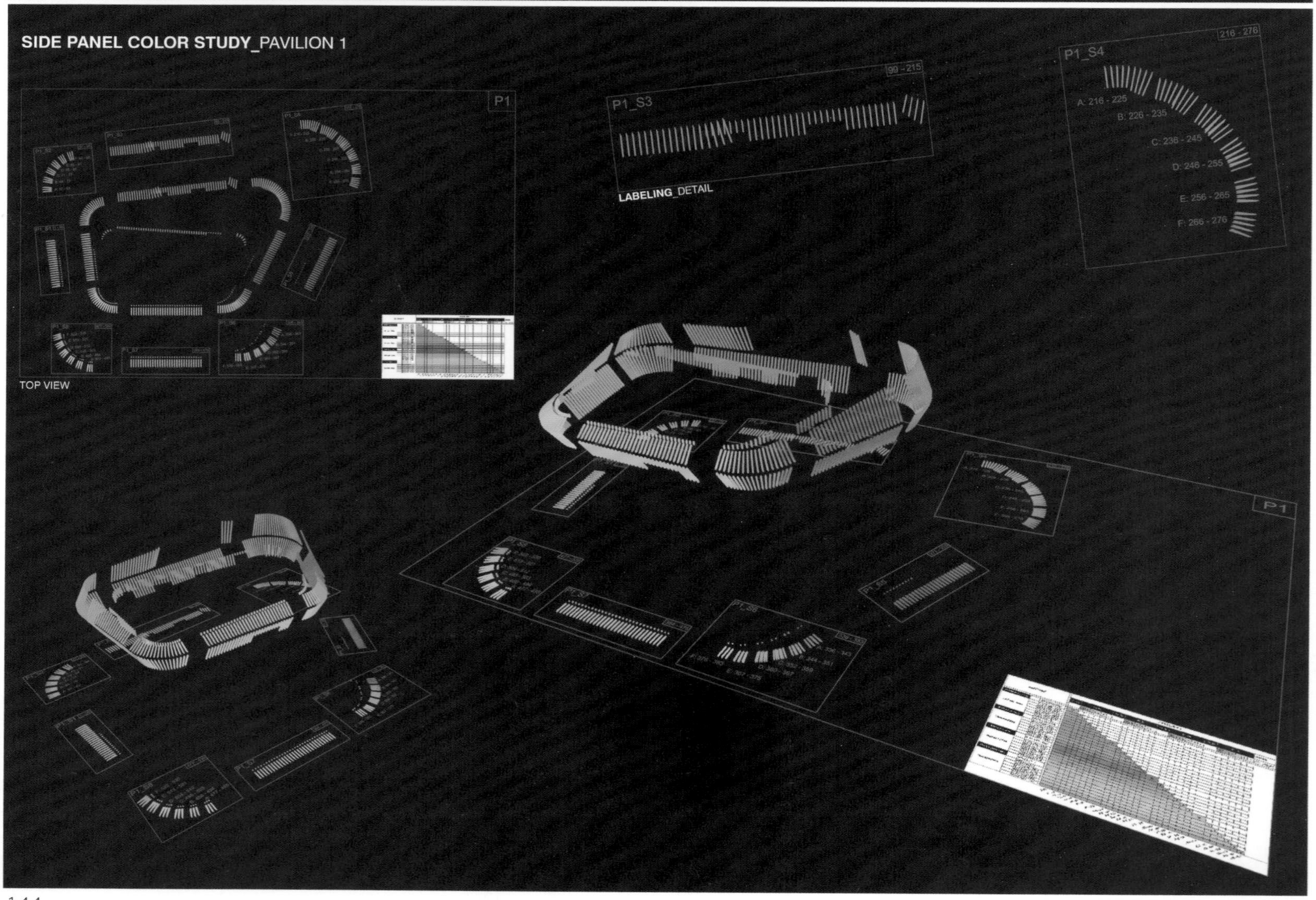
SIDE PANEL COLOR STUDY_PAVILION 1
P1
TOP VIEW
P1_S3
99 - 215
LABELING_DETAIL
P1_S4
216 - 276
A: 216 - 225
B: 226 - 235
C: 236 - 245
D: 246 - 255
E: 256 - 265
F: 266 - 276
P1

DESIGN DIRECTIONALITY

/ Flowering process

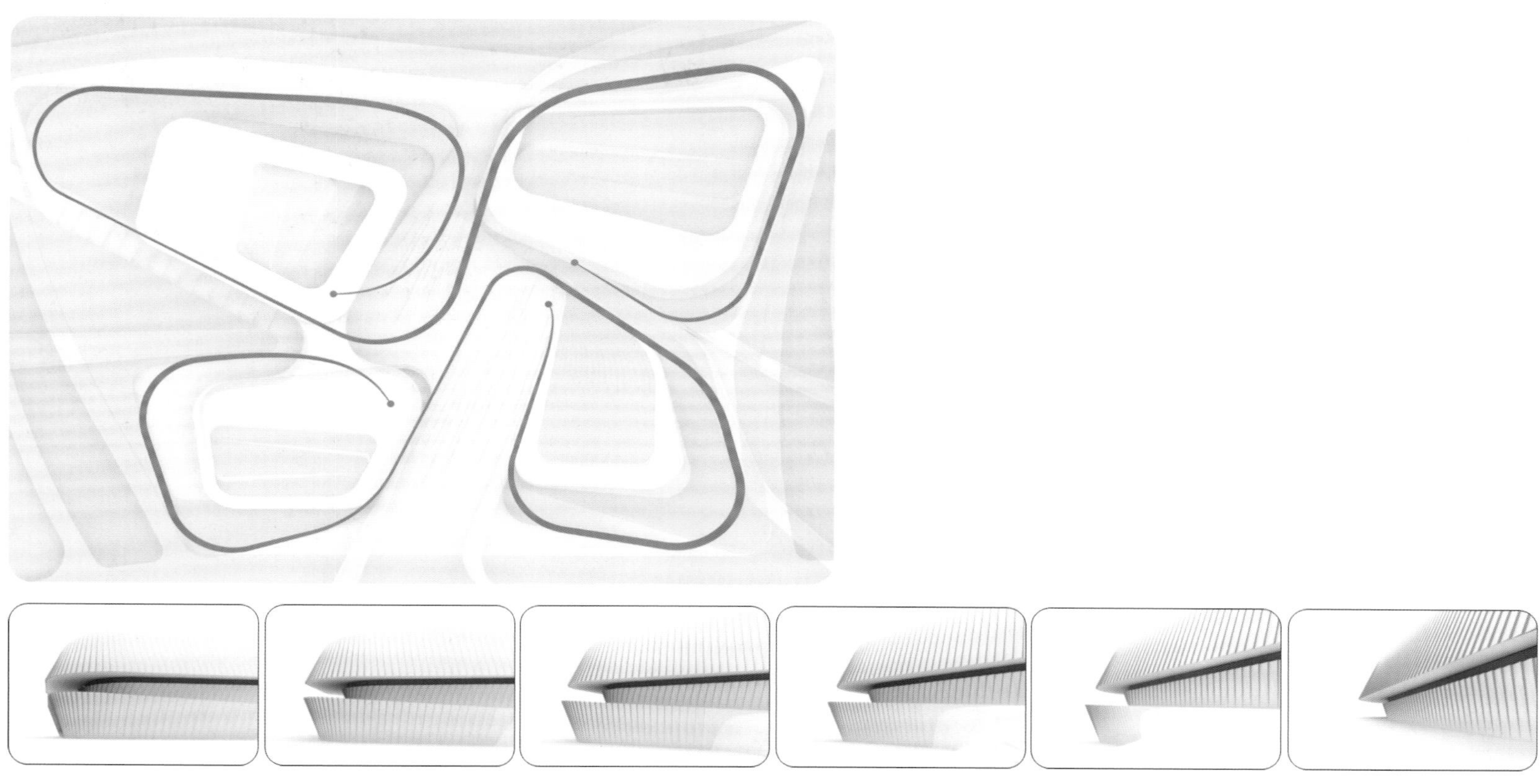

COLORATION CONCEPT

/ Smooth transition between 4 seasonal colors / atmospheres

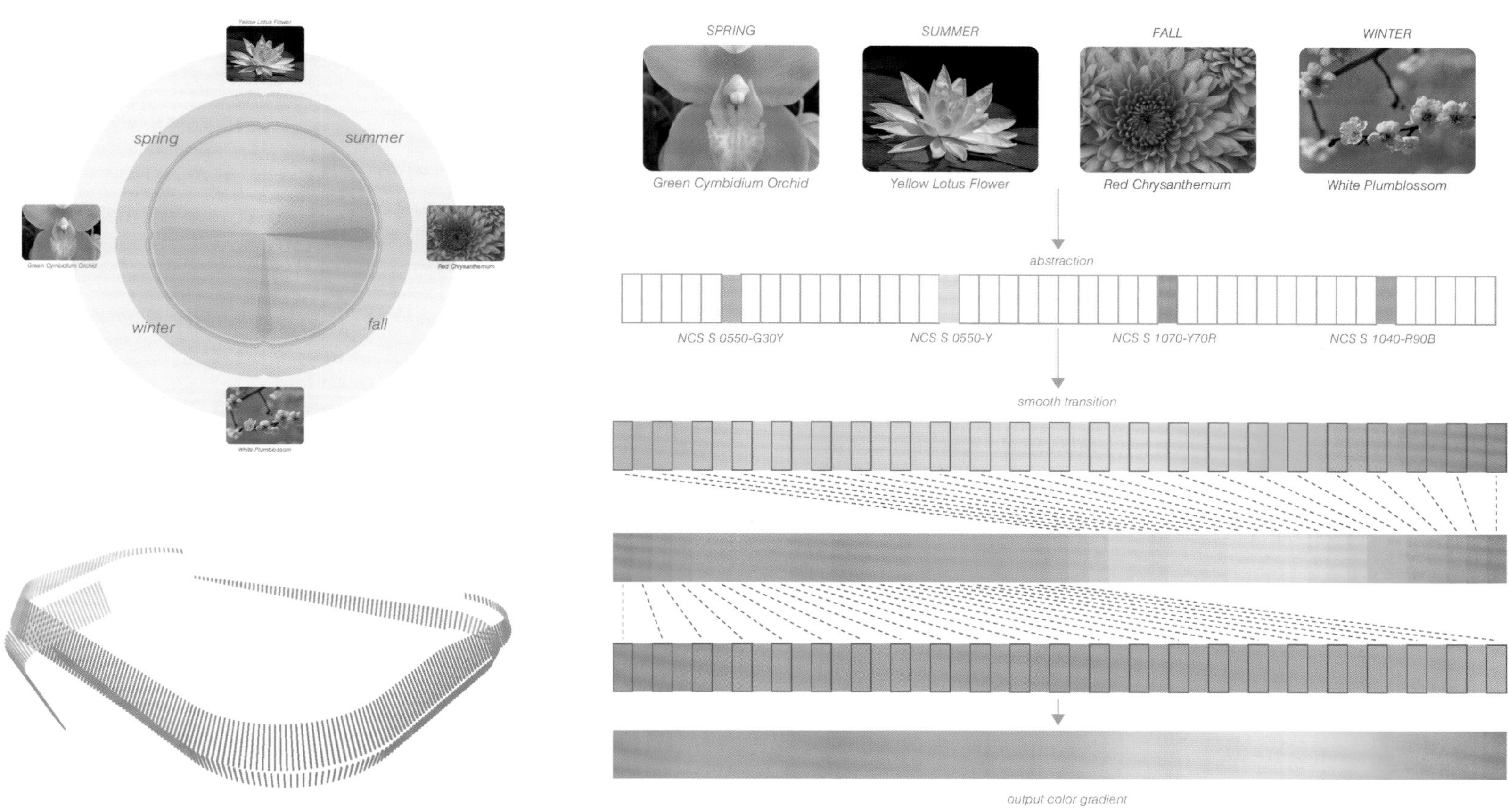

// PVDF coating for lit panels

// Full range of color spectra

COLORATION CONCEPT

/ Application of the gradual color transition on the facade

Transition
Ⓨ
Ⓡ
Transition
Transition
Ⓖ
Ⓑ
Transition
Ⓖ
Ⓨ
Ⓡ
Ⓑ

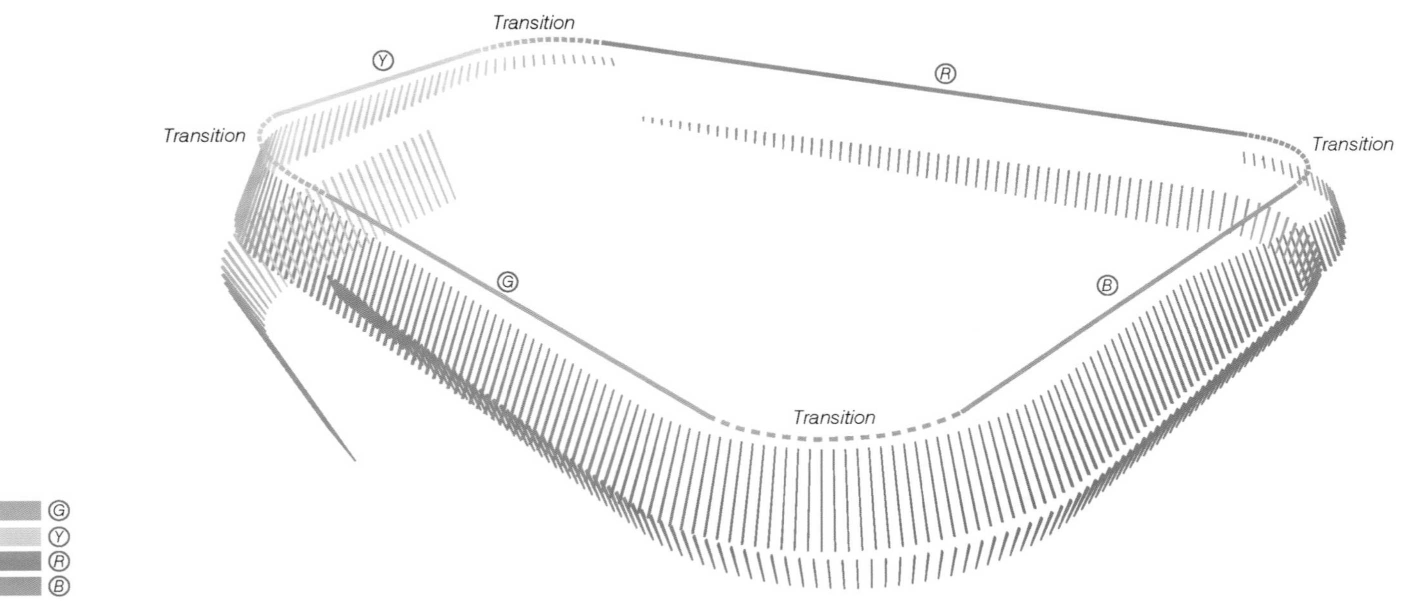

// One color on each side of the facade

// Color transition at the corner into another color

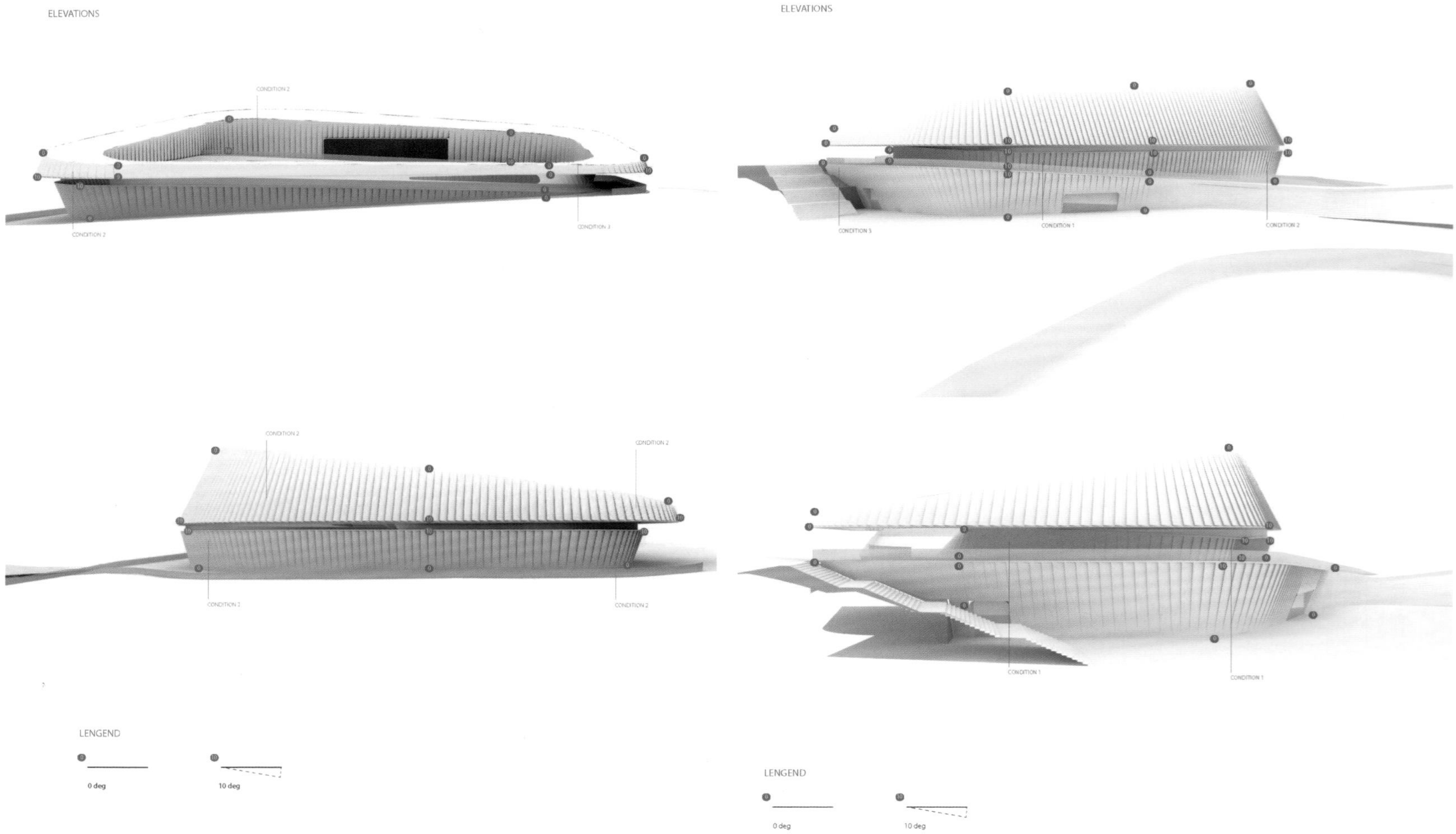

ELEVATIONS
ELEVATIONS
LENGEND
0 deg
10 deg
LENGEND
0 deg
10 deg

B: Trimmed Cones
C: Cylinders
A: Standard Cones
VARIES
7000MM (or 5000, 3500mm)
50.00
1000.00
<7000mm
(or 5000, 3500mm)
50.00
1000.00
50.00
VARIES
50.00
1000.00
A: Standard Cones
B: Trimmed Cones
C: Cylinders

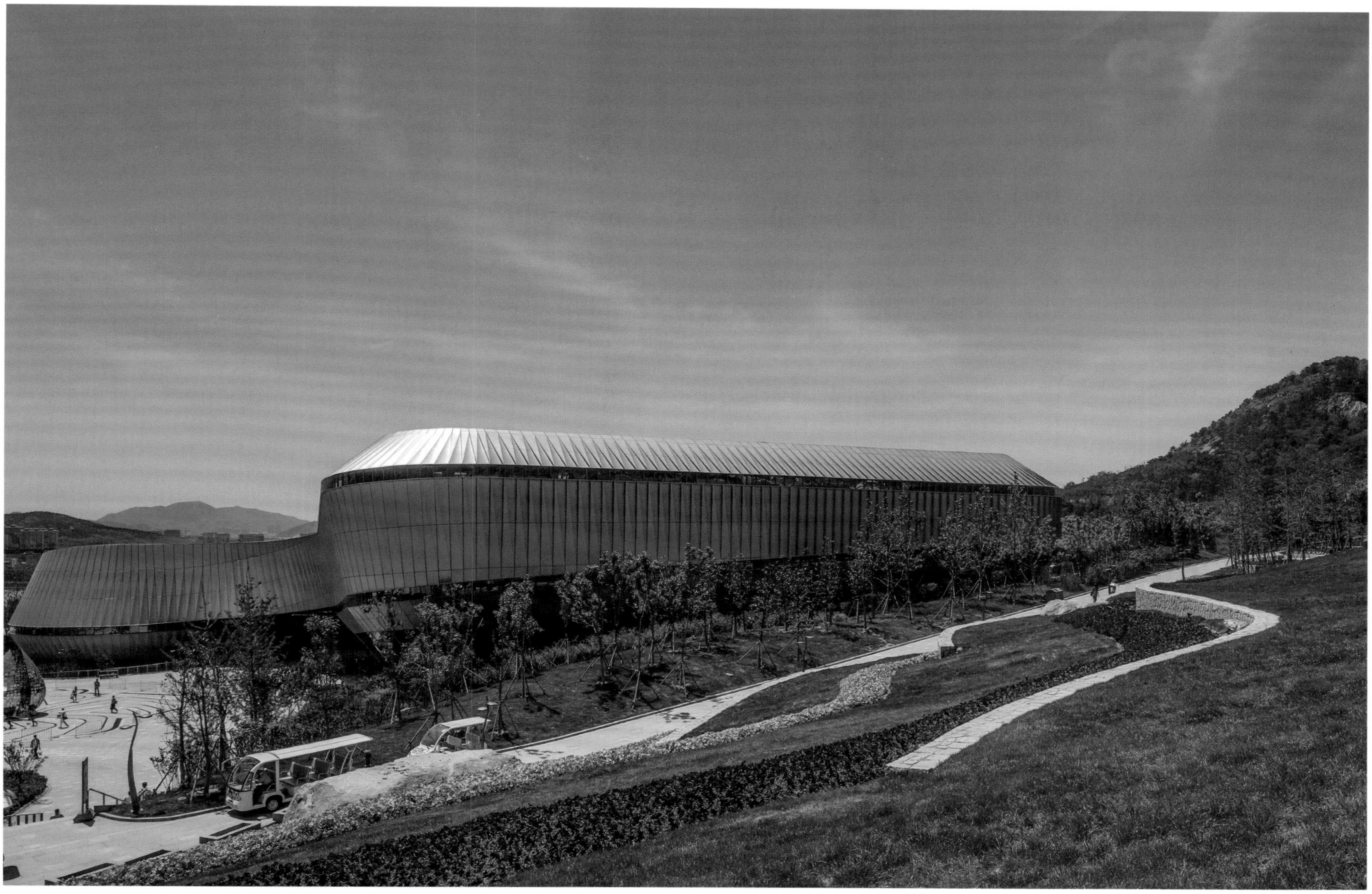

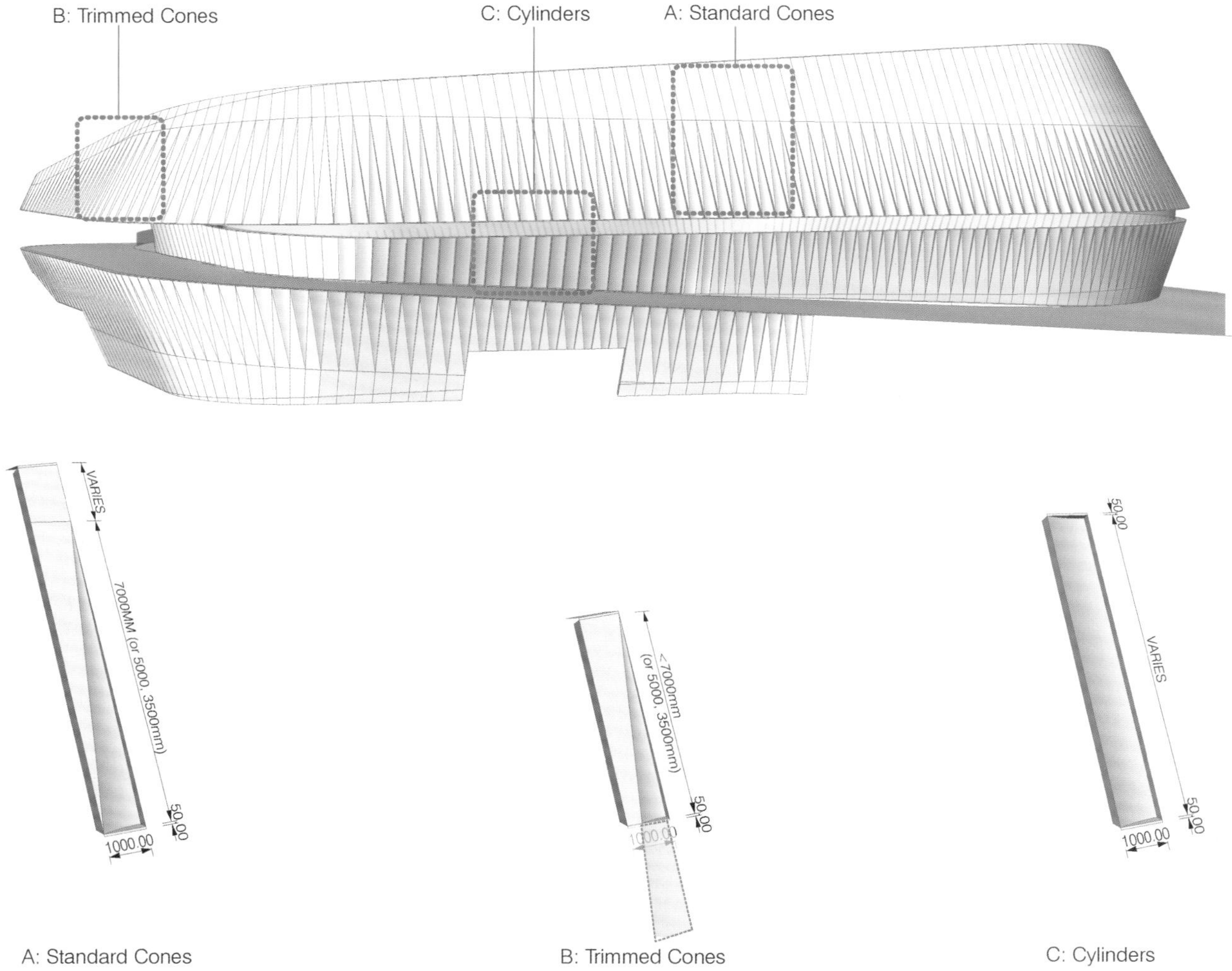

SECTION DIAGRAM

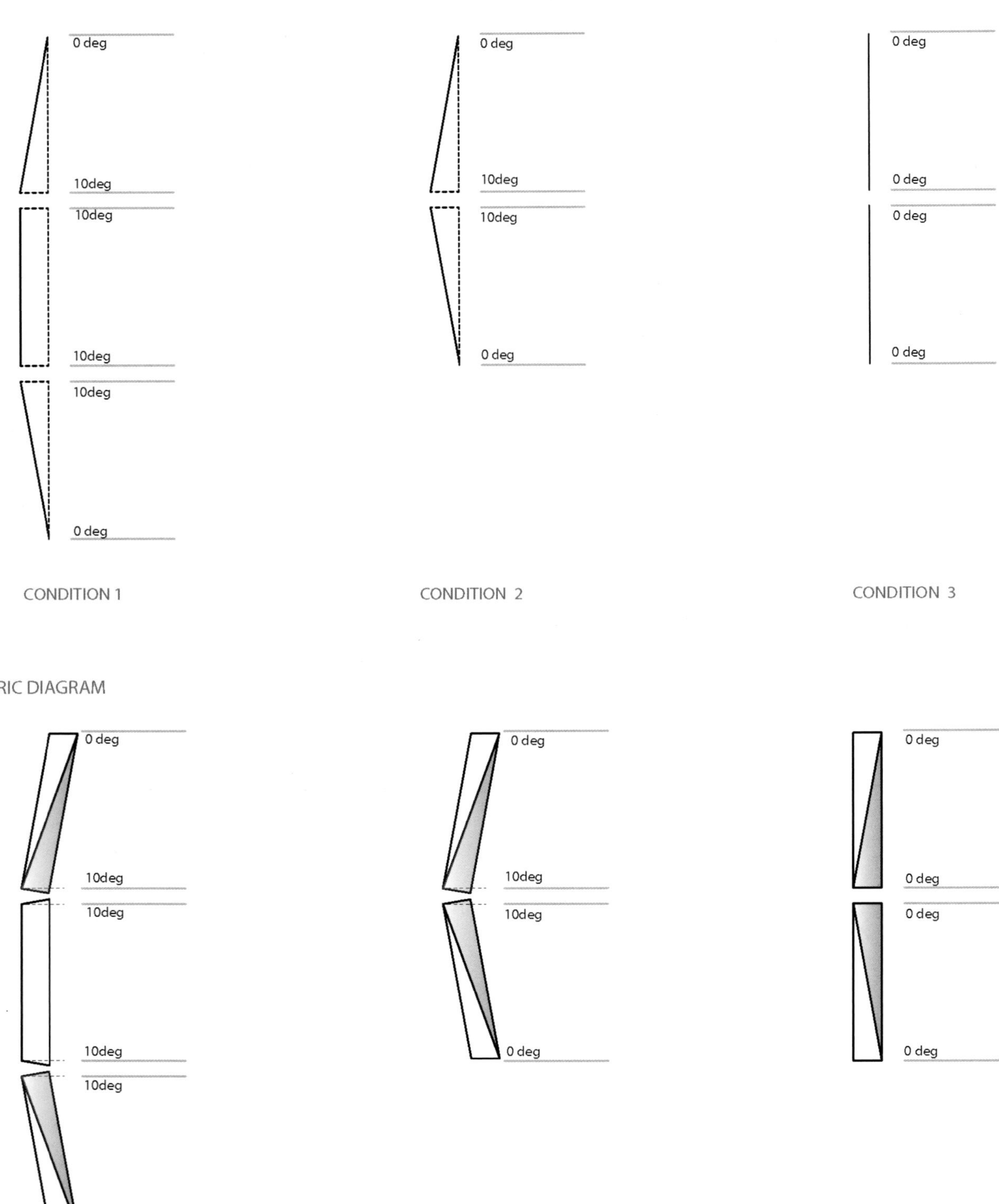

CONDITION 1   CONDITION 2   CONDITION 3

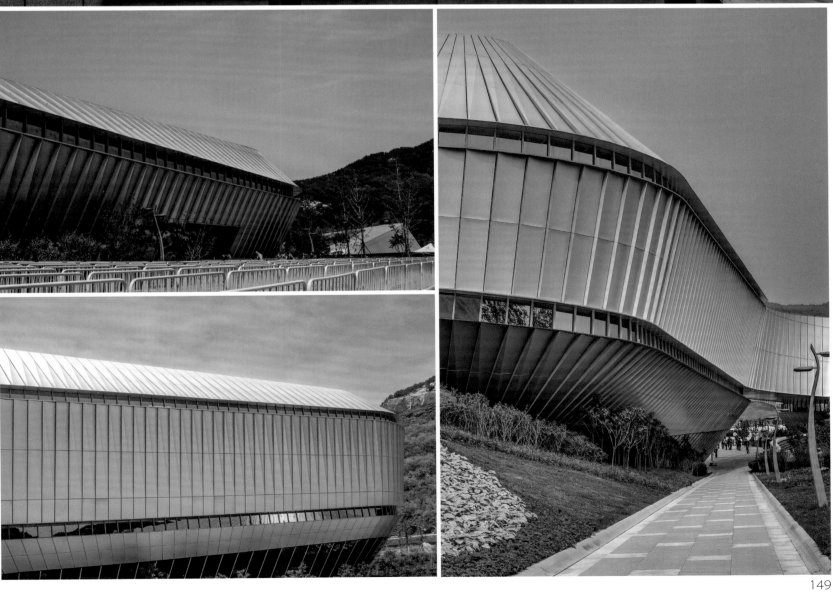

博物馆与纪念馆

- 历史特性
- 空间特色
- 融于环境
- 传统元素

东大门设计广场

- 项目地点：韩国首尔
- 客户：首尔市政府、首尔设计基金会
- 建筑设计：扎哈·哈迪德建筑事务所 / Zaha Hadid Architects
- 用地面积：62 692m^2
- 建筑面积：86 574 m^2
- 总体建筑规格：188m (W) × 280 (L) × 34 m (H)
- 楼层：地上 4 层， 地下 3 层
- 摄影：维吉尔·西蒙·贝特朗 / Virgile Simon Bertrand

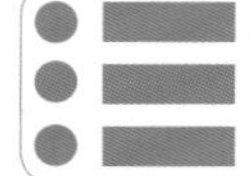

博物馆与纪念馆

关 键 词 ● 参数化建模 ● 实体动画 ● 穿孔图案

项目亮点

完成后的立面包含了实体动画和穿孔图案，依据不同的光照条件和季节的变迁而变化，创造了动态的视觉效果。立面随着外部条件的变化呈现不同的特色，时而看似一个单一实体；时而与周边景观融为一体，成为东大门的一个组成部分。

项目概况

东大门设计广场是韩国首个在施工过程中使用三维建筑信息模型（BIM）和其他数字工具的公共项目。在整个设计过程中，每一项建筑需求都被放在相互关联的空间关系体中进行考量，以定义项目本身及周边文脉的社交活动和行为结构。这些关系成为设计框架，定义了空间组织、功能需求和工程等不同项目因素间的融合。

参数化建筑信息模型

在参数化建筑信息模型软件和设计计算的帮助下，建筑师不断依据业主任务书的要求来测试和调整设计，整合工程和施工需求。这些技术有助于在项目施工过程中始终坚持最初的设计诉求；使建筑设计过程和与顾问师的协调配合更加流畅。参数化建模过程不仅提高了工作效率，而且有助于在十分紧凑的项目工期内做出最全面的设计决策，保证东大门设计广场在全生命周期内的成功运转。

就施工而言，利用参数化建模技术的优势显而易见。数字化设计模型在设计施工的任何一个环节都可以进行优化调整，以应对突发的现场状况，符合当地规范和工程需求，控制成本。项目团队对设计和细节的控制力度得到提升，且相较于传统施工过程更加精准，使业主和承包商更好地了解和控制项目。

LEVEL 1F

1 DESIGN LIBRARY
2 CAFE
3 CHILDREN LIBRARY
4 SEMINAR ROOMS
5 DDP OPERATION OFFICE
6 EXHIBITION RAMP
7 CONVENTION HALL LOBBY
8 VVIP ROOM
9 EXHIBITION GALLERY
10 SPORT MEMORIAL
11 RELIC PARK
12 RELIC MUSEUM
13 DESIGN GALLERY
14 PARKING / LOADING DOCK ENTRANCE
15 ENERGY CENTER

一层平面图

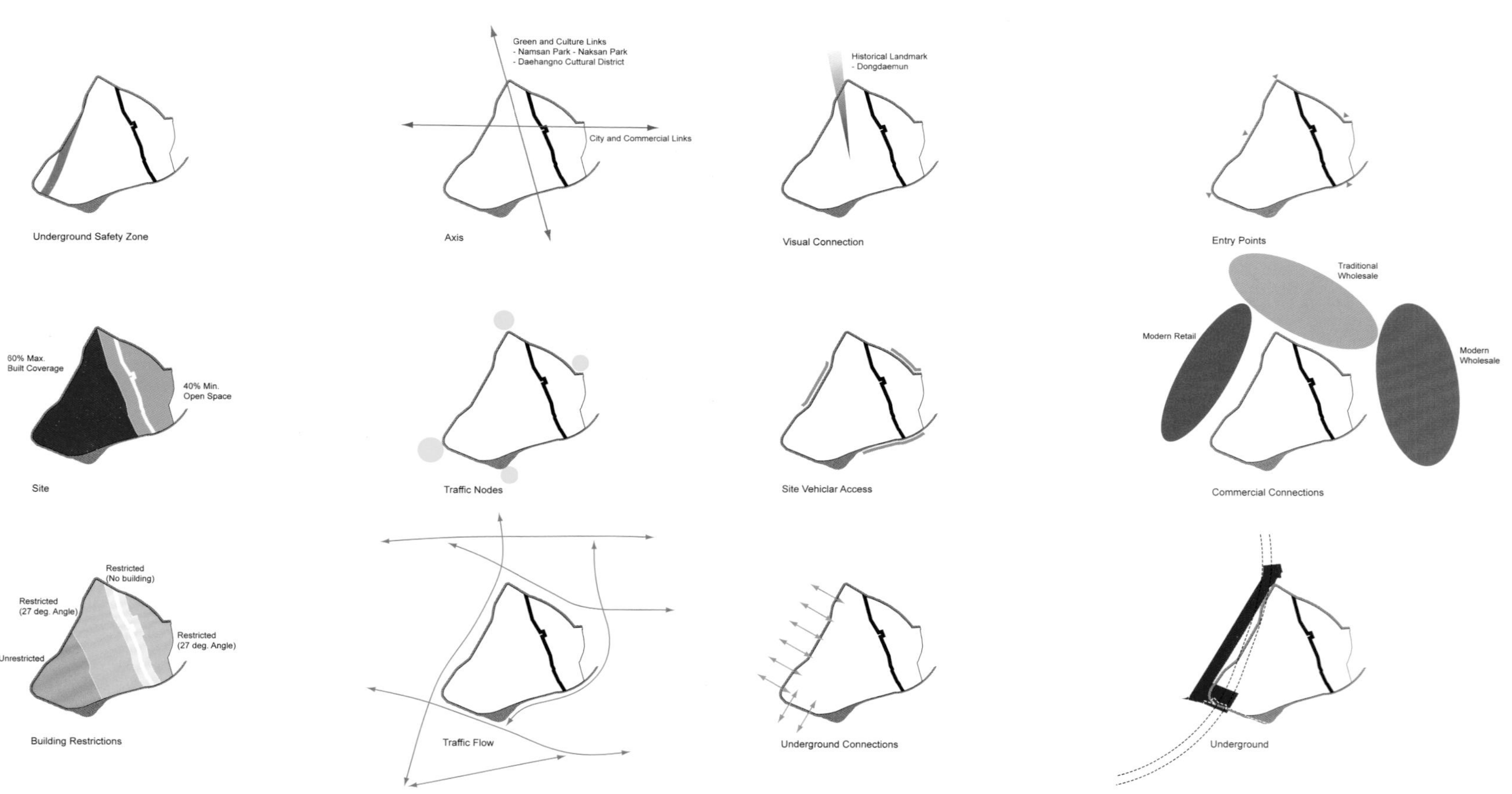
Green and Culture Links
- Namsan Park - Naksan Park
- Daehangno Cuttural District
City and Commercial Links
Historical Landmark
- Dongdaemun
Underground Safety Zone
Axis
Visual Connection
Entry Points
Traditional Wholesale
Modern Retail
Modern Wholesale
60% Max. Built Coverage
40% Min. Open Space
Site
Traffic Nodes
Site Vehiclar Access
Commercial Connections
Restricted (No building)
Restricted (27 deg. Angle)
Restricted (27 deg. Angle)
Unrestricted
Building Restrictions
Traffic Flow
Underground Connections
Underground

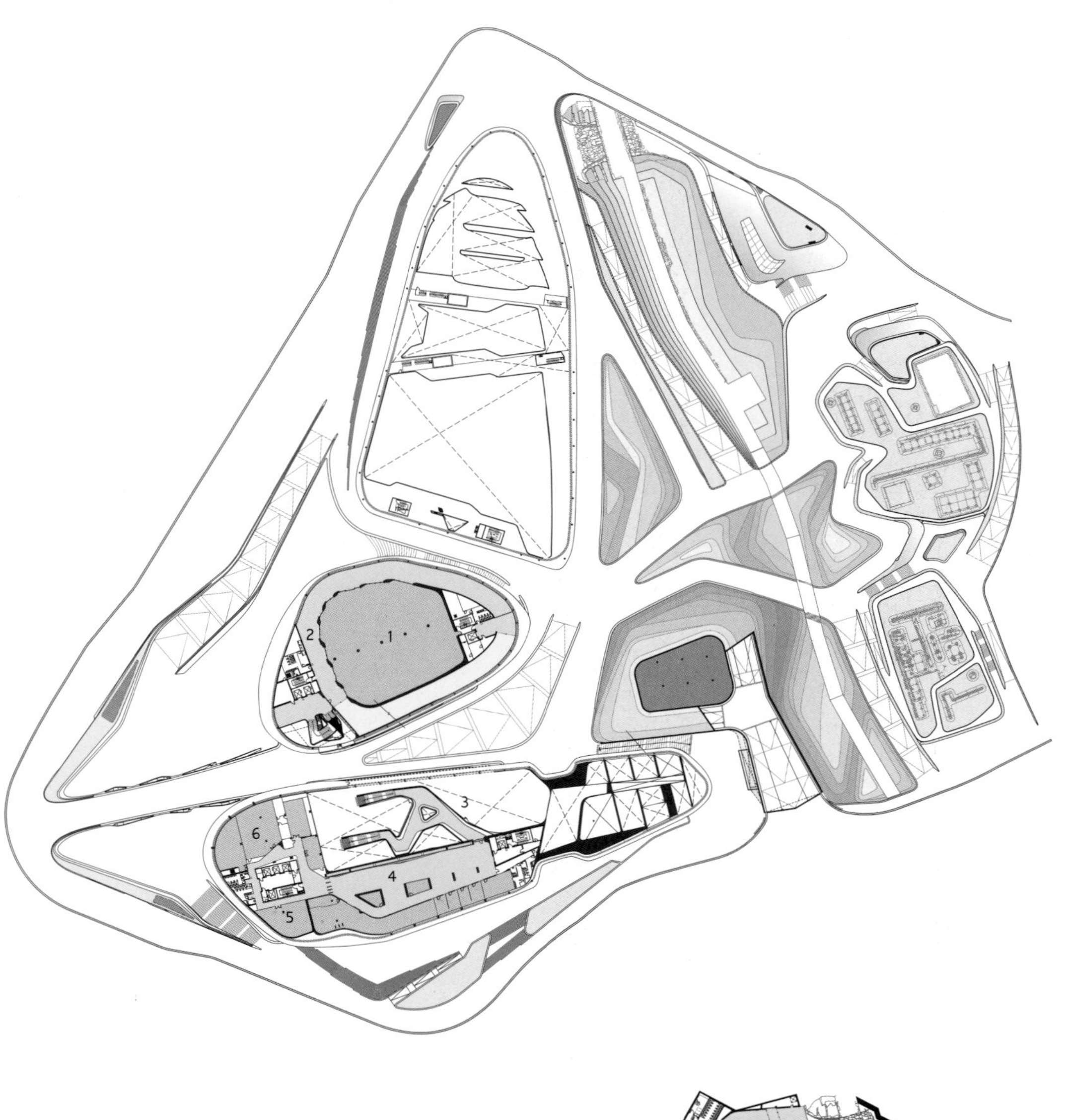

LEVEL 2F

1 DESIGN MUSEUM
2 EXHIBITION RAMP
3 LIBRARY READING DECK
4 MATERIAL LIBRARY
5 DESIGN ARCHIVE
6 SEMINAR ROOMS

二层平面图

LEVEL B2

1 CONVENTION HALL #1
2 CONVENTION HALL #2
3 PRESS ROOM
4 BREAK-OUT SPACE
5 INFORMATION / TICKET CENTER
6 RETAIL AREA
7 EXHIBITION HALL #1
8 EXHIBITION RAMP
9 UNDERGROUND PLAZA
10 INFORMATION
11 SUBWAY ENTRANCE
12 PARKING FACILITIES
13 EVENT HALL
14 ENERGY CENTER
15 STORAGE

地下 2 层平面图

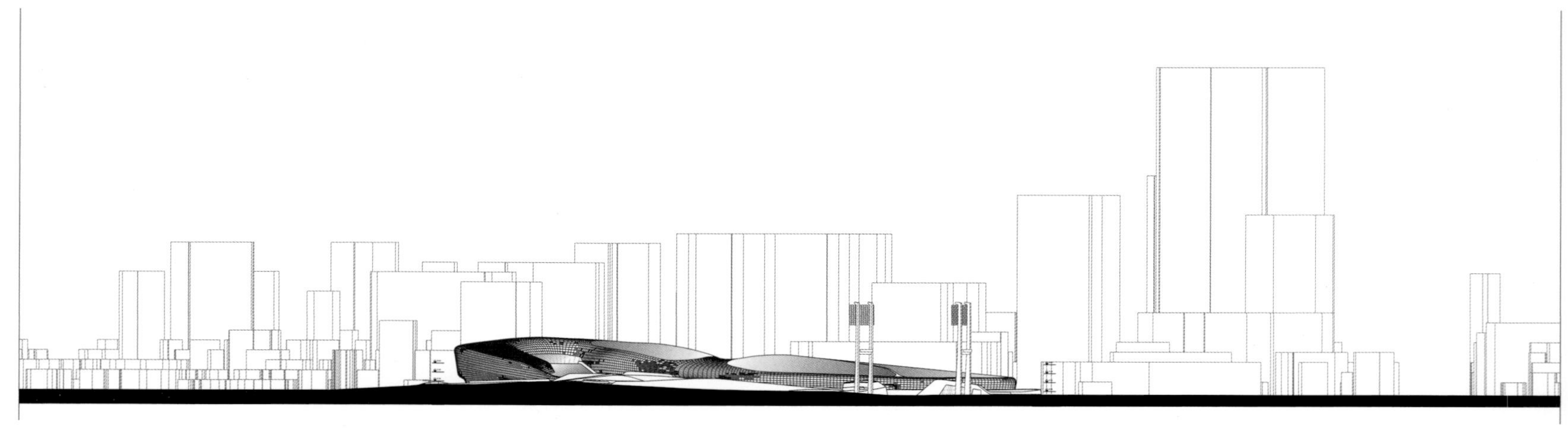
东立面图

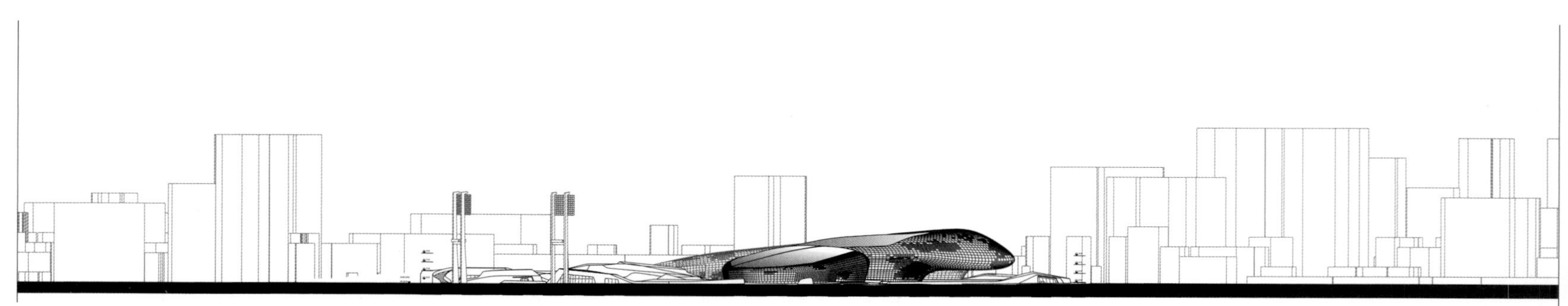
北立面图

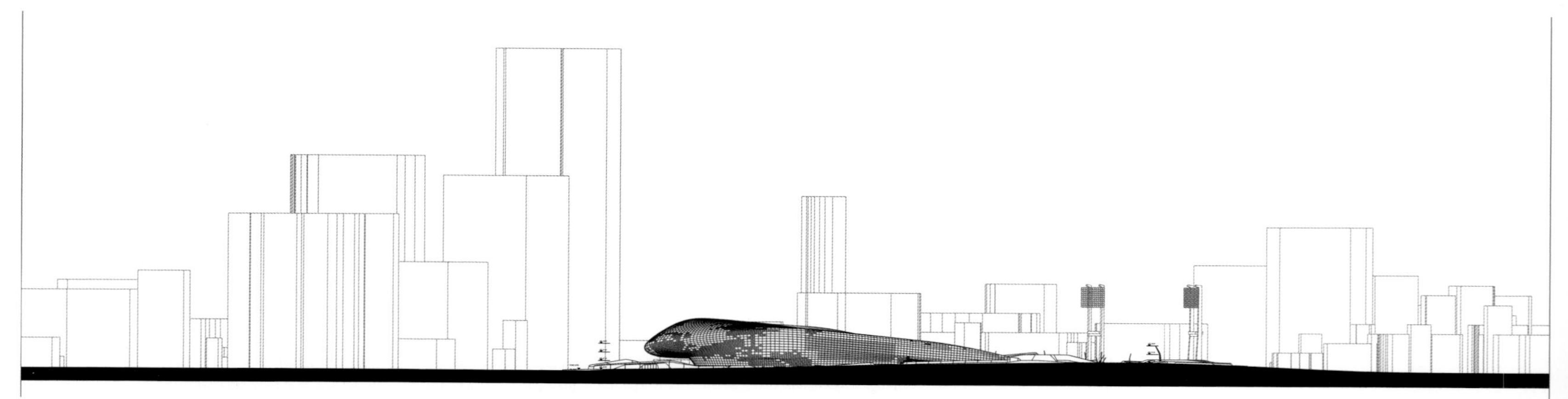
南立面图

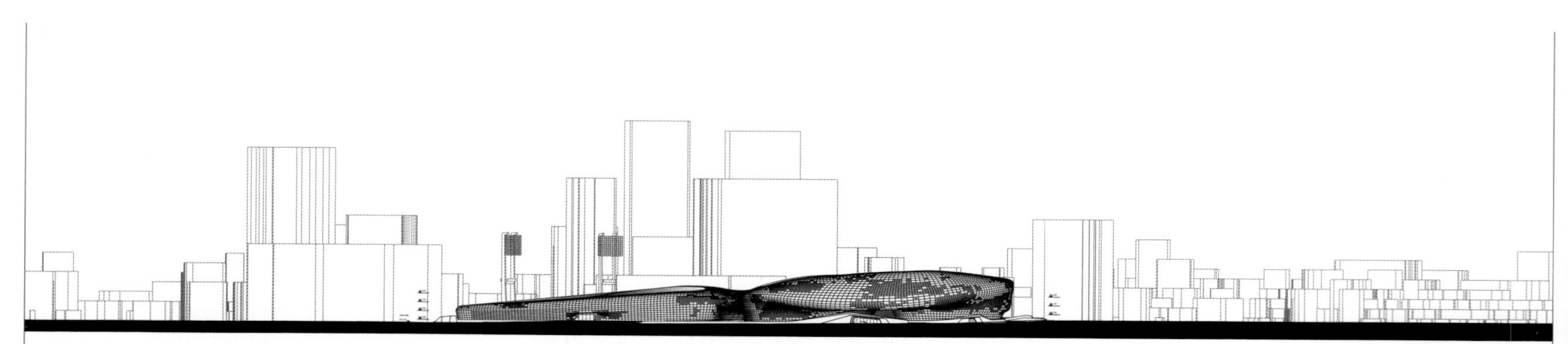
西立面图

立面设计

东大门设计广场的立面围护体系正是这一设计过程的示范性成果。由于围护系统包含超过 45 000 块不同尺寸和弯曲度的镶板，因此外表皮的施工是一大挑战。参数化建模的使用和先进的金属成形和制造工艺使这一切成为可能，研发出一个大规模定制系统。参数化建模以更大的成本和更强的质量控制力度，保证了围护体系设计的施工完成。在整个施工过程中，围护模型几经调整，整合工程、制造和成本控制等因素，同时保证了原始设计的完整性。

完成后的立面包含了实体动画和穿孔图案，依据不同的光照条件和季节的变迁而变化，创造了动态的视觉效果。立面随着外部条件的变化呈现不同的特色，时而看似一个单一实体；时而与周边景观融为一体，成为东大门的一个组成部分。夜间，建筑反射所有 LED 灯和周边建筑的霓虹灯广告牌。内置立面照明系统与之交相辉映，激活了建筑外观，呈现出独一无二的都市风情。

建筑设计

设计还满足了业主的愿景。DDP 的设计彰显了保护场地历史和将新发现的历史元素融入建筑景观中的决心，建筑环绕古城墙和历史文物，形成结构的核心因素。外部景观将首尔改造成为一个更加绿色的城市，而表面的虚空和褶皱空间提供了一览下方创新设计世界的窗口；东大门设计广场成为连接城市当代文化、历史文物和新兴事物的重要桥梁。

东大门设计广场将韩国的建筑和工程传统发扬光大，并走在技术的最前端。项目团队将 DDP 这一神奇的建筑化为现实，而项目本身也成为对团队高超技艺和饱满热情的最佳证明和褒奖。

小松科学馆

- 项目地点：日本小松市
- 建筑设计：伊藤麻里（UAO 建筑事务所）
- 用地面积：14 428.84 m²
- 建筑面积：6 063 m²
- 摄影：阿野太一

博物馆与纪念馆

关 键 词 ● 波形建筑 ● 弧状曲线 ● 屋顶公园

项目亮点 除了正面之外，侧面弯向地表的弧状曲线，也形成视觉上非常漂亮的流动空间，仿佛一艘降落在翠绿草坪上的太空船，让人爱不释手。

项目概况

小松科学馆坐落于小松车站附近，这里以前是工厂的基地，市政府为了活化利用，便开标决定设计一个可以作为科学交流与学习的中心。要求启蒙“继承制造精神”和“孩子们对于这个区域增长的科学的兴趣”，并进一步与其他区域合作。

建筑设计

综合体本身融入了四个低矮的波形建筑物，并映衬了远处的山。科学馆位于这些波形之下，包括一个 3D 圆顶剧院、科学体验学习中心、工业化的推广综合设施和一个孵化中心。设计师希望借着寓教于娱乐的方式，让大家可以快乐学习科学，同时把小松市的“亲自动手做”的工艺精神传承下去。屋顶绿化提供了保温效率，整合建筑与景观成为一个公共的屋顶公园。

起伏的屋顶不仅让人可以轻易地走上去，当成公园般活动，也创造了下方的圆弧空间，同时借着往外突出的屋顶，不仅可以遮挡阳光，还兼具可以收集雨水的功能，让收集而来的雨水供作灌溉使用。

除了正面之外，侧面弯向地表的弧状曲线，也形成视觉上非常漂亮的流动空间，仿佛一艘降落在翠绿草坪上的太空船，让人爱不释手。有别于白天的风景，夜晚来这又别有一番风貌。这里借着上百个装有感测风向流动传导器的 LED 灯，让灯光随着风而流动，为建筑物创造不同的表情，无疑也让建筑更能与科学结合，并鼓励参观者在实践中发现更多。设计的核心概念是波形具有三维扭曲和有机活力，类似 CT 扫描横截面。同样，波形也为公园增添了自然感和敏感性。

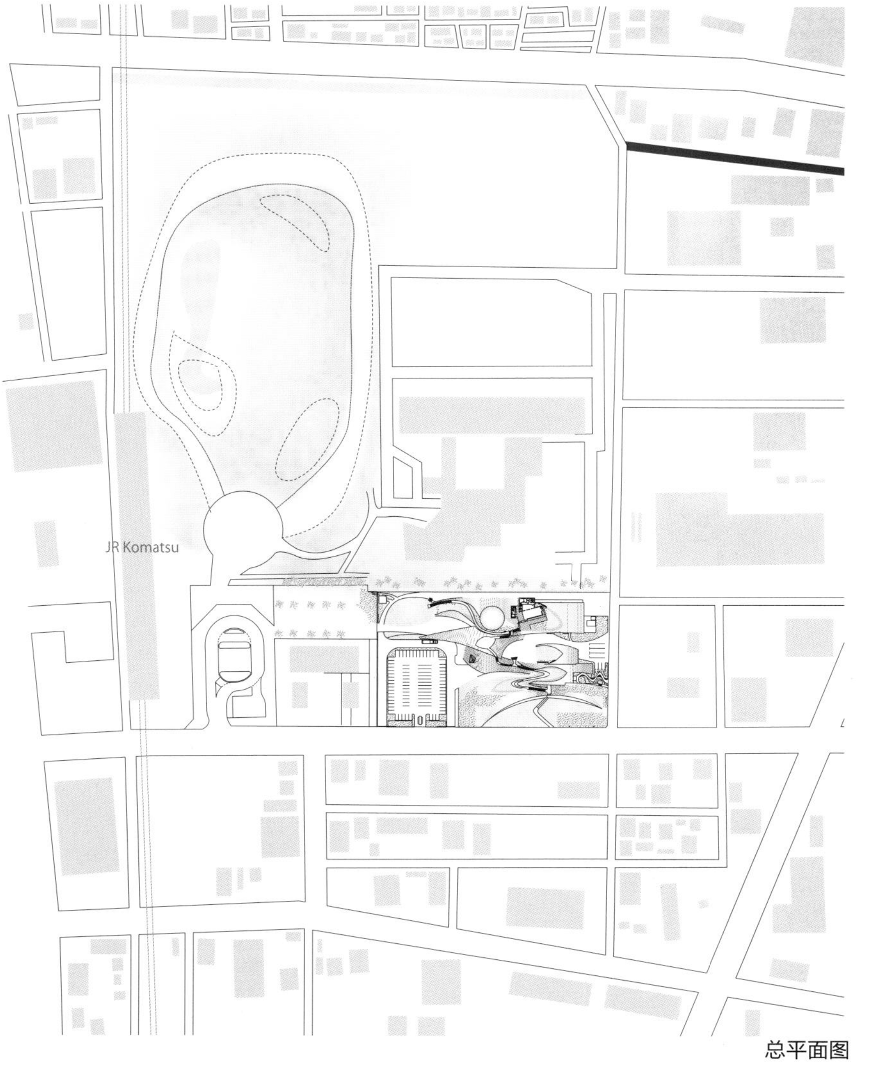

总平面图

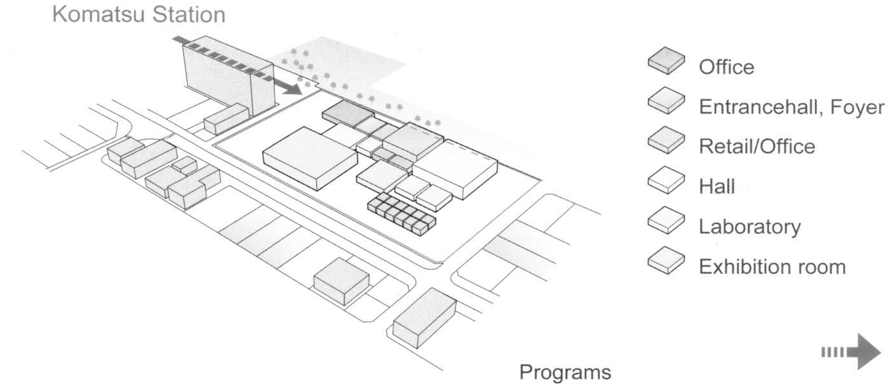

Komatsu Station

Office

Entrancehall, Foyer

Retail/Office

Hall

Laboratory

Exhibition room

Programs

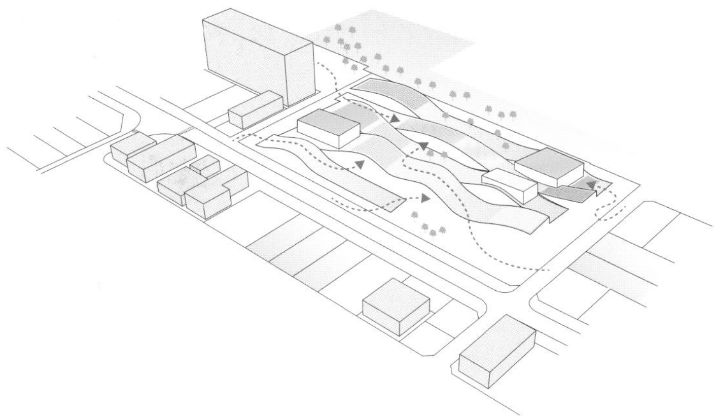

Integrate

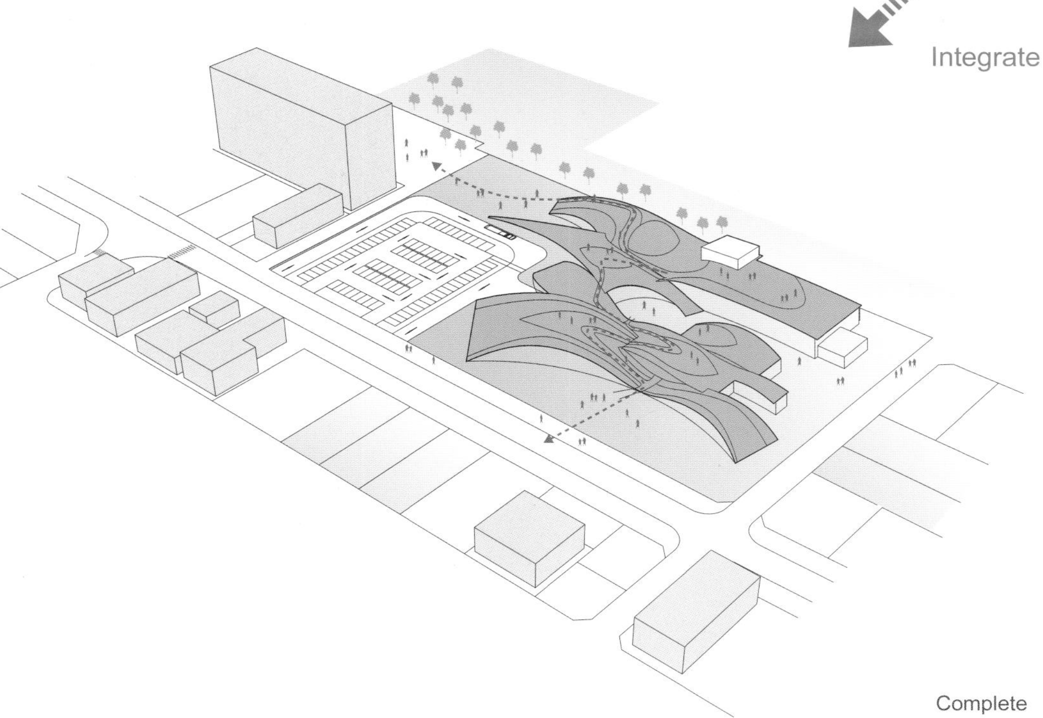

Complete

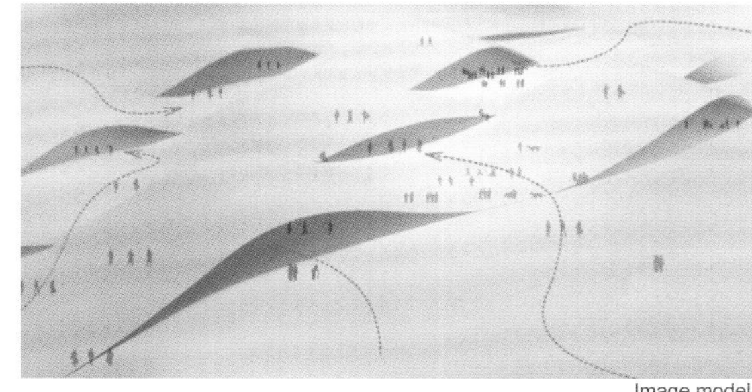

Image model

Landscape as organic architecture from geometric building.

For citizens enjoyed a site freely, the form of the building was designed in the shape of a wave. The compound purpose was arranged by the ground being seamlessly connected to a roof park.

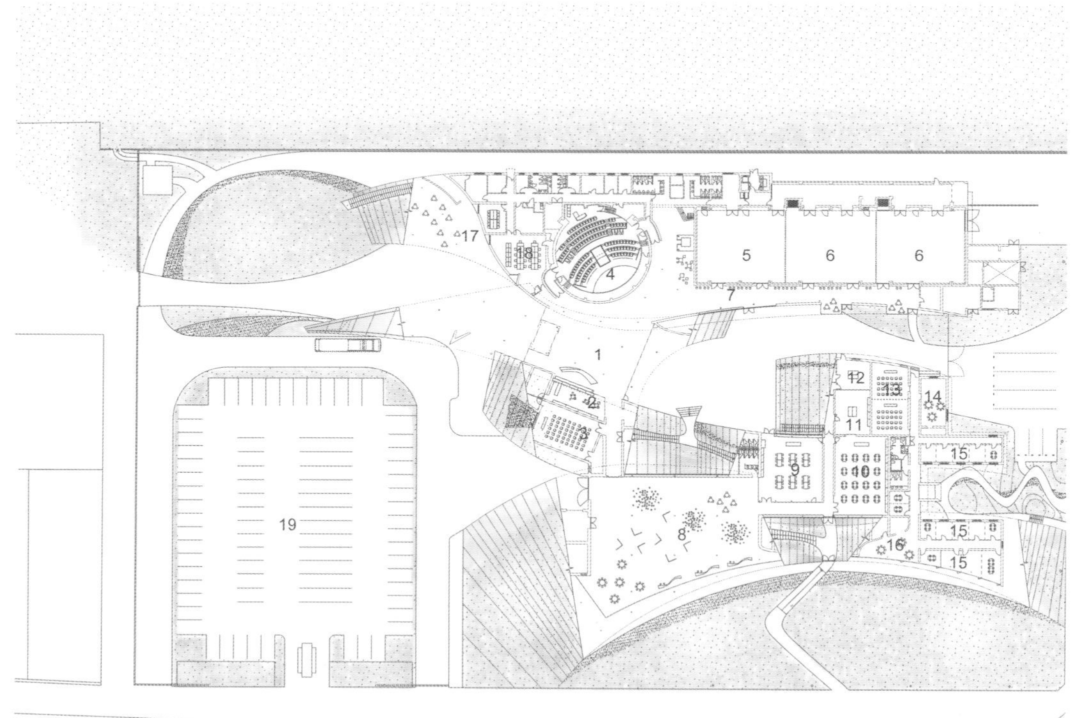

Ground Floor PLAN Scale1/1500

1.Entrance
2.Shop
3.Resting room
4.3D theater
5.Event hall
6.Multi-purpose hall
7.Lobby
8.exhibition
9.Science lab
10.Work shop room
11.Science preparation room
12.Work shop preparation room
13.Seminar Room
14.Coordinater Office
15.Incubatate Room
16.Lounge
17.Roofed Courtyard
18.Office
19.Parking

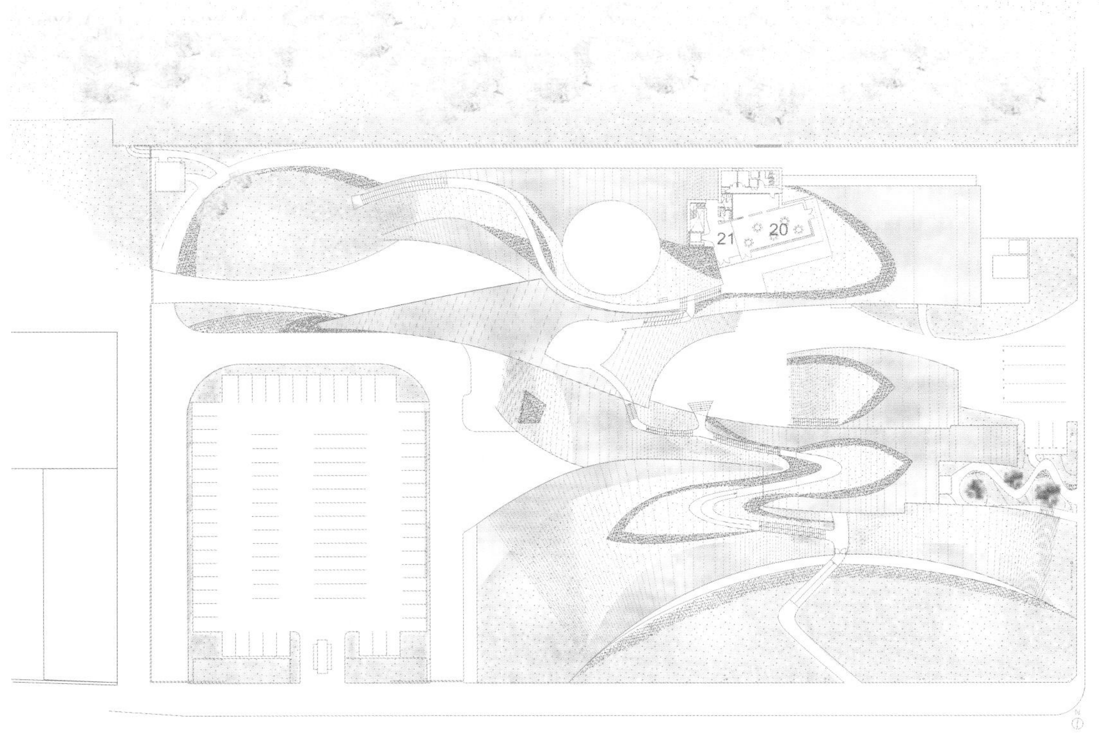

First PLAN Scale1/1500

20.Cafe&Restaurant
21.Gallery

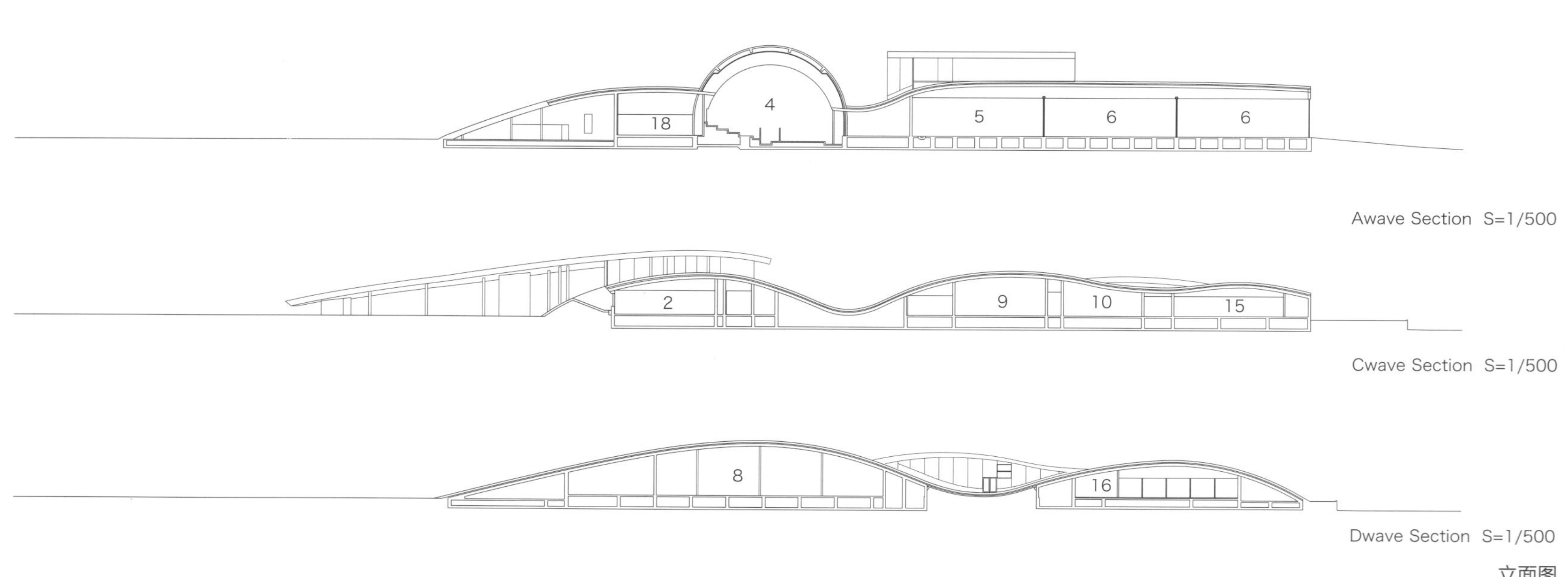

Awave Section S=1/500

Cwave Section S=1/500

Dwave Section S=1/500

立面图

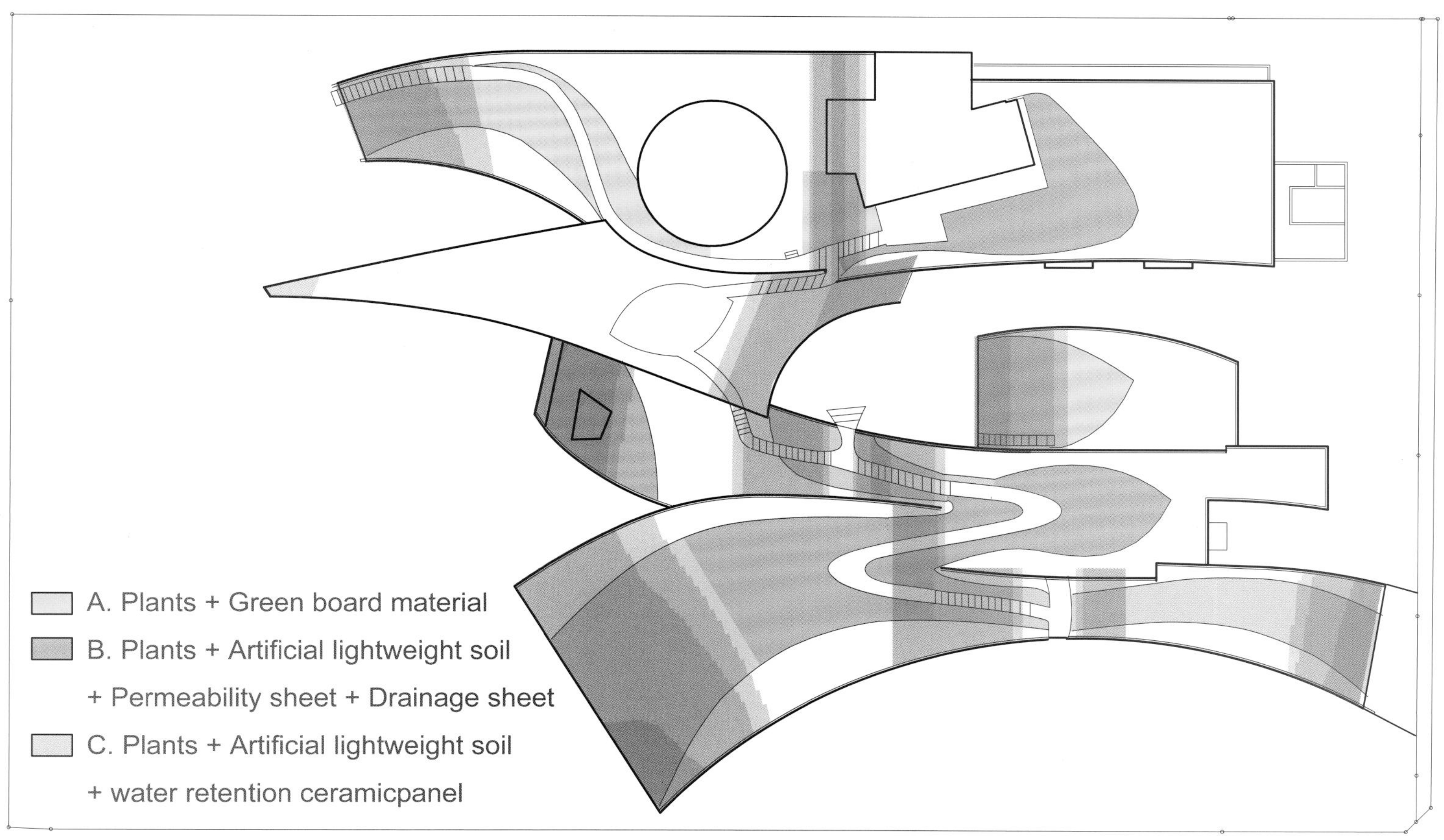

Plants foundation type

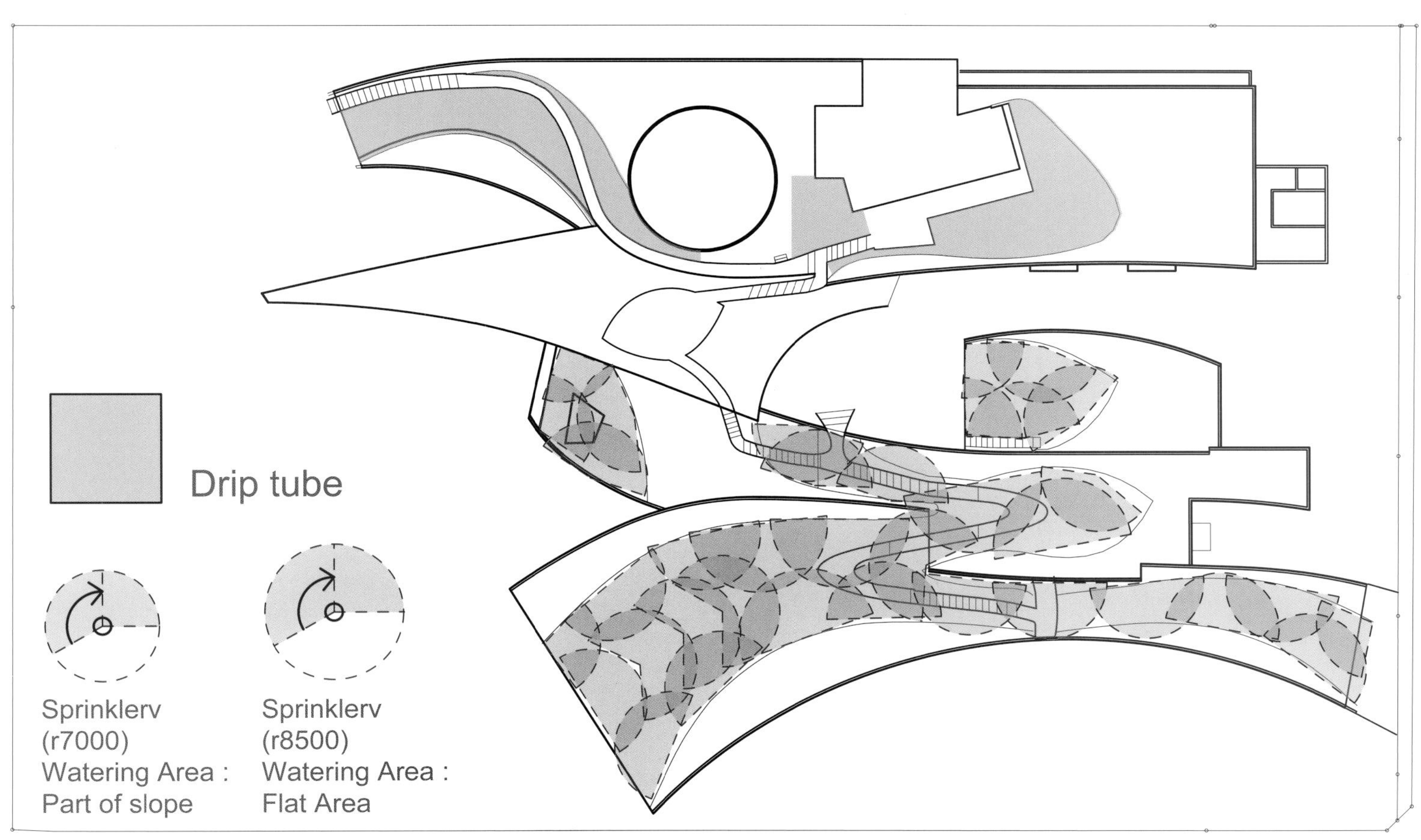

Watering type

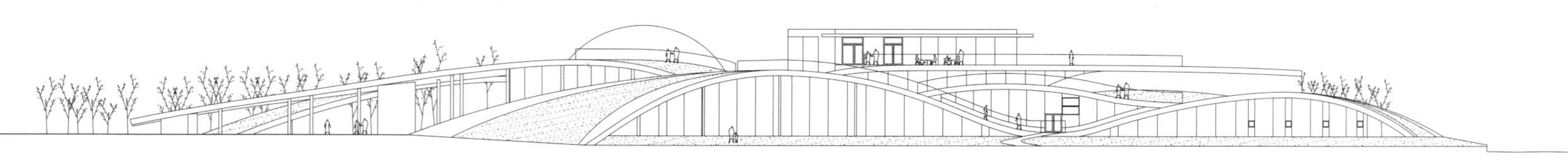
立面图

塔迪尔兹 · 凯恩特博物馆“CRICOTEKA”

- 项目地点：波兰克拉科夫
- 客户：塔迪尔兹 · 凯恩特博物馆文档中心“CRICOTEKA”
- 建筑设计：Wizja 建筑事务所、nsMoon 工作室 / Wizja sp. z o.o. and nsMoon Studio
- 可用面积：3 567m^2
- 摄影师：Wojciech Kryń ski

博物馆与纪念馆

关 键 词 ● 非传统材料 ● 拱形结构 ● 艺术价值

项目亮点

CRICOTEKA 建筑有着两个交叉的拱形结构，其由有着两个轴组成的钢筋混凝土钢筋桁架构成。 第三根柱子是一个钢铁的双摇杆。分支支撑桁架也进行了抬高以防止负载和使用后的偏向。

项目概况

塔迪尔兹 · 凯恩特艺术文档中心“CRICOTEKA”，个人创造性之路艺术性搜索的象征，跨越了演员与观众、创造者与接受者之间的界限，鼓励每一个人融入到一个活动和游戏结合的表演当中。多功能的公共空间包括舞台和观众席，是一个经常性演出的场所。该博物馆的空间设计通过抹去室内与室外的界限体现其价值，使空间变得更加的流动、共享化。通过特定的构件、结构、手法等，使创作者、艺术家、居民和参观者共同参与空间的营造过程。这个也是凯恩特艺术中心的设计所要宣扬的信息。

该博物馆并不仅作为一个静态的展示艺术家个人艺术作品的场所，而且作为其打破常规的艺术动态视觉的一个延续。重视它不仅仅是因为其形式的自主性，也是因为其允许该艺术家和其作品发展的创造性过程。博物馆营造出来的空间都似乎是在大自然中产生的真的空间一样。

设计概念

维斯瓦河的河岸和周边环境是可以参与到表演中的“对象和道具”，且他们在舞台上的呈现（通过天花板上的镜子折射）为创造性使用提供了依据。

根据凯恩特的创造观点，博物馆不需要统一到周边的环境中，原有的建筑也不会通过其本质的功能来实现自身的识别性，相反是通过形式与内容的冲突与“不协调”对比使它们存在于现今的环境中。创造性活动的目的不是确立结构作为形式，而是其与周边互动的方式。

摒弃并减少开发全包裹地面的想法是为了这一维斯瓦河边“剧院”的演出、展览和偶发艺术能够扩大其形式和内容在整个城市规模中的影响力。

项目转化自一个人背着一张桌子的特色画面是事物、对象和人之间“不协调”的象征，这个人通过自己的创新性努力投入了一个新的形式，赋予了这一个“体块”以意义并构成了源自于创作者的想法和“材料”选择之间联合的反馈。

这一新建筑的特定区域并不会建设固定常用的功能，而为特定的项目构成元素创建一个语义层次。

两个形式在远处就能看见，在功能上完全不同，支配着空间，并为建筑中心的表演创建领地。扩大的入口使用这一区域的空间并处于其表面之下，引领参观者参加“行动”，包括做选择，发现“材料”。

增加的建筑看起来像包裹着的“物体”，有着隐藏在包裹里面的神秘且合适的功能结构。

建筑新建的部分采用了非传统的材料（钢铁、钢筋混凝土和玻璃），建筑的结构由成一个外部“剧院”空间并创建整个布置中个别元素之间的共同张力的想法而诞生。

区位图

建筑结构

CRICOTEKA 建筑有着两个交叉的拱形结构，其由有着两个轴组成的钢筋混凝土钢筋桁架构成。第三根柱子是一个钢铁的双摇杆。分支支撑桁架也进行了抬高以防止负载和使用后的偏向。由于复杂的几何形状和其他的扩展，执行起来也会有所不同，这也体现在十字架是设计当中。

依靠钢筋混凝土，预先制造的主轴通过五个盘式之作和其中的一个晶状体安装。上部加强桁架的横向压力由嵌入主轴内部的特殊的轴定结构承载。而较低处的横向压力则由主轴在墙上的推力承载。

CRICOTEKA 被确立为一个公共事业机构并保留在城市全景中构建一个特色甚至是主要特色的权利。适当平衡的建筑规模能够降低周边高层建筑的不利影响。建筑预设的高度与其后面的建筑高度相似，比其附近仅限的酒店要低很多。

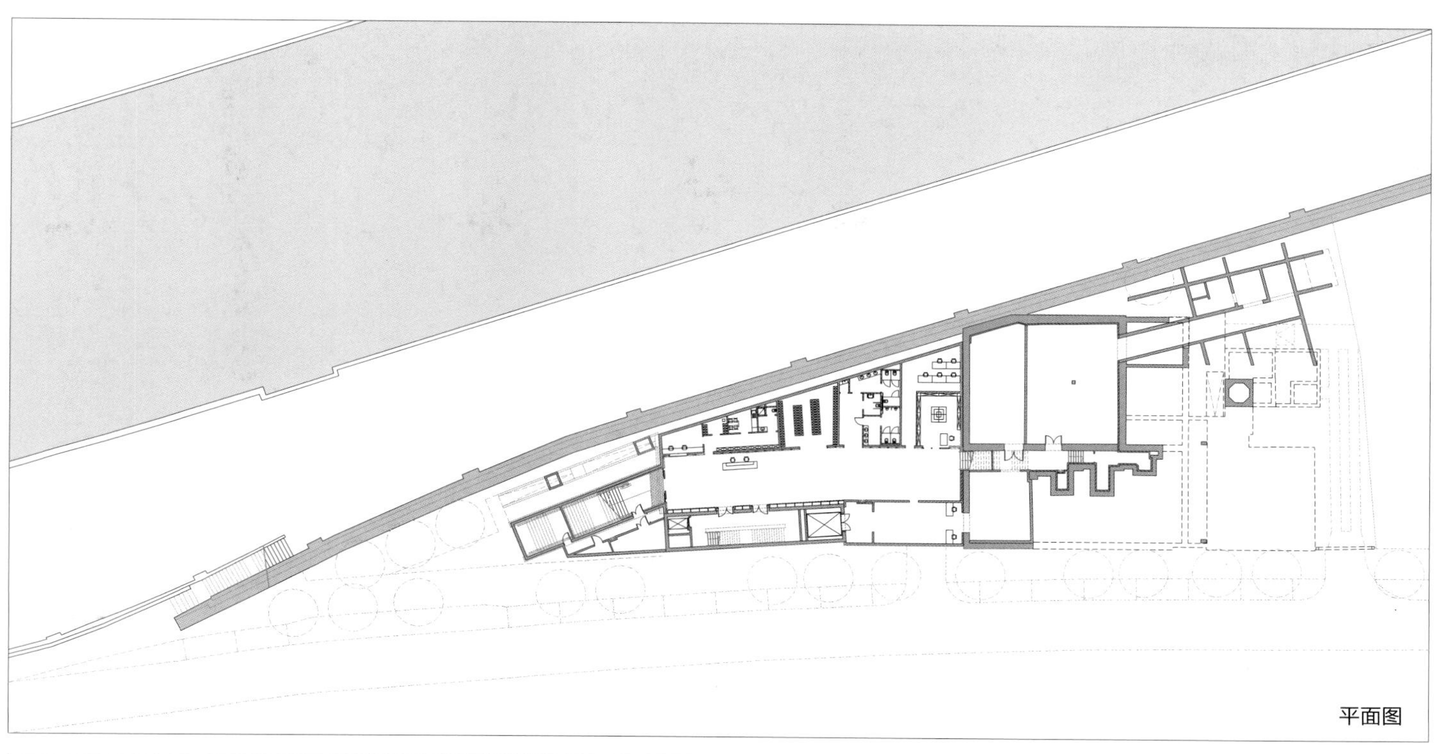

平面图

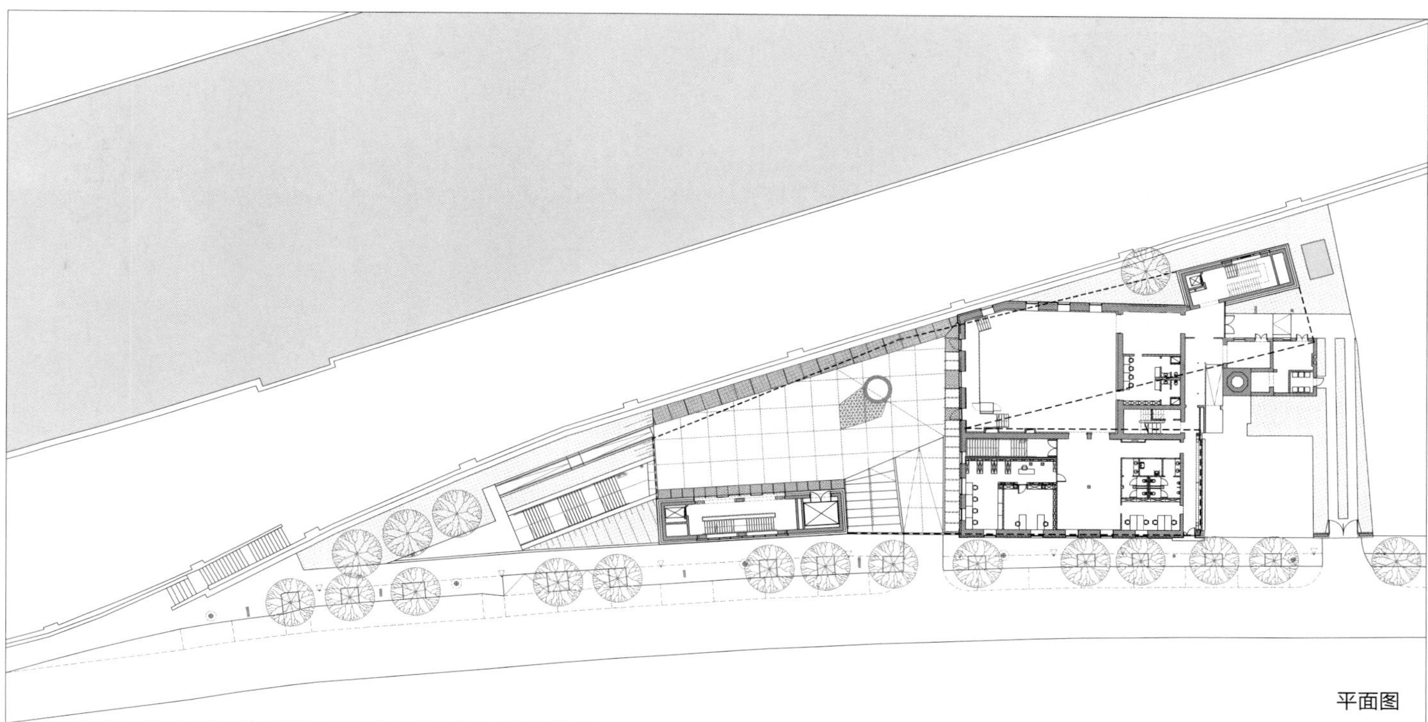

平面图

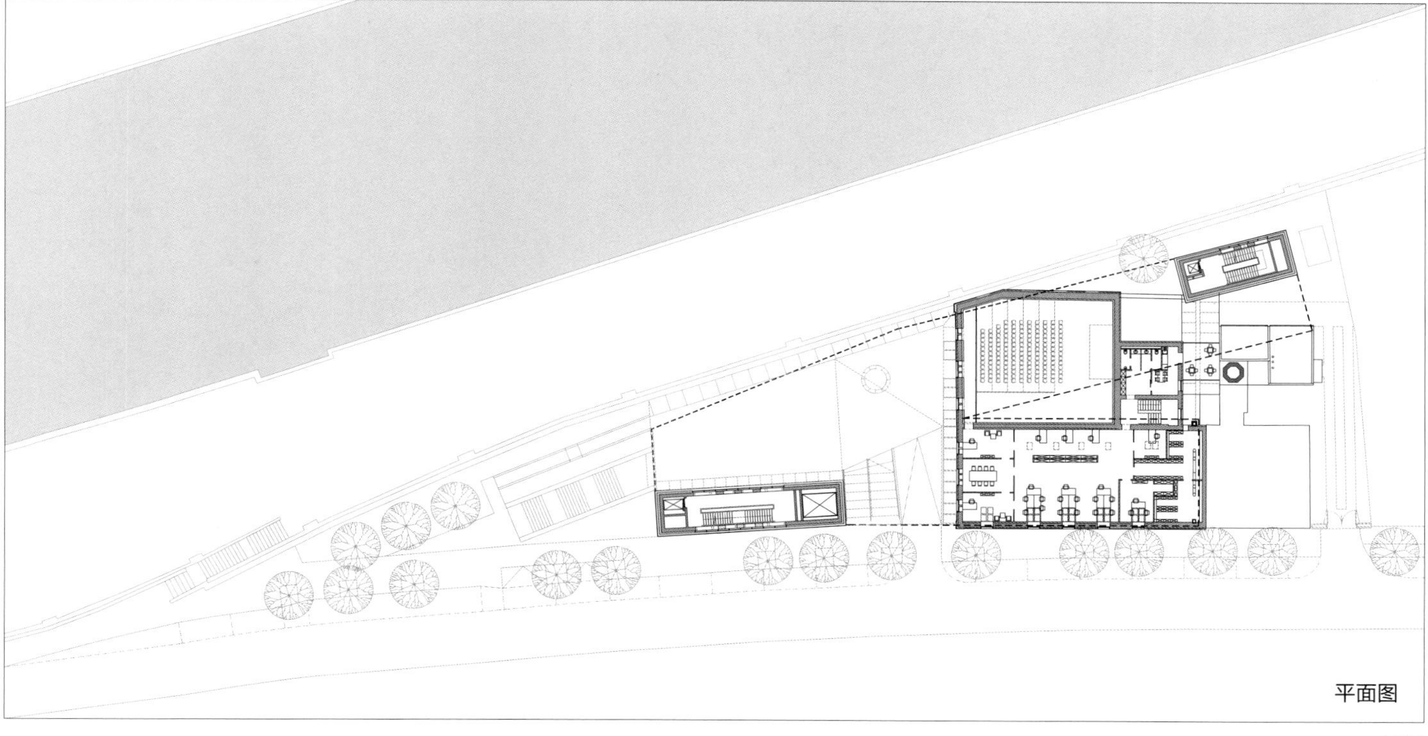

平面图

二层平面图

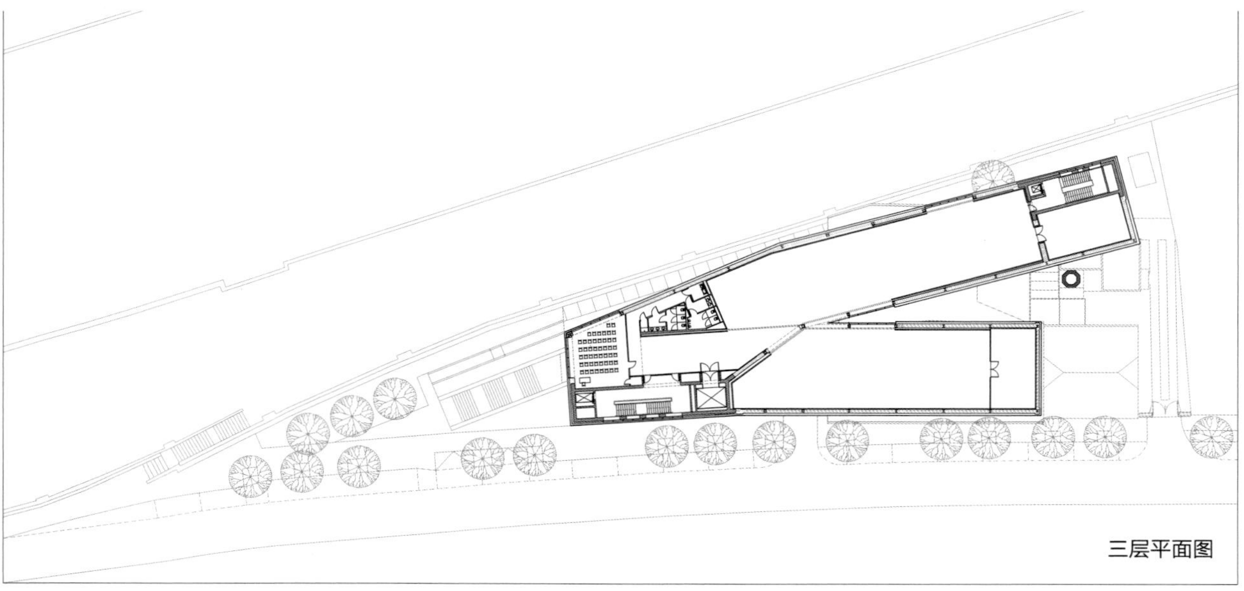

三层平面图

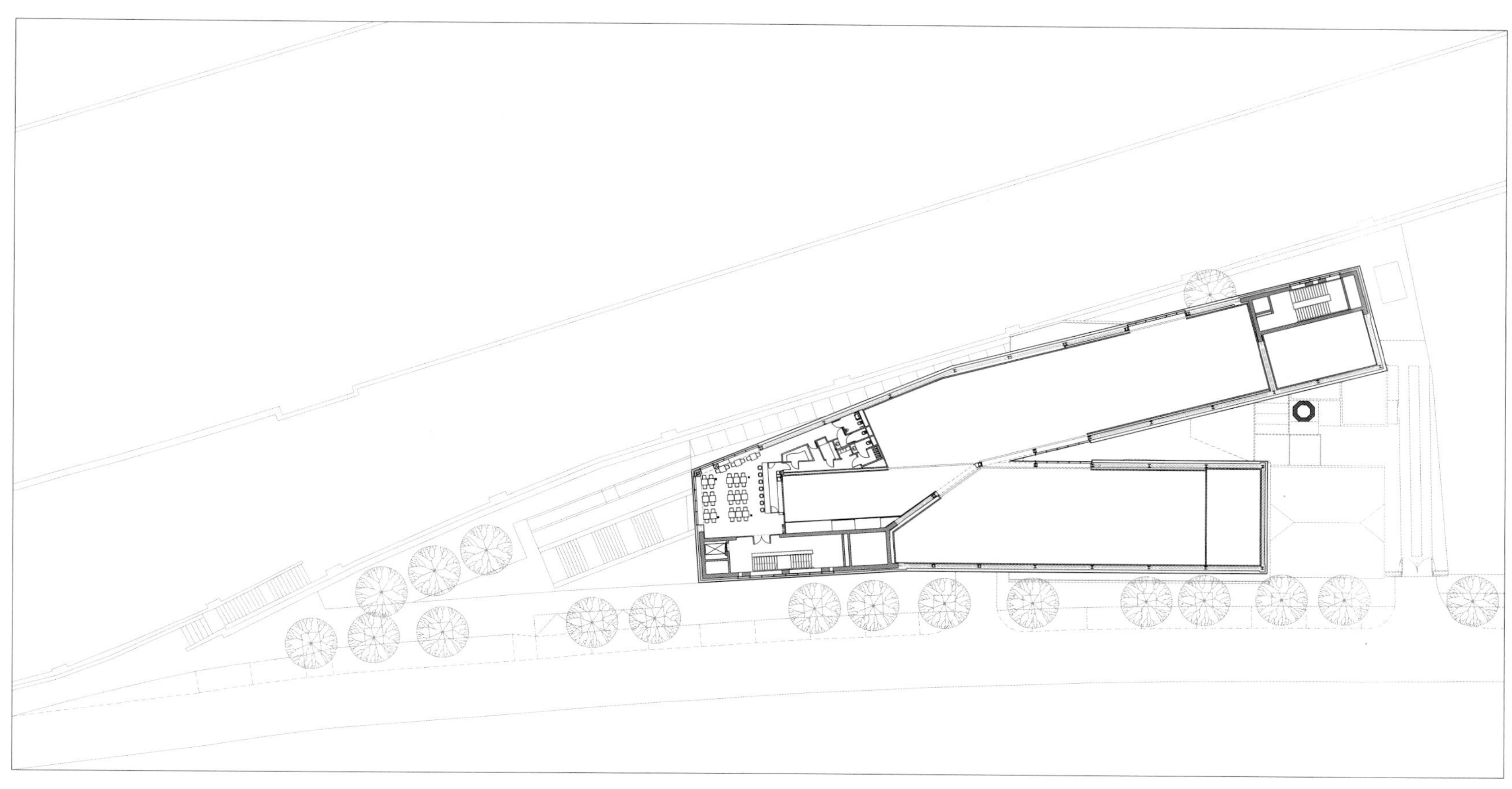

平面图

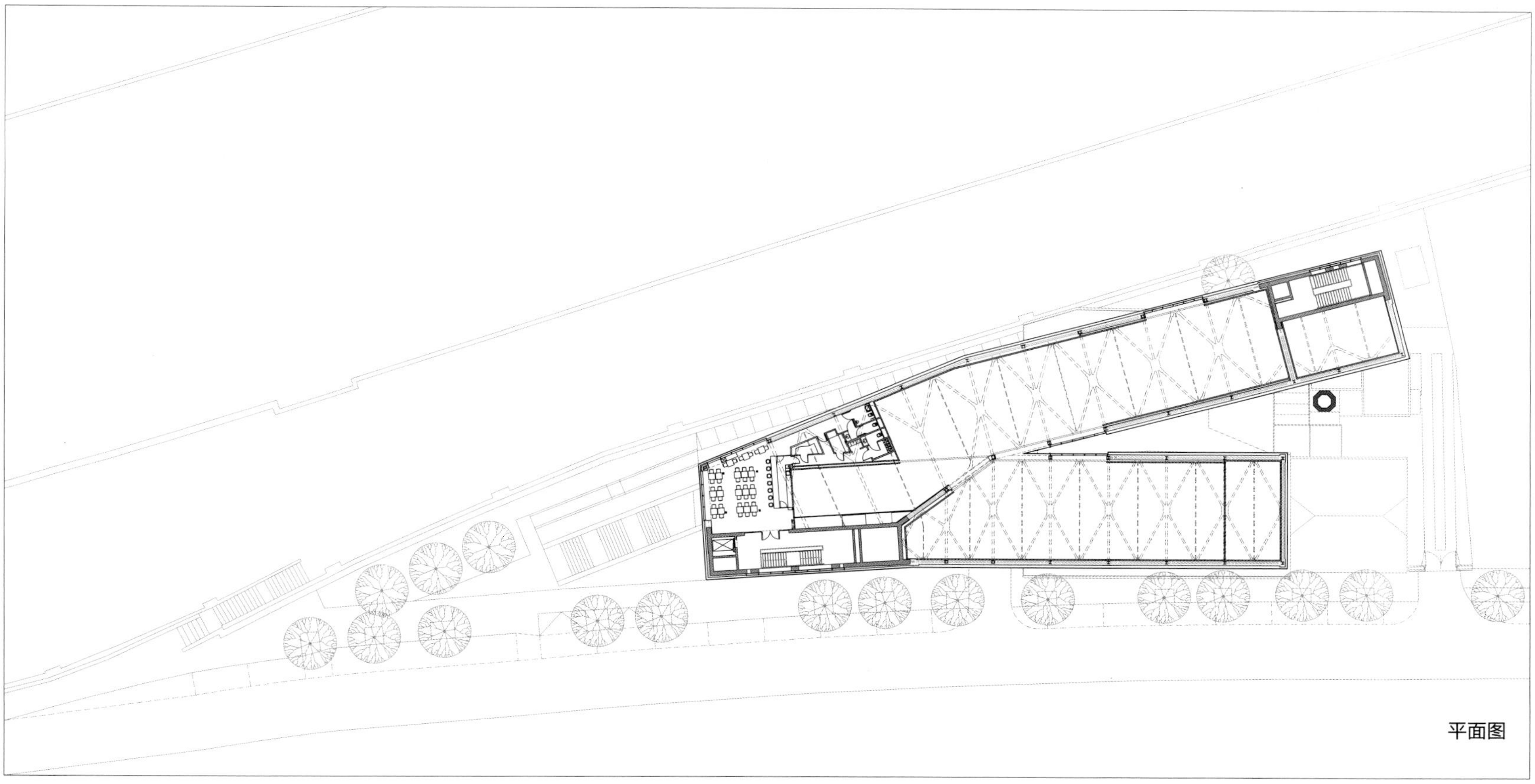

平面图

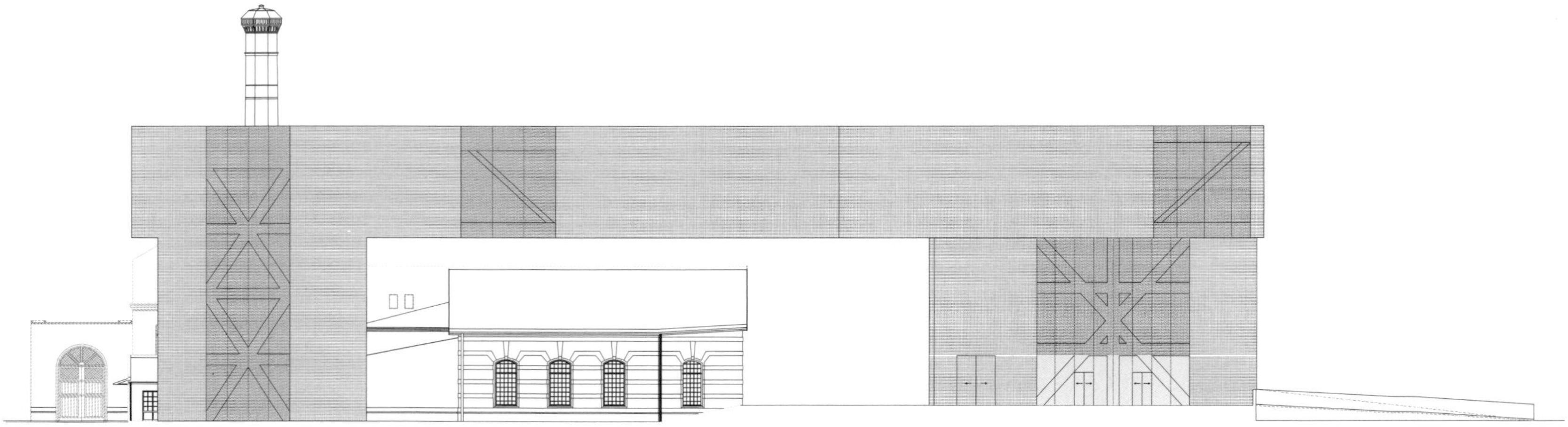

立面图

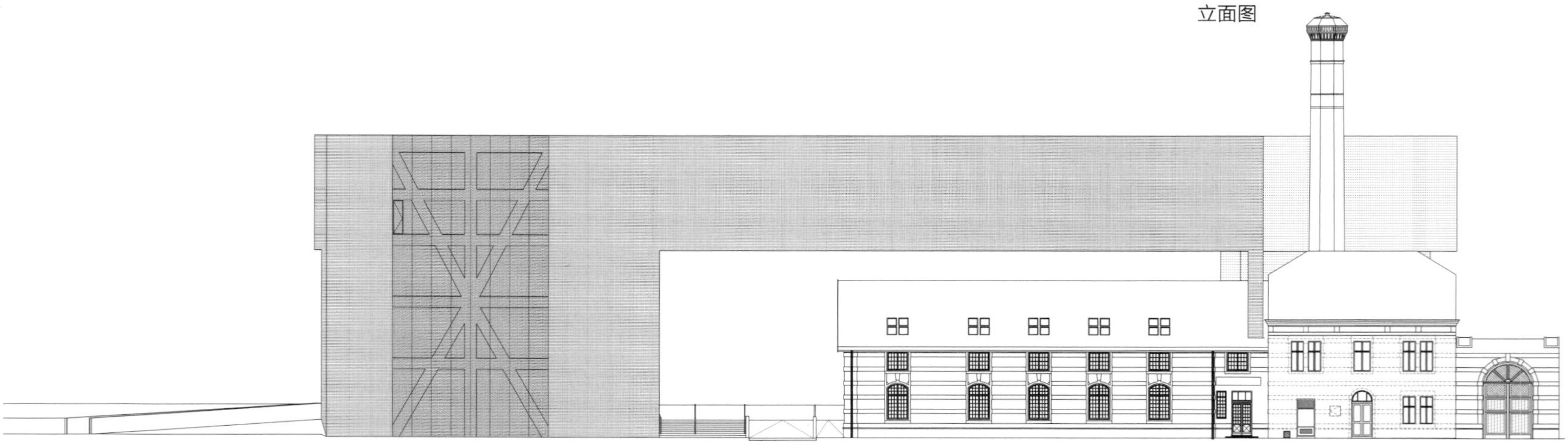

立面图

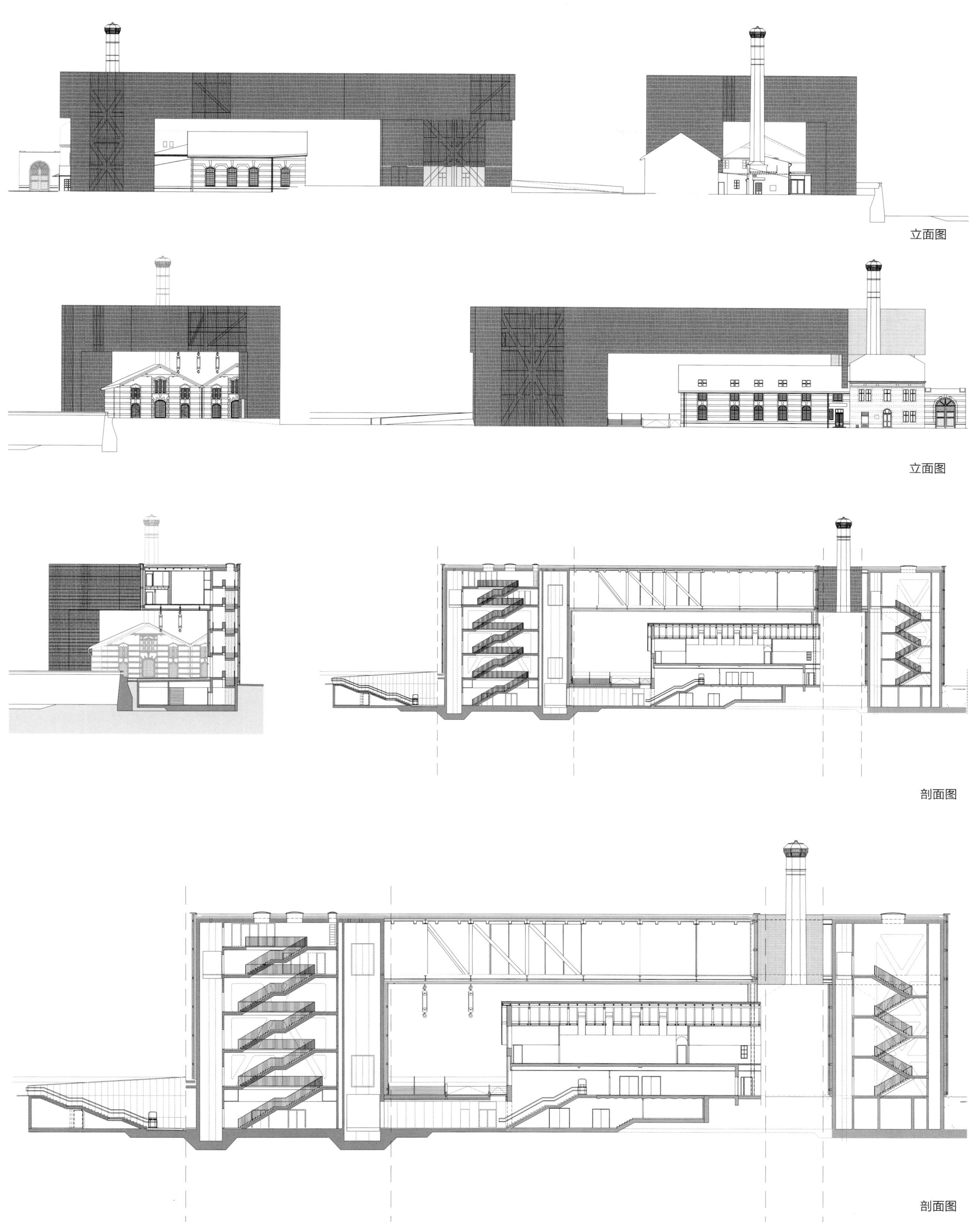
立面图

立面图

剖面图

剖面图

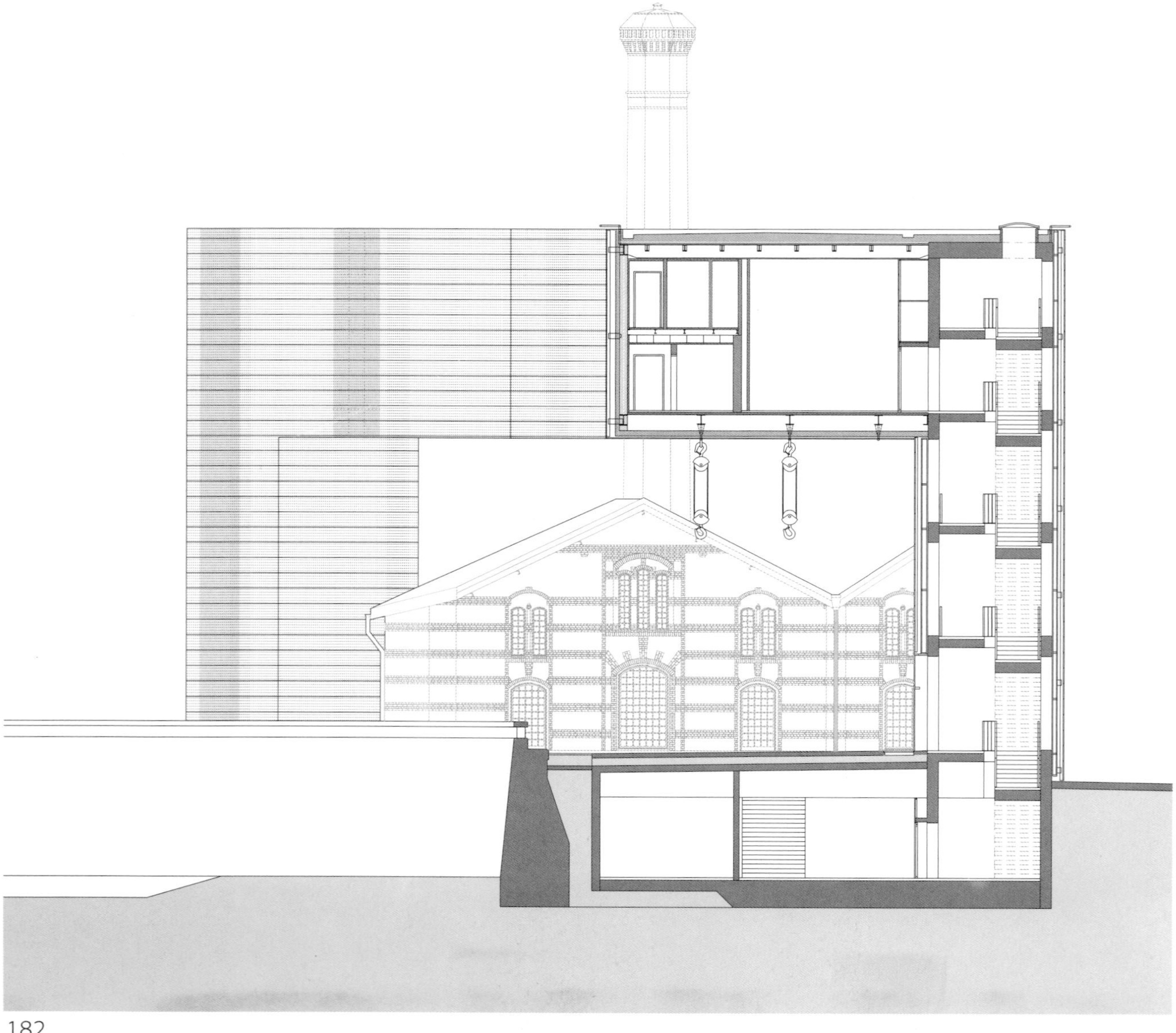

剖面图

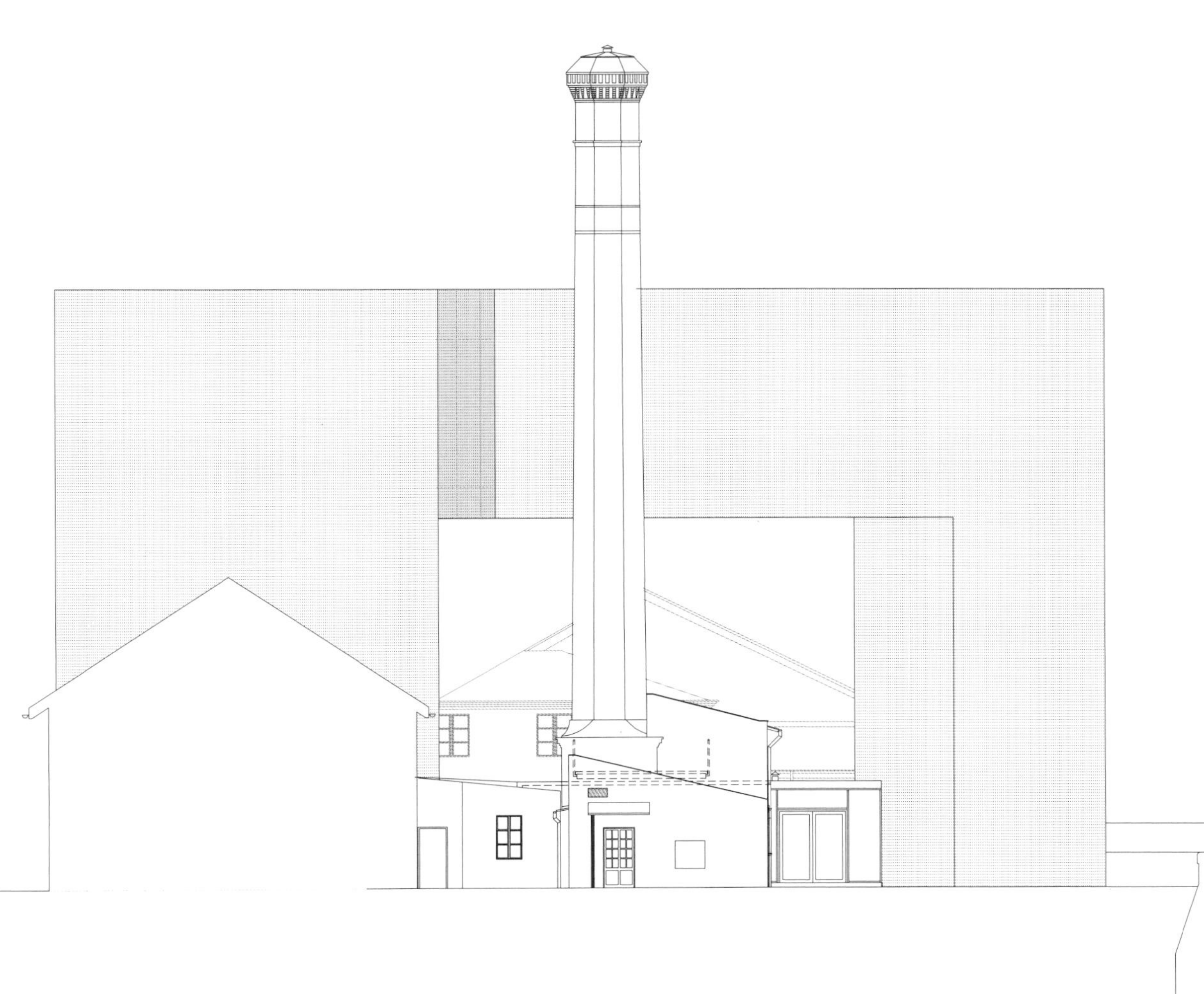

剖面图

吴江费孝通江村纪念馆

- 项目地点：中国江苏省吴江市
- 建设单位：吴江市七都镇人民政府
- 建筑设计：苏州九城都市建筑设计有限公司
- 用地面积：10 602.5 m^2
- 建筑面积：2 234 m^2

博物馆与纪念馆

关键词 ● 江南建筑 ● 公共属性 ● 现代气息

项目亮点 **纪念馆以堂、廊、亭、弄、院、桥等元素回应了江南建筑特点，尤其是“廊”这一中间层次的过渡空间极大地增进了建筑的公共属性，为容纳多种形式的村落活动提供了可能。**

项目概况

费孝通江村纪念馆位于著名社会学家费孝通先生社会学调查的起点——开弦弓村。这里已成为记录中国乡村社会变迁的首选样本村落。纪念馆的设计立足于延续村落文脉、增进村落活力，在此基础上实现村落空间的可持续发展。

项目布局

整个纪念馆由六个部分组成，分别是费孝通纪念馆、江村文化馆、孝通广场（包括费老塑像）、景观池、碑廊和茶楼。纪念馆房屋建筑以地面一层为主，局部二层。分设“费孝通纪念馆”和“江村文化馆”两大主题馆。建筑风格既有粉墙黛瓦亭台楼阁的水乡特色，又具有气派、流畅的现代化气息。设计上彰显人文理念，俯视是一个“人”字形，临水而建，有亲水平台走廊。

在费孝通纪念馆内，以费老社会调查的大量珍贵图片和调研学术成果为主线，充分展示费老作为中国社会学泰斗级人物为人类的文明进步所作出的伟大贡献。展馆学术性很强，展示了费老 26 次造访江村的每一个足迹，展示了费老用毕生的精力为人类社会的发展进步进行社会调研所取得的巨大学术成果。展馆寓知识性、可观性、教育性于一体，富有鲜明的展馆特色。

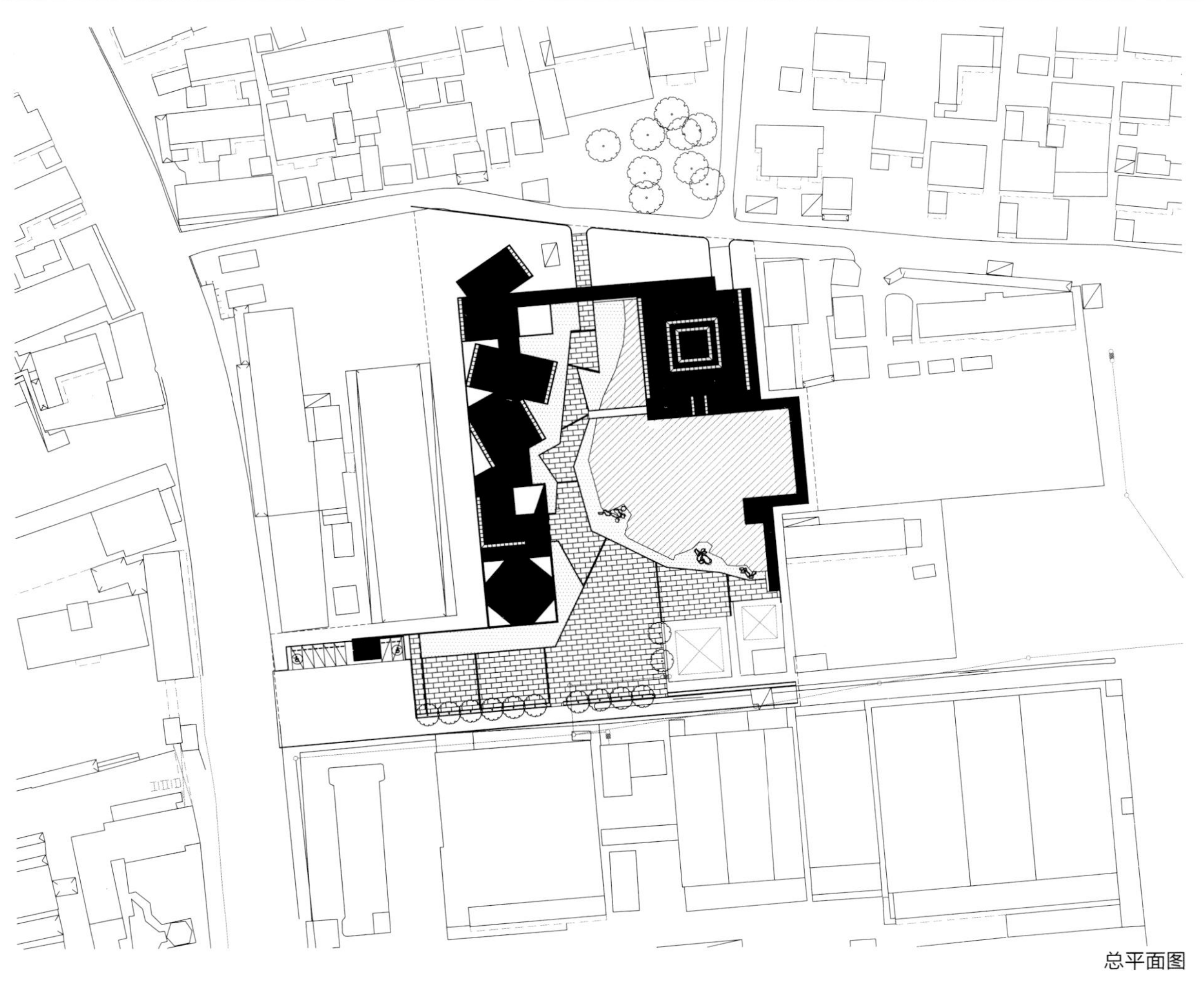
总平面图

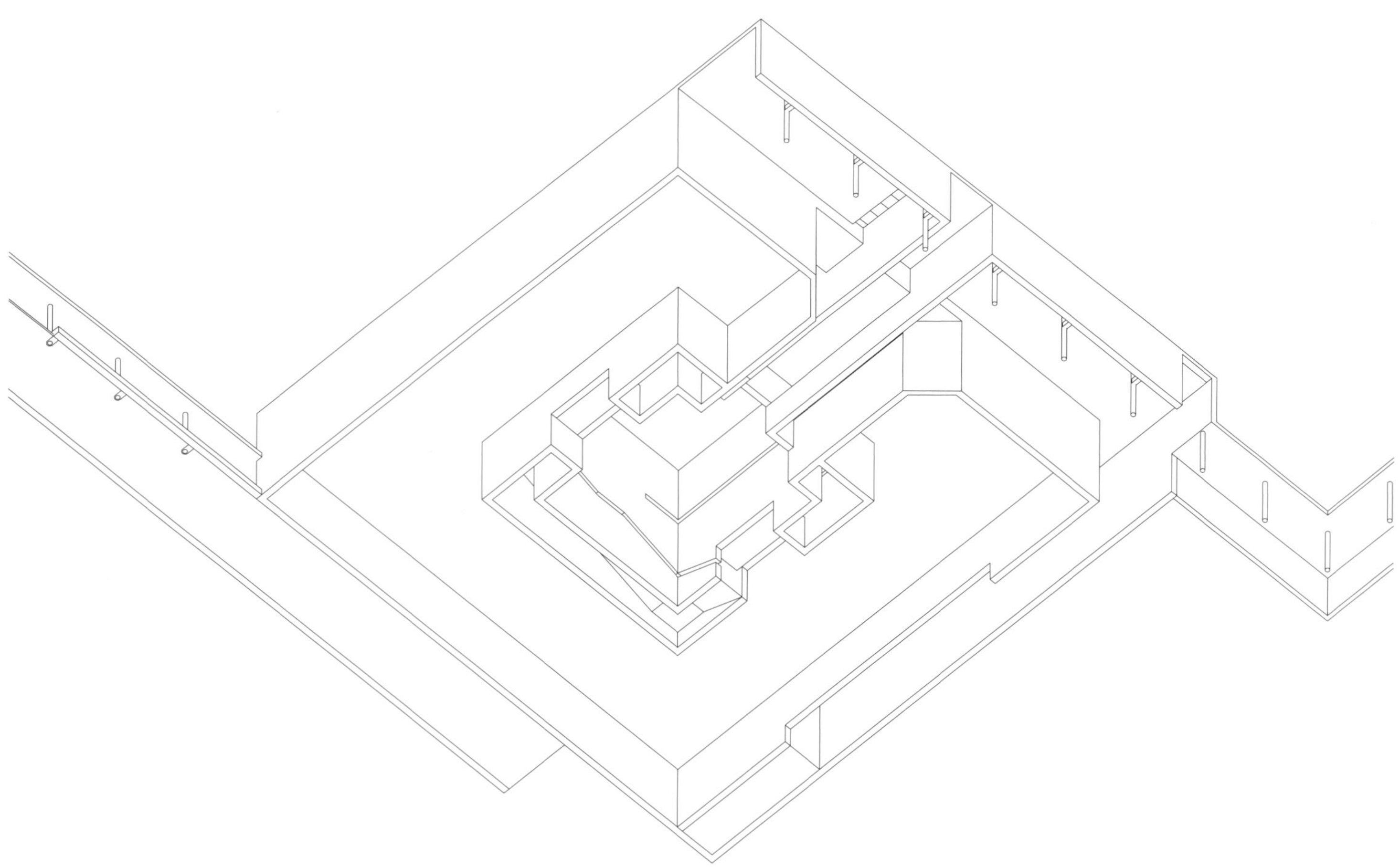

轴测

建筑特色

纪念馆以堂、廊、亭、弄、院、桥等元素回应了江南建筑特点，尤其是“廊”这一中间层次的过渡空间极大地增进了建筑的公共属性，为容纳多种形式的村落活动提供了可能。建筑形体的扭转是对弓形的村落布局的回应与暗示，通过精确的对景处理给分散的建筑群体增强了视觉张力，丰富了行进中的空间体验。

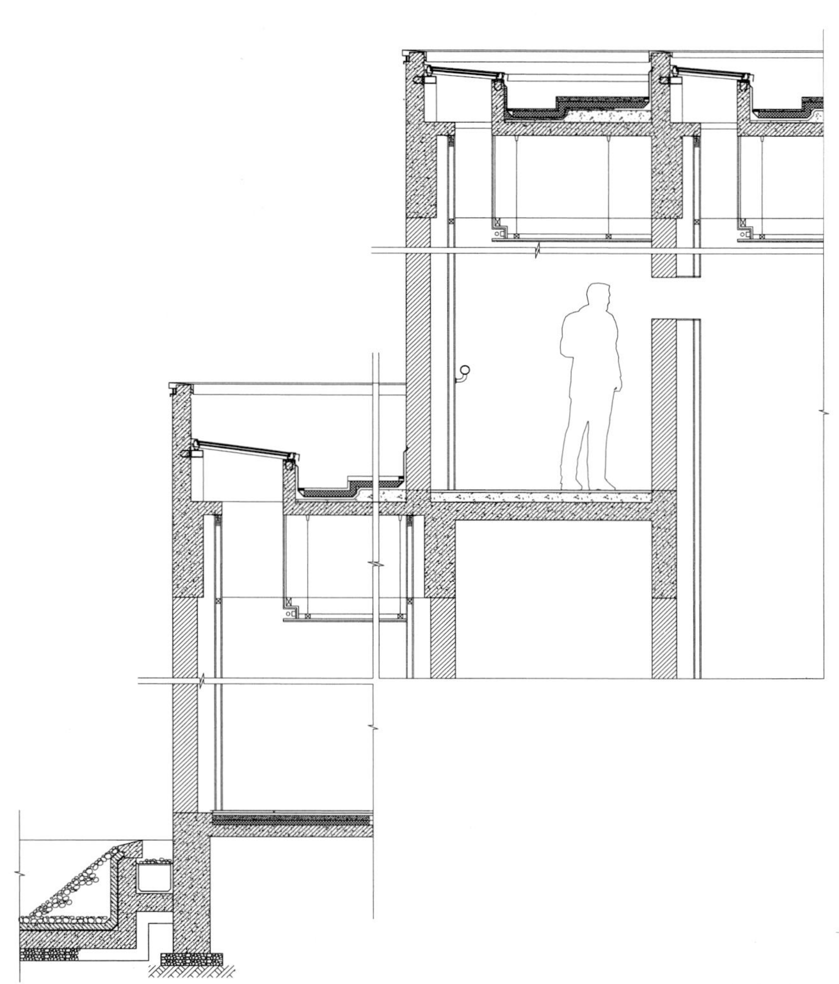

节点剖面 1

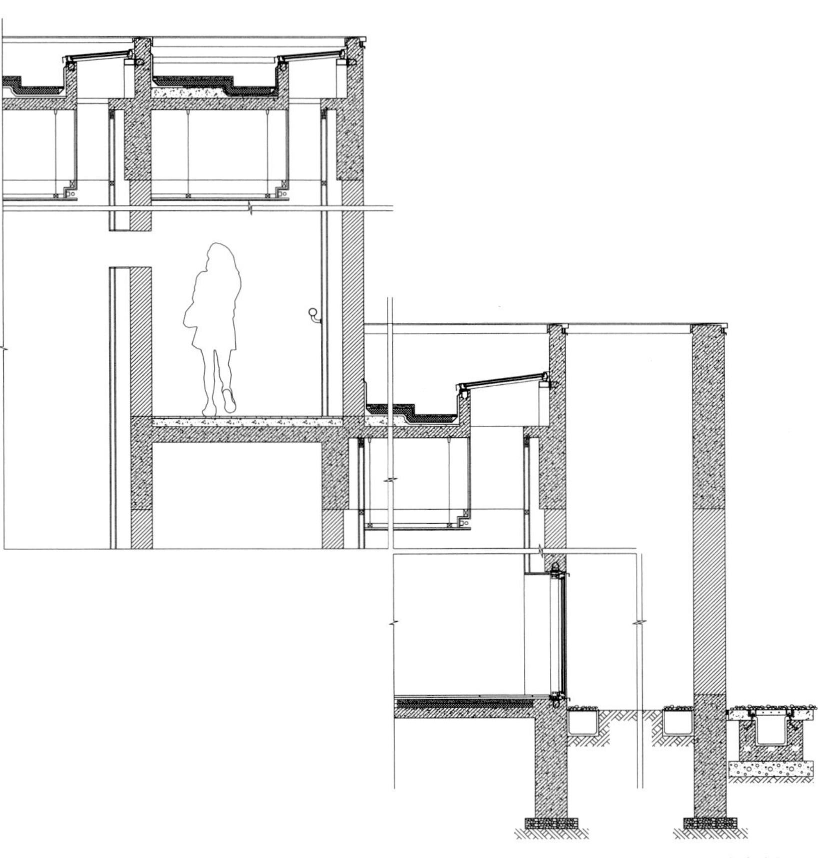

节点剖面 2

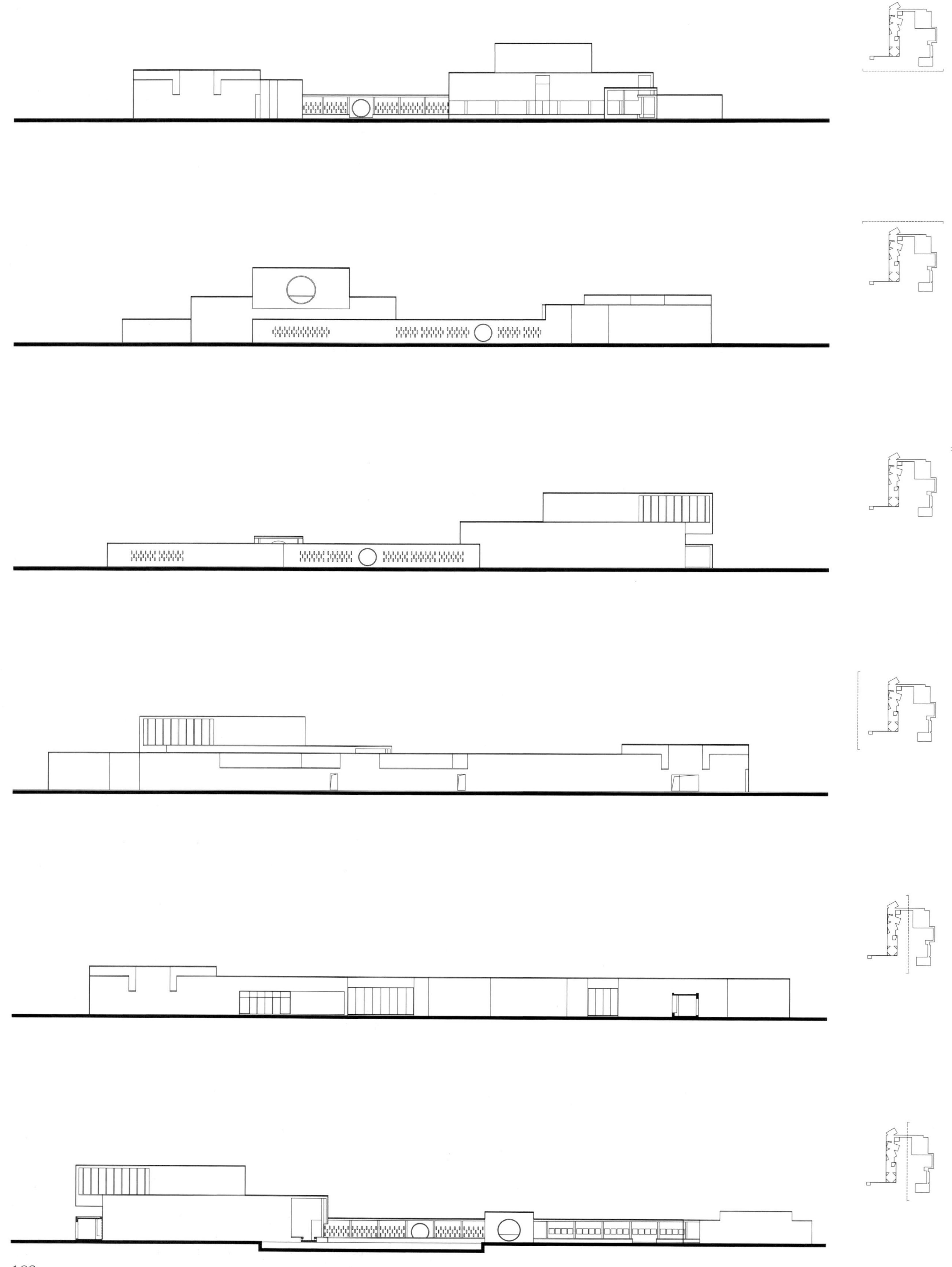

会所与会展中心

- 城市特性
- 功能分区
- 灯光照明
- 绿色节能

华润（北京）—密云商务区会所

- 项目地点：中国北京市密云县
- 开发商：华润置地弘景（北京）房地产开发有限公司
- 建筑设计：北京中联环建文建筑设计有限公司
- 项目规模：2 700 m²

会所与会展中心

关 键 词 ●人字形元素 ● 暖色木材 ● 造型优雅

项目亮点 建筑的形态与水中的倒影组成完整的画面，呈现在人们面前。起伏的造型能够丰富画面的构图，建筑的韵律感能够在倒影中得到强化。

项目概况

密云橡树湾售楼处所－密云生态商务区，总体规划 6.94 km²。城市规划要求秉承“山水商务，田园总部”的建设目标，将密云商务区建成北京唯一一个由水系贯通的商务区。因此“水”就是项目中建筑与环境的最佳契合点。售楼处建筑面积约 4 000 m²，地上两层。建筑容纳售楼与开发区规划展示两项功能，建设规划用地位置极佳，位于占地面积约 40 000 m² 的人工湖畔。建筑与环境设计围绕“水”的环境主题展开。

建筑设计

开阔水面的平静与包容，决定了与之相邻建筑的大气、舒展。水面的清新与纯净，决定了建筑的柔美、谦和。因此建筑规划设计中将有限的建筑面积沿水岸布局，向水平方向延伸，与水面贴合，呈现出舒缓、优雅的姿态。在建筑造型设计中提取民居屋面的人字形元素，并将其以弧线形式连续，呈现山形起伏的状态，表现出建筑的亲切近人与柔美。从材料上选取暖色木材与灰砖作为建筑的主要表达语言，传达出建筑朴实自然的气质。

建筑的形态与水中的倒影组成完整的画面，呈现在人们面前。起伏的造型能够丰富画面的构图，建筑的韵律感能够在倒影中得到强化。

此外，建筑沿水面较长，设计中以简洁低调的灰色墙面为主线，串联起三个木与玻璃的交错的体块，线与点的有机结合，形成了富有韵律感的视觉感受，同时，木线条在立面上“琴键”式排列，又以另一种节奏融入建筑中，多层次韵律感的塑造，在无形中给人们带来视觉的愉悦感，这种感受又在水面的倒影中得到升华。

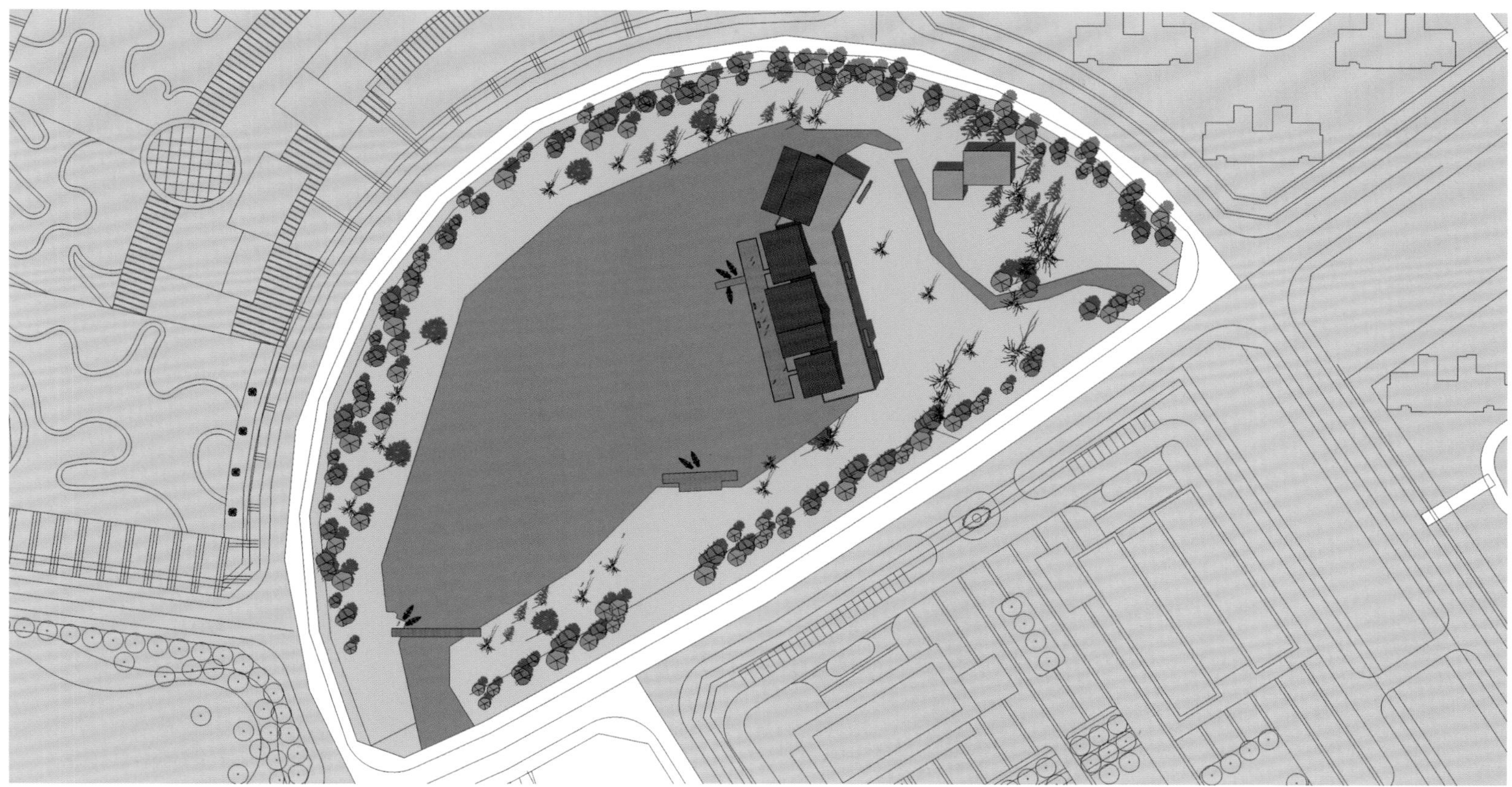

总平面

水景设计

人工湖位于用地南侧，设计旨在打造一组平静水面上的清新柔美建筑，因此在建筑南北两侧又增加了一个水的层次——人工浅水池，以沿岸木栈道作为湖面与浅水池的过度连接，使单纯的水面丰富起来，在“静”的水面中蕴藏“动”的生机。

华润石梅湾游艇会会所

- 项目地点：中国海南省万宁市
- 开发商：海南华润石梅湾旅游开发有限公司
- 建筑设计：广州杨家声设计顾问有限公司　HKS
- 总建筑面积：5 000 m^2

会所与会展中心

关键词 ● 双曲面造型 ● 曲线设计 ● 采光天窗

项目亮点 会所形态仿若一双巨大的银鲸腾空出海，屋顶采用线条流畅的双曲面造型，与码头的海浪造型微妙呼应，完美和谐地融入整个海湾环境。

项目概况

华润石梅湾游艇会会所坐立于海南岛石梅湾湾区中央，整体设计体现海洋的自然魅力。会所形态仿若一双巨大的银鲸腾空出海，屋顶采用线条流畅的双曲面造型，与码头的海浪造型微妙呼应，完美和谐地融入整个海湾环境。

屋顶曲线设计

鲸背的屋顶曲线设计经过多番的推敲和考量，每块量身铸造的顶部铝单板都通过精密三维空间技术准确分析，在现场三维定位后进行拼装，建筑难度与广州大剧院近似，务求从湾区的每个角度都能得到会所的完美视觉体验。

会所立面设计

会所立面利用弧形玻璃幕墙精心设计，强化流线轮廓，简洁、灵动、纯净。顶部利用仿生鲸背气孔设计概念，设置自然采光天窗，让光线充满整个内部空间。同时，巨型落地玻璃的幕墙设计让室内的每处主要功能区域都能体验到全开放式的海洋景观享受。双鲸间独创户外中轴高架平台，更将视野延伸至与之相辉映的外海入口双灯塔处，130° 的广阔视野范围为使用者提供绝佳的全港湾视觉盛宴。

游艇会整体总平面

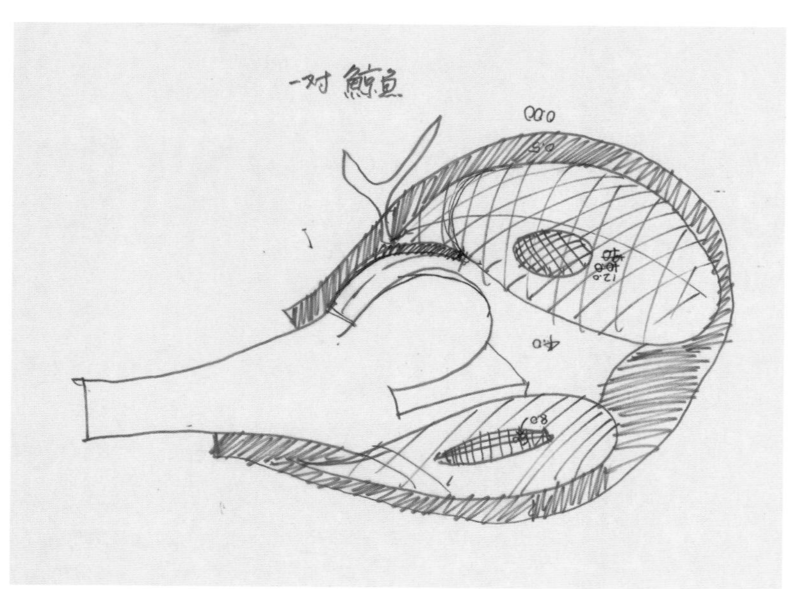

手稿 1

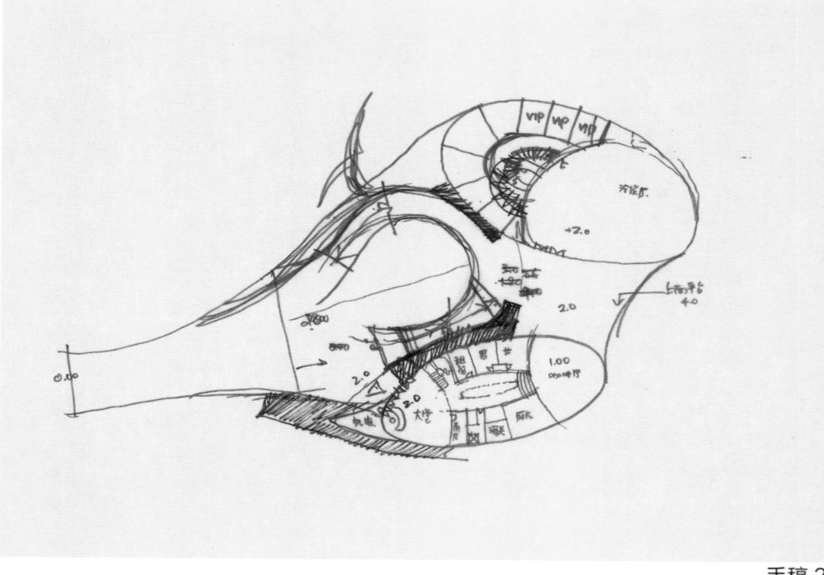
手稿 2

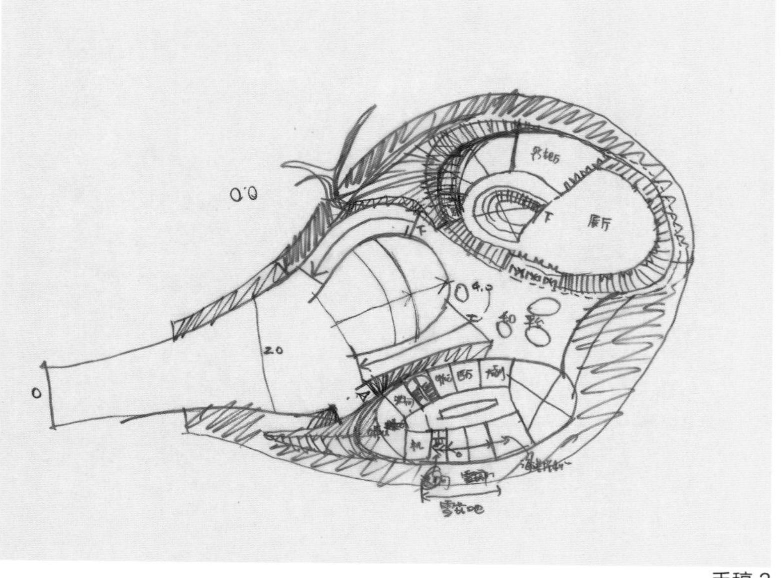
手稿 3

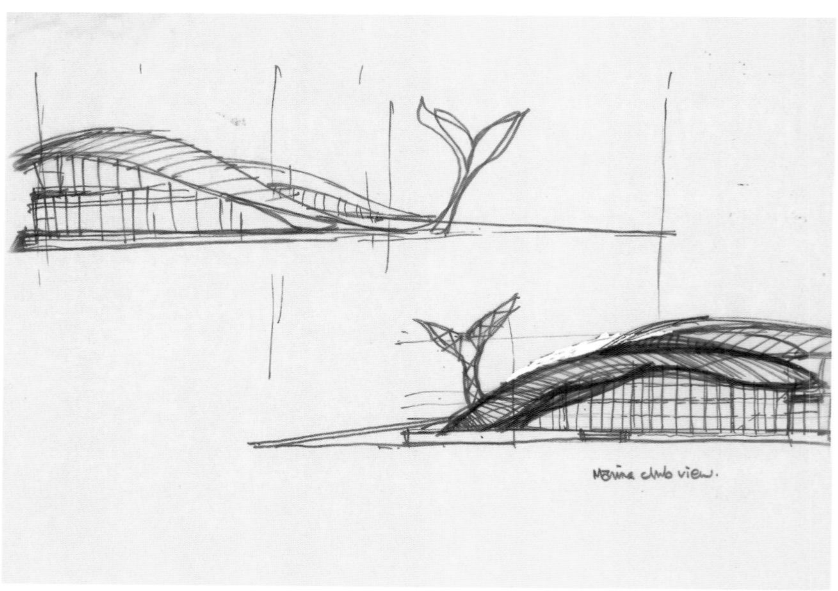

手稿 4

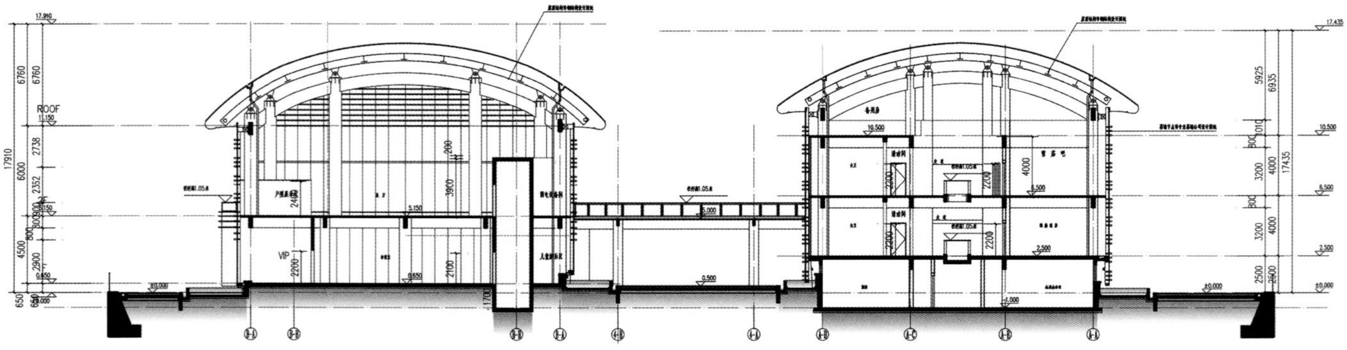

1-1剖面图 1:100

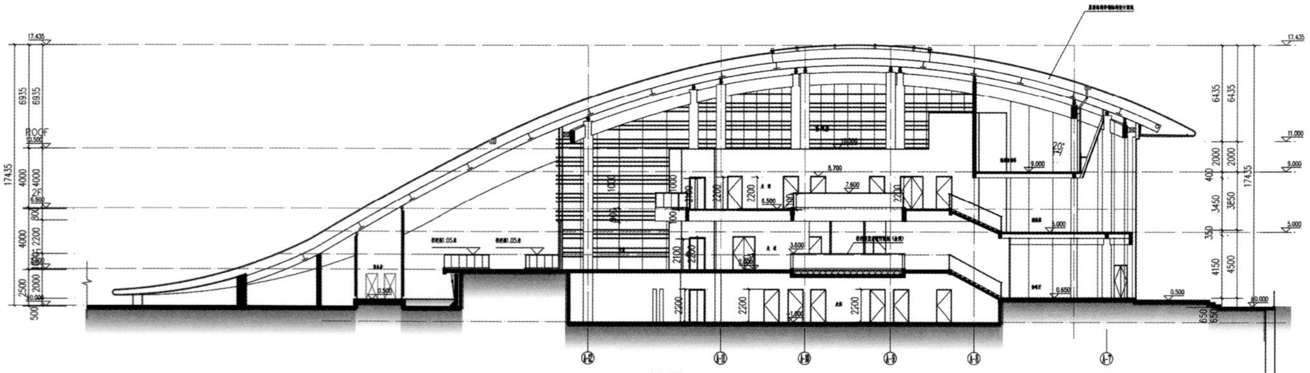

2-2剖面图 1:100

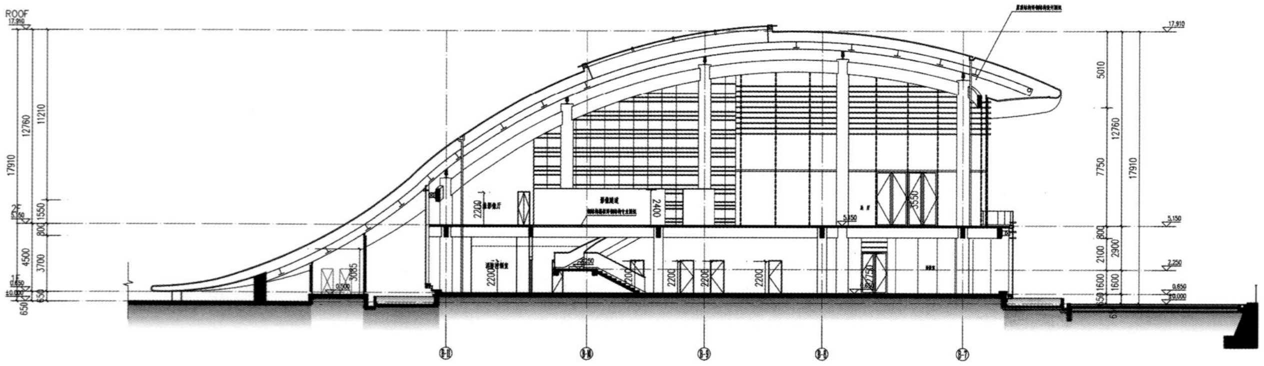

3-3剖面图 1:100

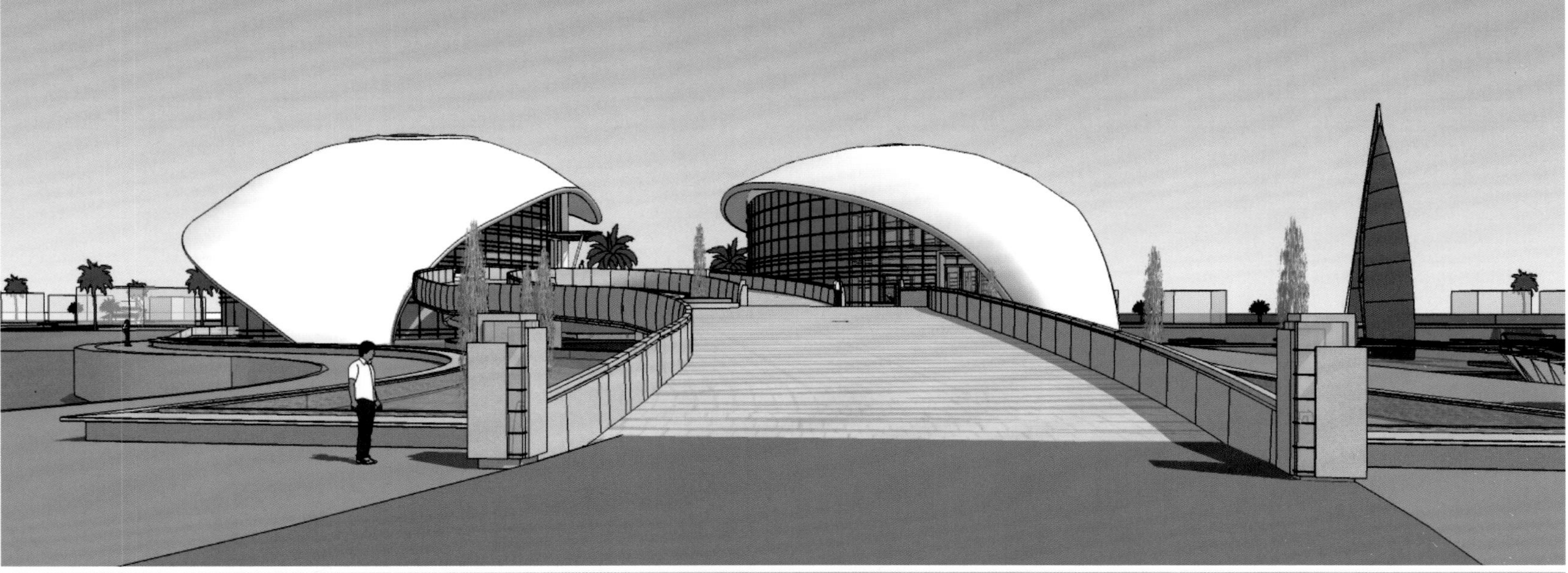

辽宁国际会议中心

- 项目地点：中国辽宁省沈阳市
- 开发商：绿地集团
- 建筑设计：UA 国际
- 用地面积：36 611.6 m^2
- 建筑面积：34 850.2 m^2
- 容积率：0.62
- 绿化率：30%

会所与会展中心

关 键 词 • 汉唐风格 • 布局合理 • 错落有致

项目亮点

项目在定位建筑风格时选用汉唐风格，汲取古典建筑的经典元素及其比例，摒弃古典建筑某些繁琐的结构构件，以现代建筑的设计语言重构建筑组群，使建筑给人一种真诚、高贵的美感。

项目概况

辽宁国际会议中心位于沈阳棋盘山风景区内，距沈阳市中心约 20 km。基地位于沈阳东北部，东邻抚顺，北接铁岭，西、南为沈阳市城区，沈北公路自基地南侧穿过，并有棋盘山水库和辉山坐落于基地东北方，大大提升了地块的景观价值。

规划理念

辽宁国际会议中心设计旨在打造一个低调奢华、国际级的会议接待服务场所，创造丰富的建筑形态，构成强烈的地域归属感，充分体现建筑在山地中的风貌特征，同时营造新中式汉唐文化风格；始终贯彻“以人为本，重返自然”的基本思想，创造一个布局合理、交通便捷、环境怡人、具有文化内涵的会议场所，并注重生态环境的融合，合理分配和使用各种资源，全面体现可持续发展思想，把促使人、建筑及环境的和谐作为规划设计、建筑设计的根本出发点和终极目标。

建筑既是美学观念的表达，也是形象、价值和力量的体现。会议中心项目强调建筑群体与自然地形的结合，充分利用原始地形的自然形态，灵活布置建筑群体，使其坐落有致、空间序列变化丰富，同时丰富了大地轮廓线及区域内部公共空间，使建筑与自然环境有效的融合在一起。并始终贯彻“创造丰富建筑形态，构成强烈地域归属感；梳理现有环境资源，以自然山体、水为造景、造园基础元素”为主要设计宗旨，来打造建筑之美——古典美、精致美、优雅美、高贵美，是一种与生俱来的、由内而外弥漫出的气质美，同时赋予建筑内涵丰富的人文之美，让建筑中的每一个细部都来陈述它们背后的故事、传奇和历史。

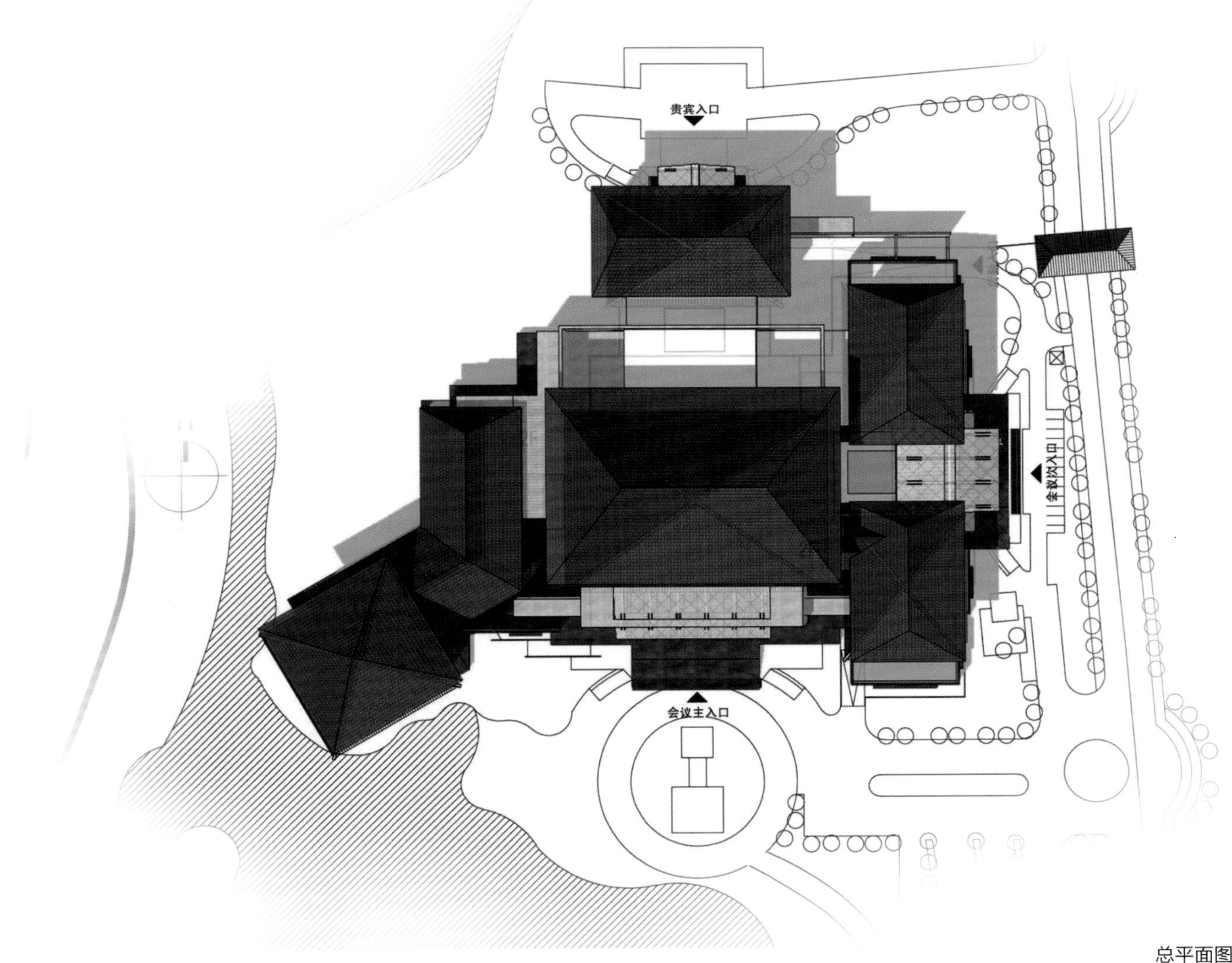

总平面图

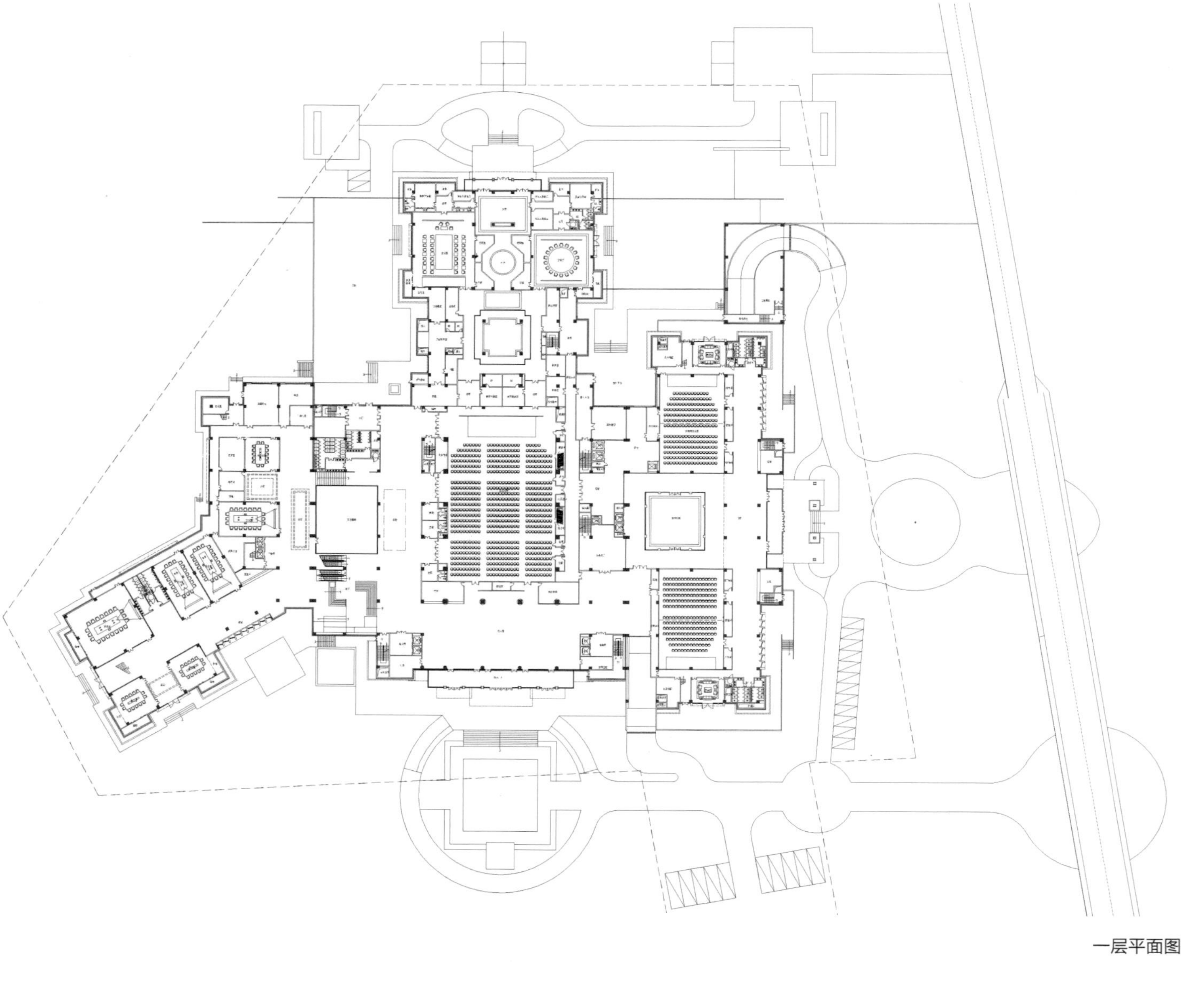

一层平面图

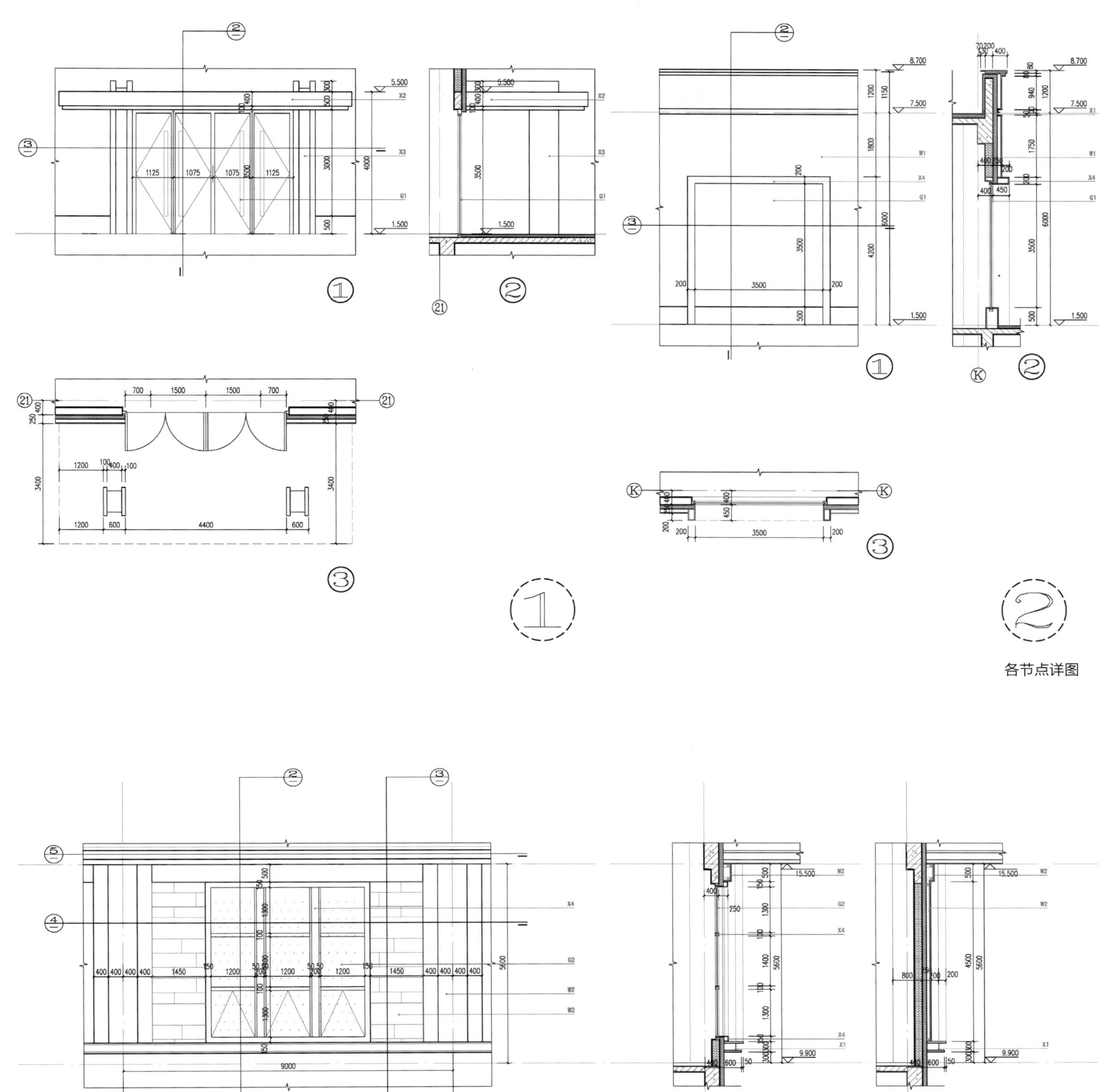

各节点详图

各节点详图

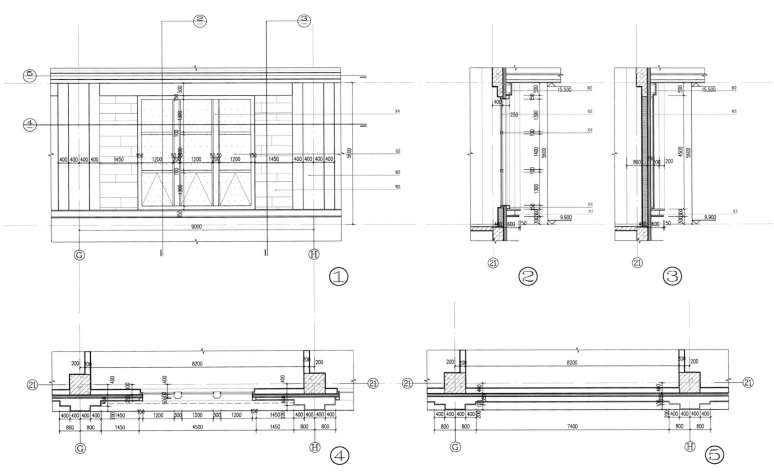

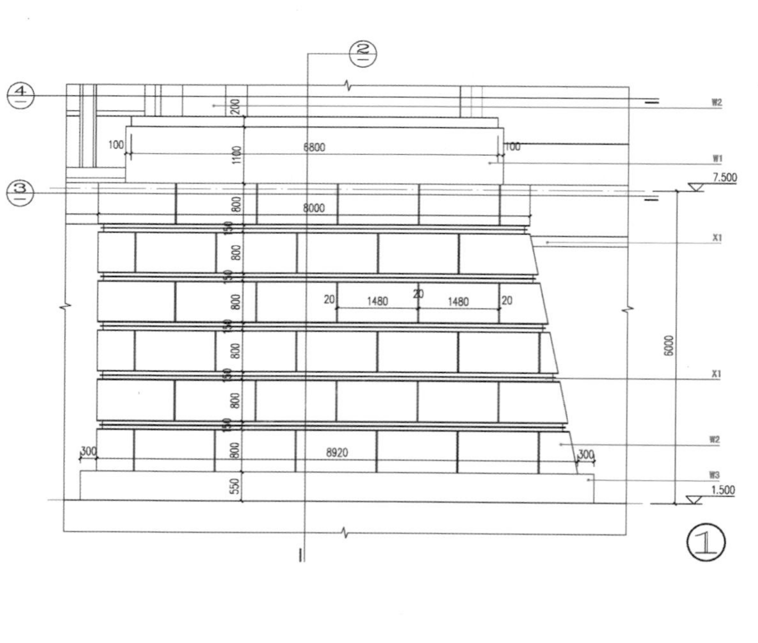

6800
8000
1480
8920
6000
7.500
1.500
W1
W2
W3
X1
①

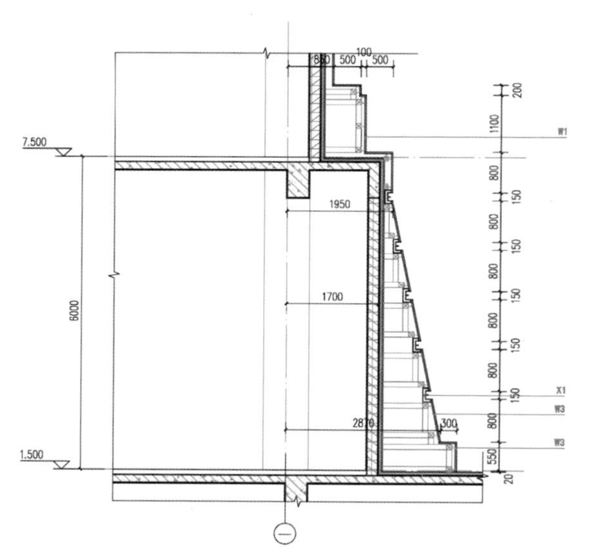

7.500
1.500
6000
1950
1700
2870
W1
X1
W3
②

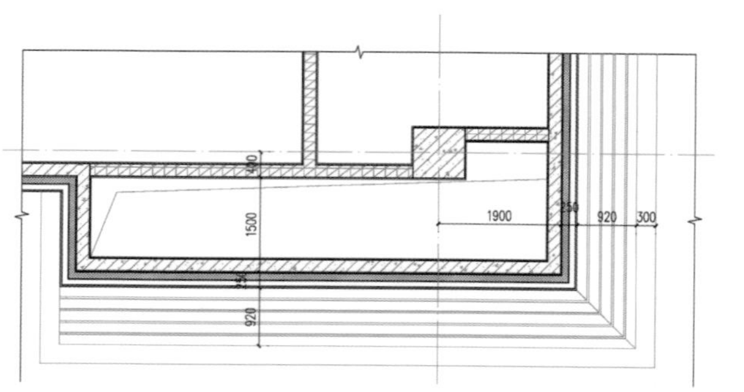

1500
1900
920
300
③

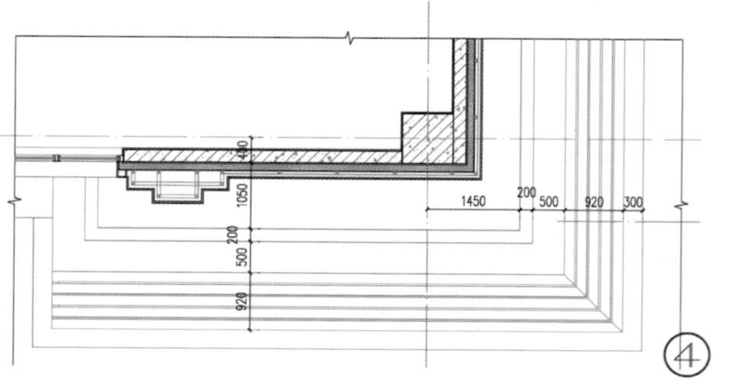

1450
200
500
920
300
④

各节点详图

功能设计

辽宁国际会议中心在功能设计上注重人流的独立性，故而将建筑划分为四大功能区，位于正南居中的为可容纳 1 500 人的大会议厅，可一分为三使用；东侧由两个 500 m^2 的中型会议厅组成；西侧转角部分为两层的小会议区，沿水面布置；所有会议室均配有辅助的后勤通道，避免流线的交叉与干扰；北侧则是国宾接待区，包含一个国宴厅和接见厅；四个部分以一方形的室外庭院串联，获得充分自然采光的同时，室内外空间又能很好的相互交融。厨房设计于地下一层，通过专用楼梯和食梯进行上下的联系与互动，与其他人流完全分隔。

建筑风格

项目在定位建筑风格时选用汉唐风格，汲取古典建筑的经典元素及其比例，摒弃古典建筑某些繁琐的结构构件，以现代建筑的设计语言重构建筑组群，使建筑给人一种真诚、高贵的美感。高贵而不张扬、优雅却不做作的建筑风范，体现了汉唐建筑包容、方正、大气的格调。它以一丝不苟的理性和精确的形式、纯净厚重的质感、流畅的线条与简洁的设计结构赋予建筑艺术安静凛然的神态，它沿着自然与历史的轨迹将汉唐开放的社会意识形态融入其中，与本项目的功能完美契合。

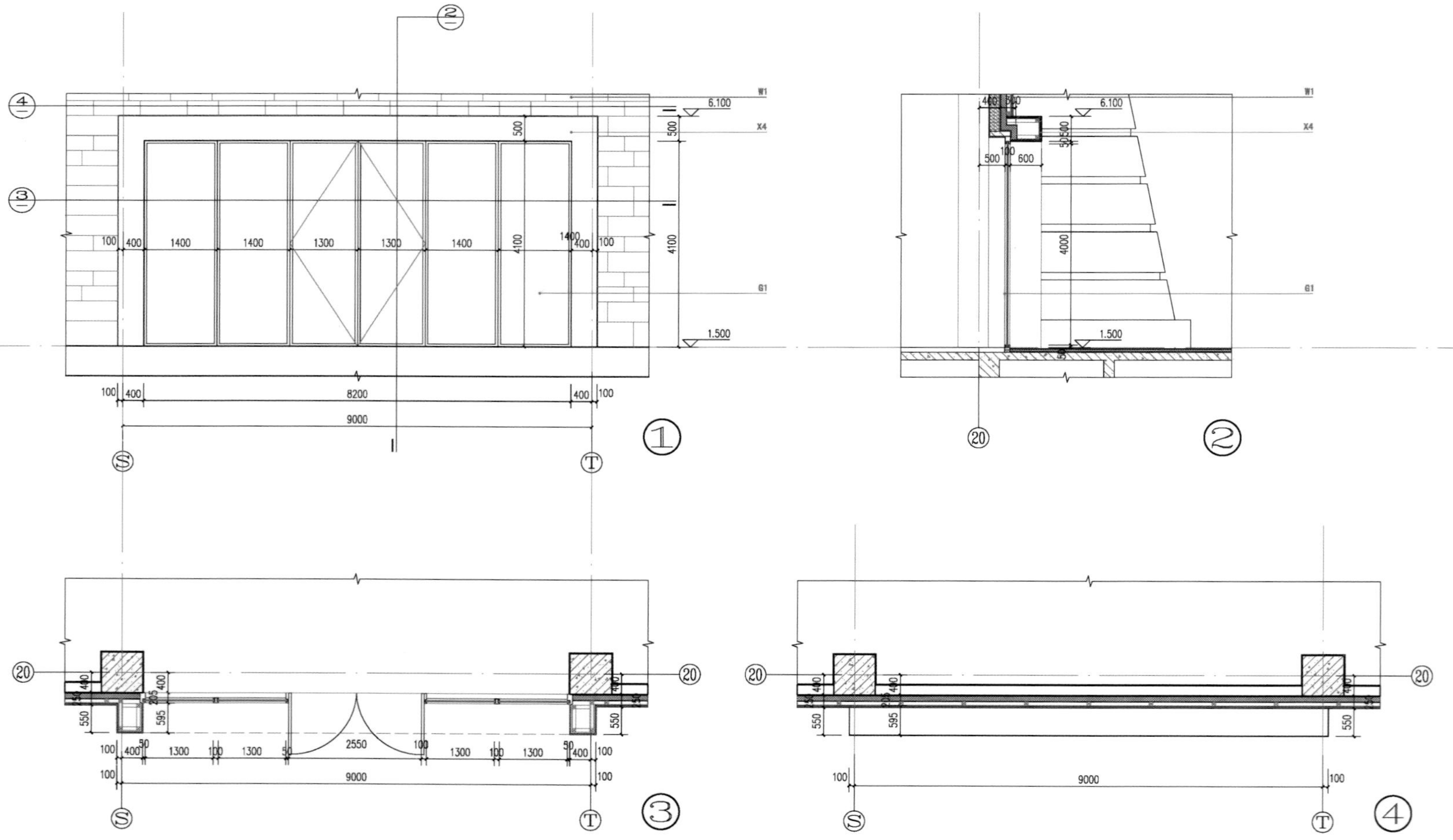

各节点详图

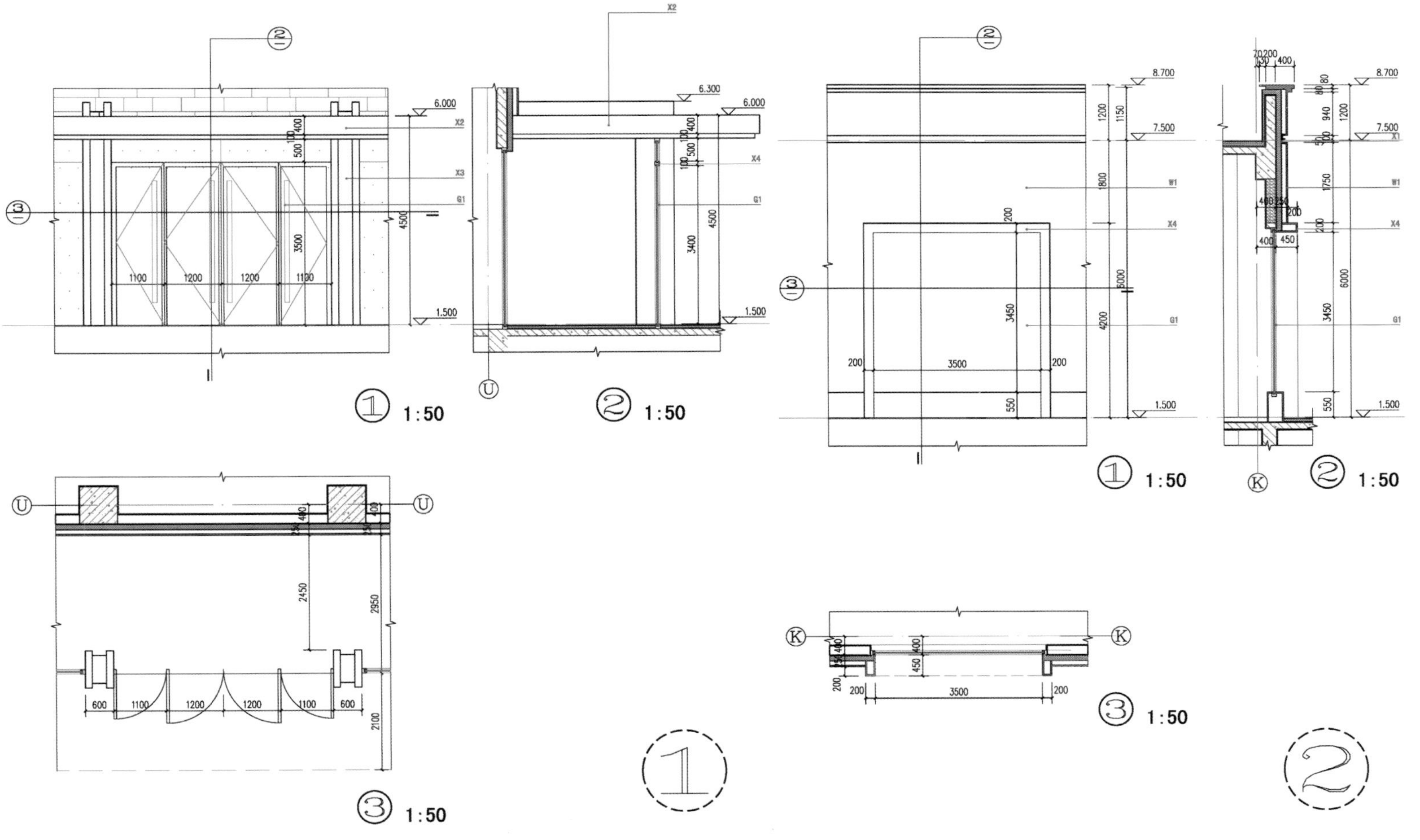

各节点详图

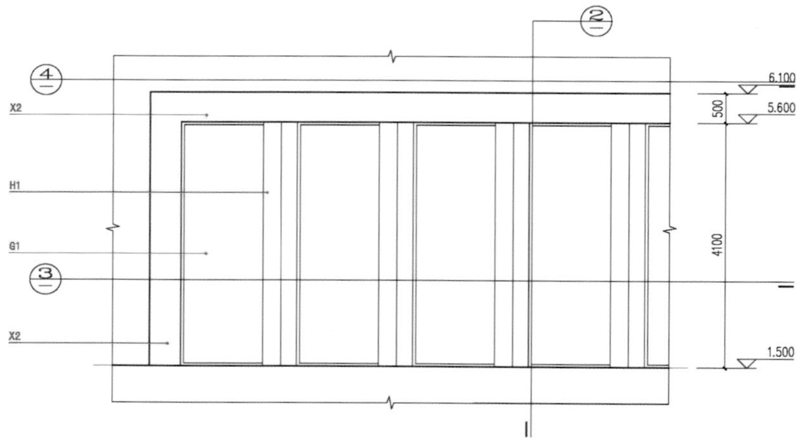

2
4
6.100
5.600
500
X2
H1
G1
3
4100
X2
1.500

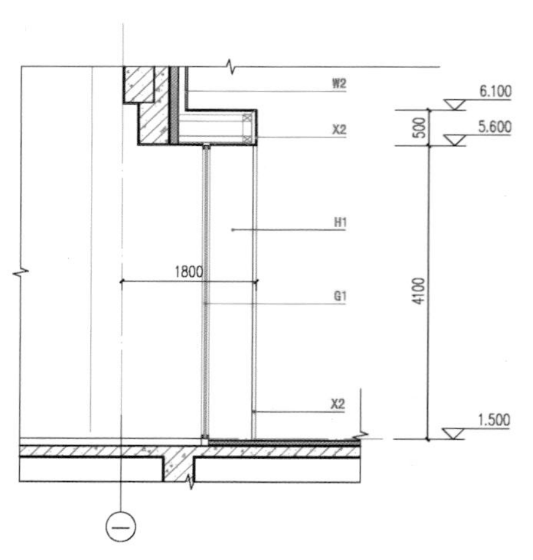

W2
6.100
5.600
500
X2
H1
1800
G1
4100
X2
1.500

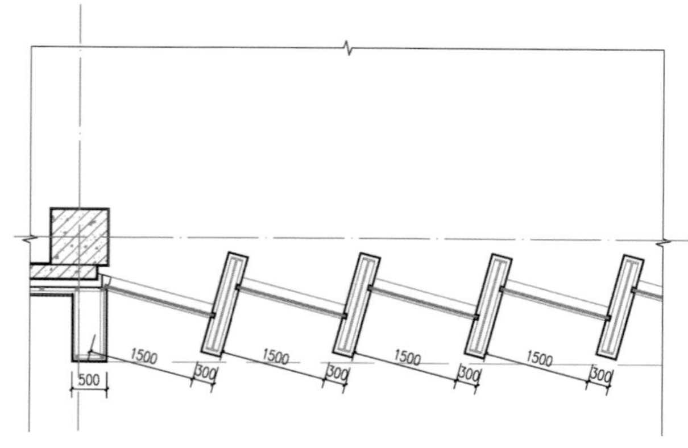

1500
300
1500
300
1500
300
1500
300
500

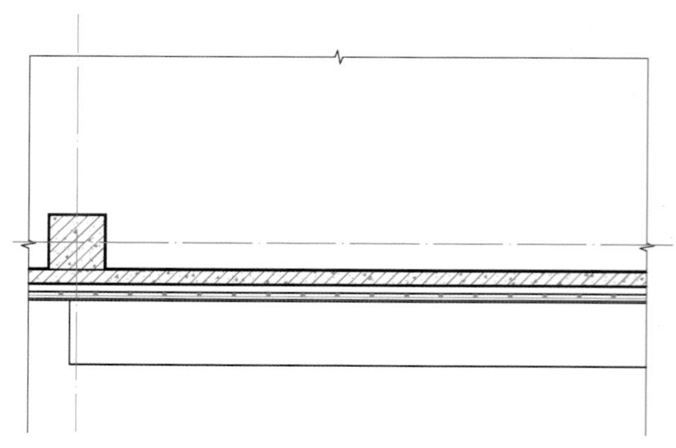

各节点详图

克拉科夫会展中心

- 项目地点：波兰克拉科夫
- 建筑设计：Ingarden & Ewý Architects Arata Isozaki & Associates
- 主创建筑师：Krzysztof Ingarden
- 合作建筑师：Jacek Ewý
- 景观设计：Pracownia Projektowa Land-Arch、Kraków Karolina Bober、Małgorzata Tujko
- 建筑占地面积：8 051.69 m²
- 实用建筑面积：36 720.33 m²
- 照片版权所有：Ingarden & Ewý Architects + Arata Isozaki & Associates

会所与会展中心

关 键 词 ● 铝单板幕墙 ● 开放空间 ● 自然流畅

项目亮点 该方案以自由而开放的空间、曲线和曲面非常规的流动和分裂，自然而流畅地打造了会议中心的整体造型。

项目概况

波兰克拉科夫会展中心是由波兰 IEA 建筑事务所（Ingarden & Ewý Architects）与日本矶崎新联合事务所(Arata Isozaki & Associates)合作设计完成。建成后，该项目成为了一座现代化世界级的文化殿堂，将促进音乐（古典、摇滚、爵士）、戏剧（芭蕾）、会议和展览的蓬勃发展。项目严格按照声学和力学的最高标准来设计，符合国际会议组织的规范。三个主厅分别设有 1915、600 和 300 个座位，此外建筑的壳体部分还留有 500 m² 的会议空间。

整体造型

在这个 2007 年竞赛设计评审的过程中，陪审团主席——来自卢森堡的建筑师 Bohdan Paczowski 表示，最后一轮入选作品的评选是浪漫与古典的抉择，而陪审团最终选择了浪漫的方案。该方案以自由而开放的空间、曲线和曲面非常规的流动和分裂，自然而流畅地打造了会议中心的整体造型。

建筑设计

设计基于四个重要的因素：第一个同时也是首要的因素便是通过东侧多层门厅的布局创建欣赏场地全景的绝佳场所；其次是打破场地的局限性，特别是角落位的用地，对其进行创造性再利用；第三是关注三个主厅的空间设计，尊重其投资方摄像的功能需求和观众座席数量；最后是立面和屋顶的设计，建筑墙壁使用了玻璃、陶瓷和铝单板。屋顶也使用了铝单板幕墙产品，这些铝单板产品使得整个屋面的线条更具有动感，几种材料的组合运用毫无违和感。

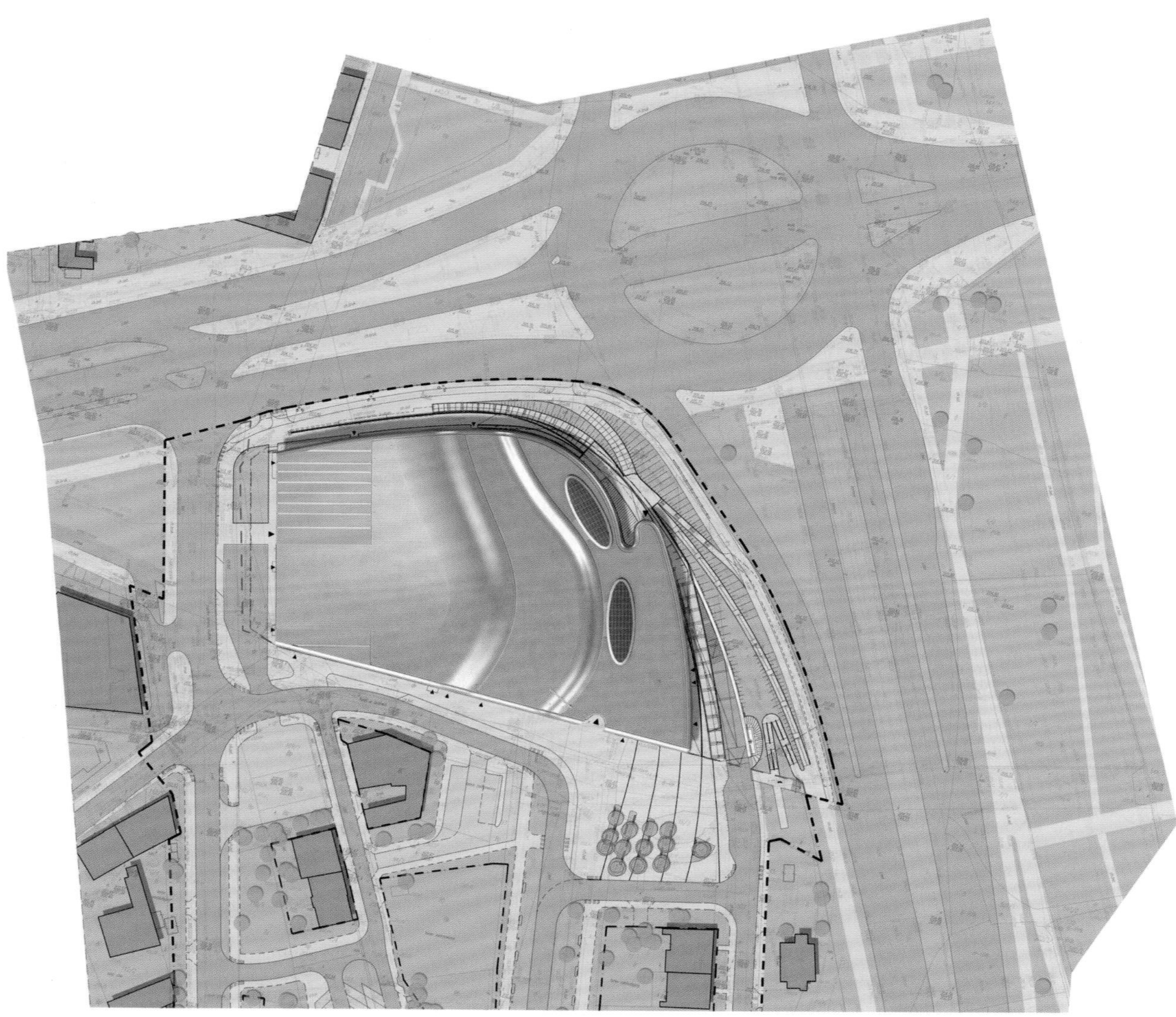

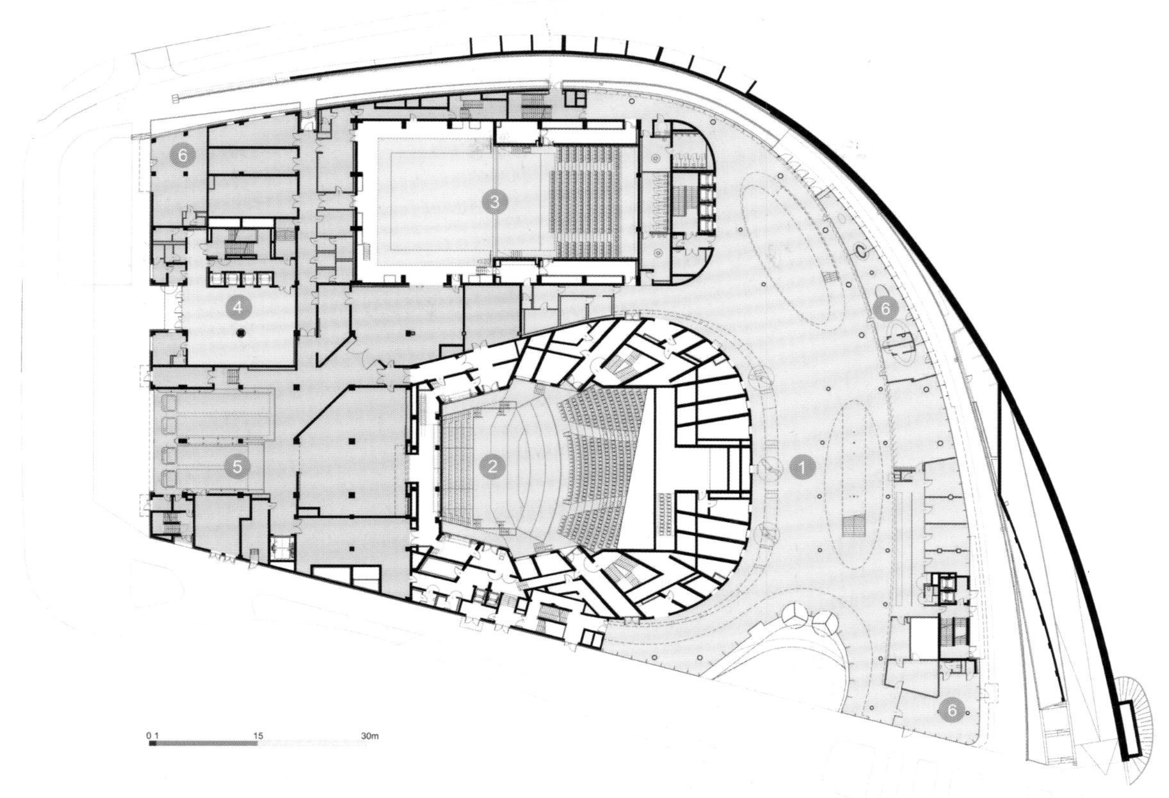
6
3
4
6
2
1
5
6
0 1
15
30m

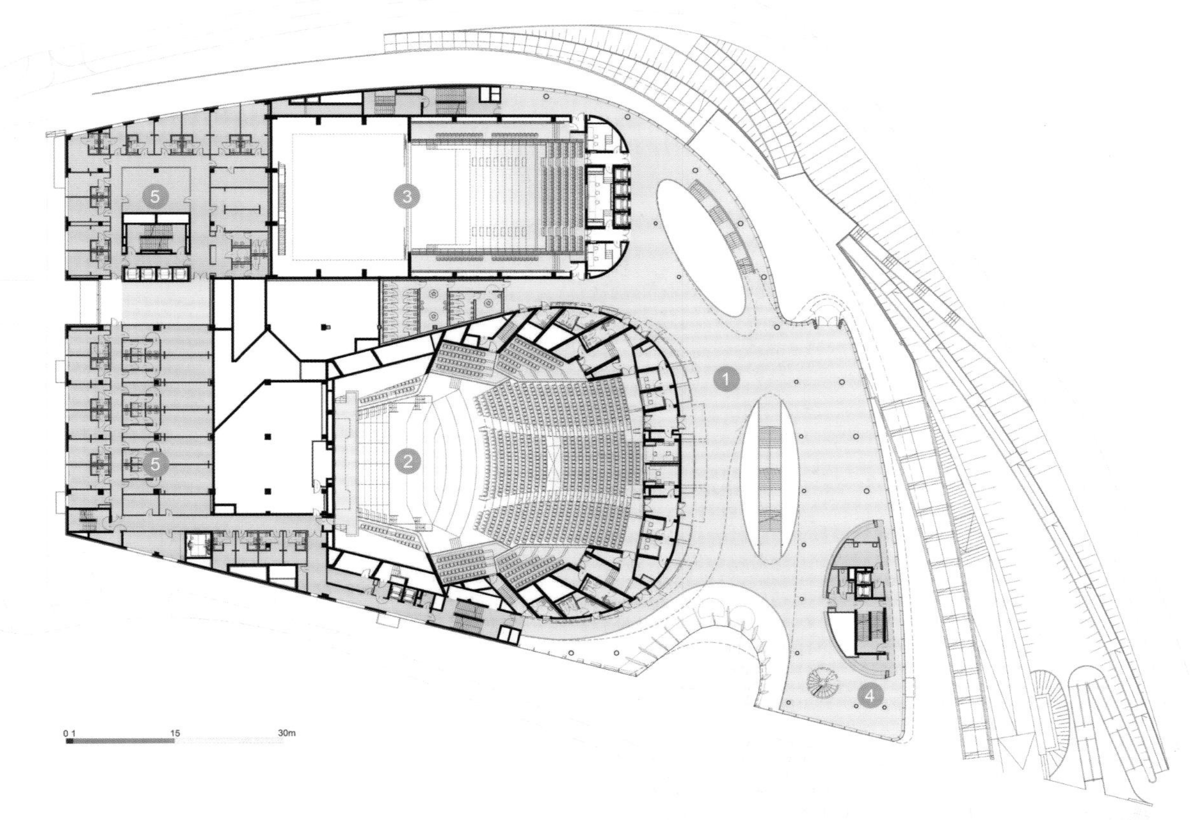
5
3
1
2
5
4
0 1
15
30m

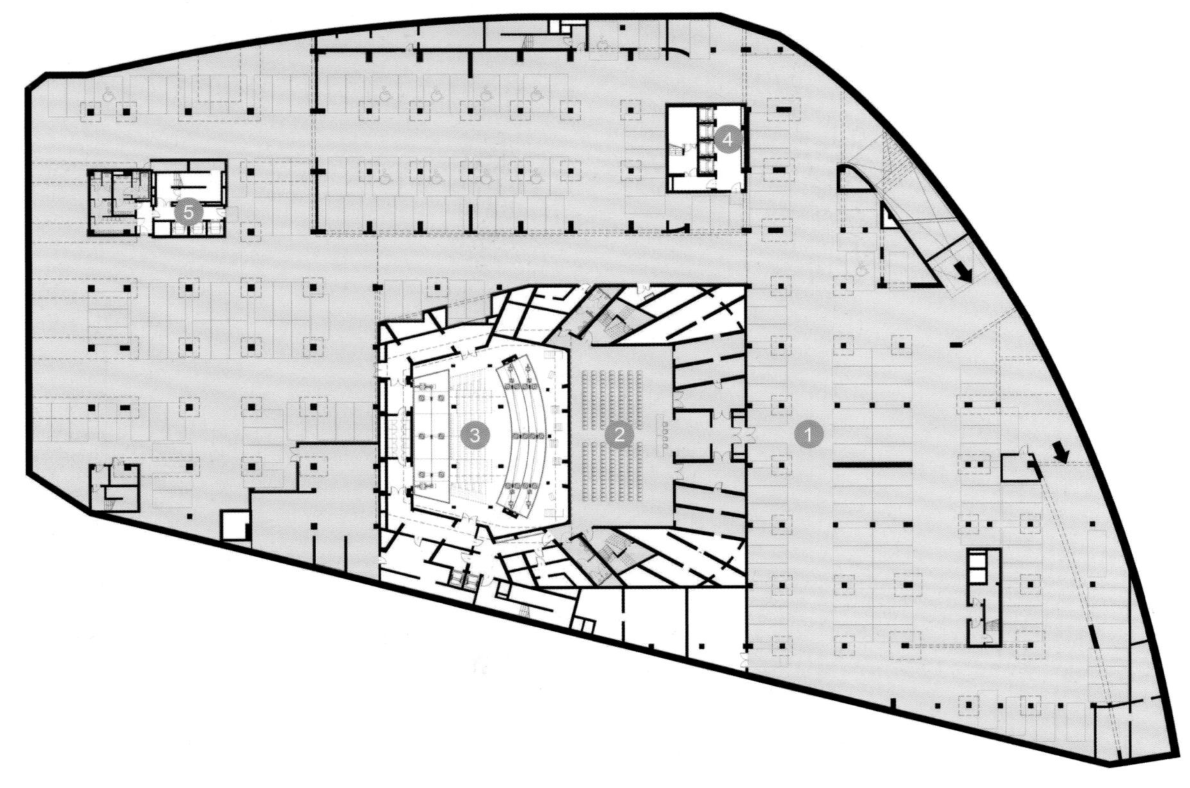

5
4
3
2
1

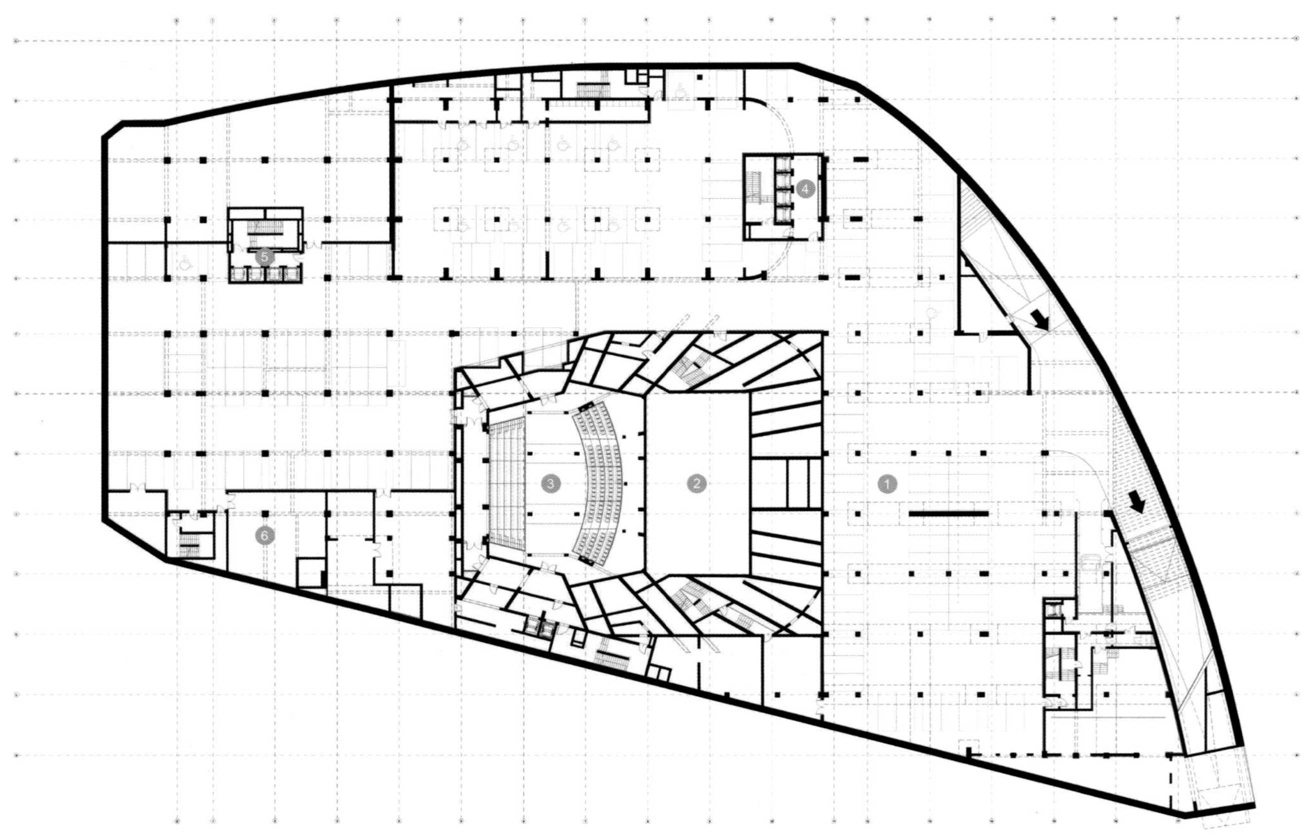

5
4
6
3
2
1

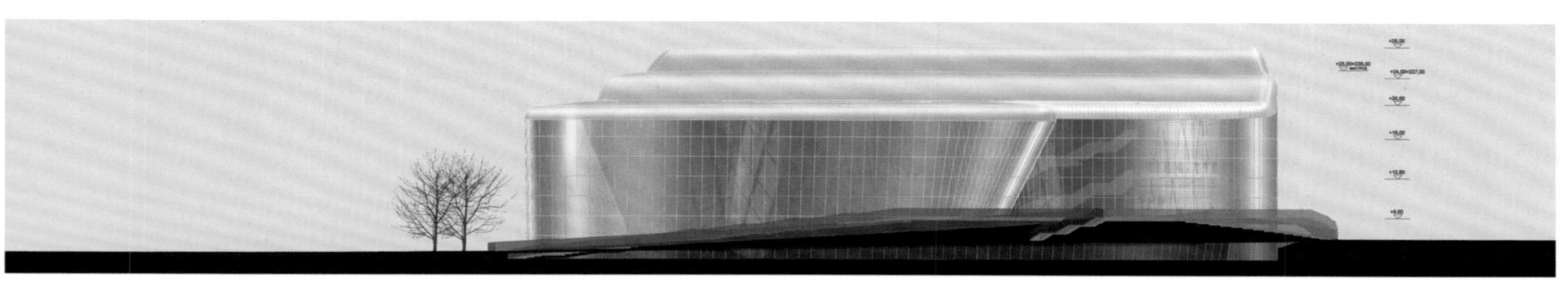

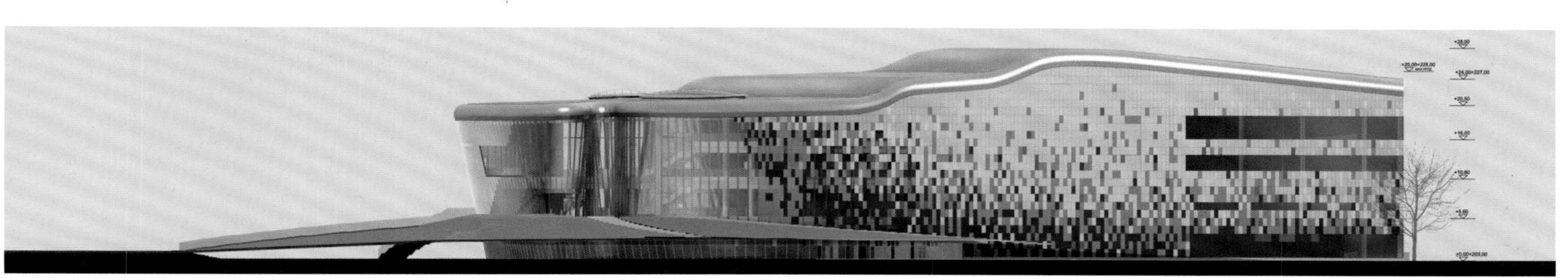

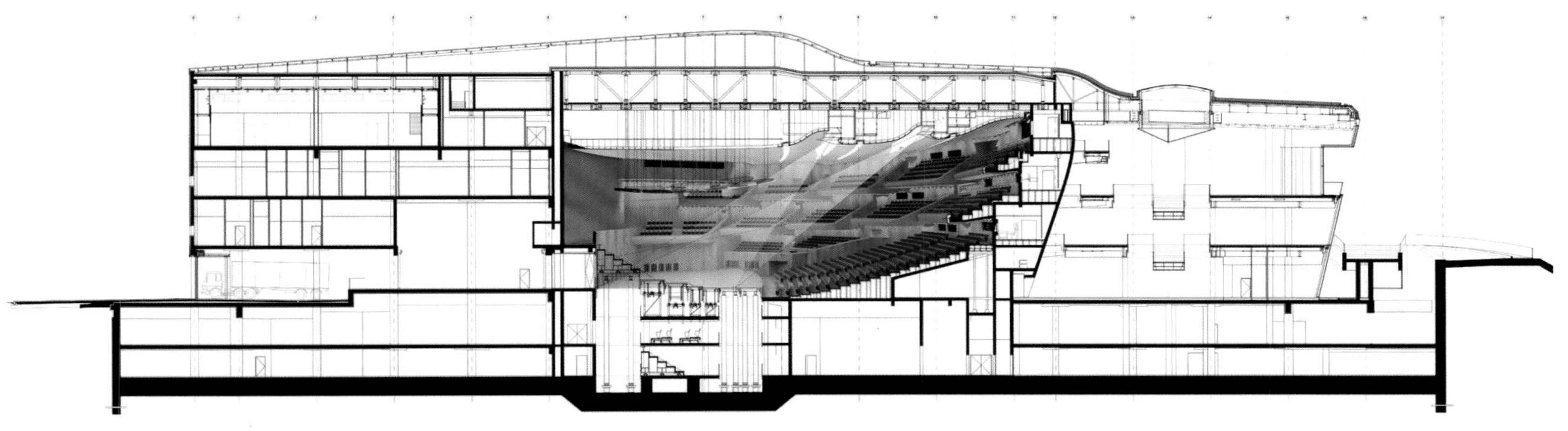

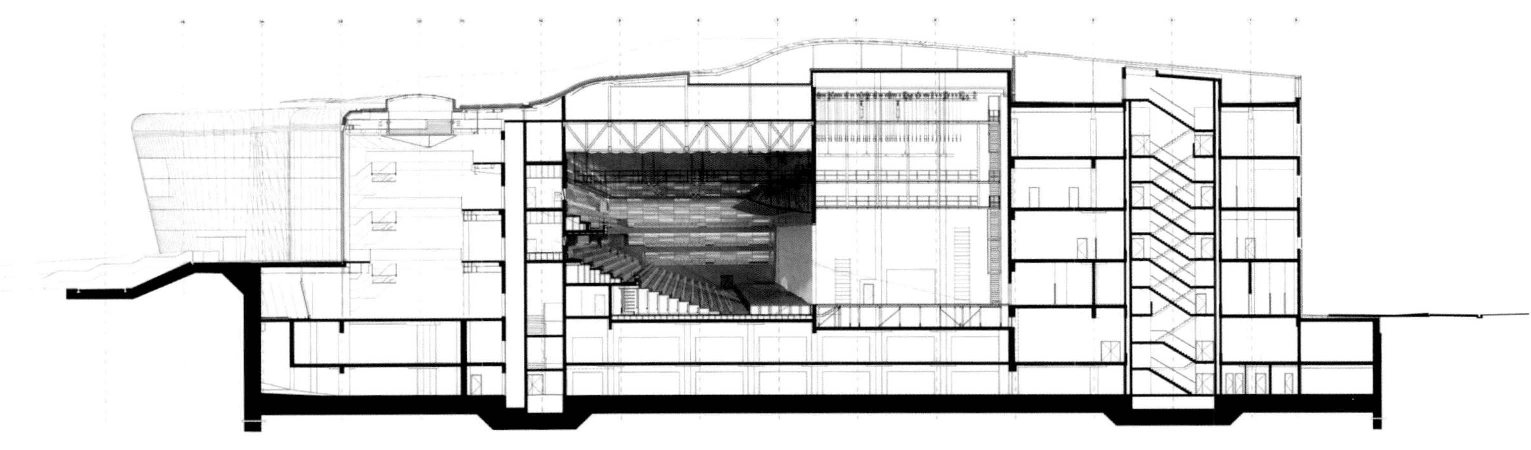

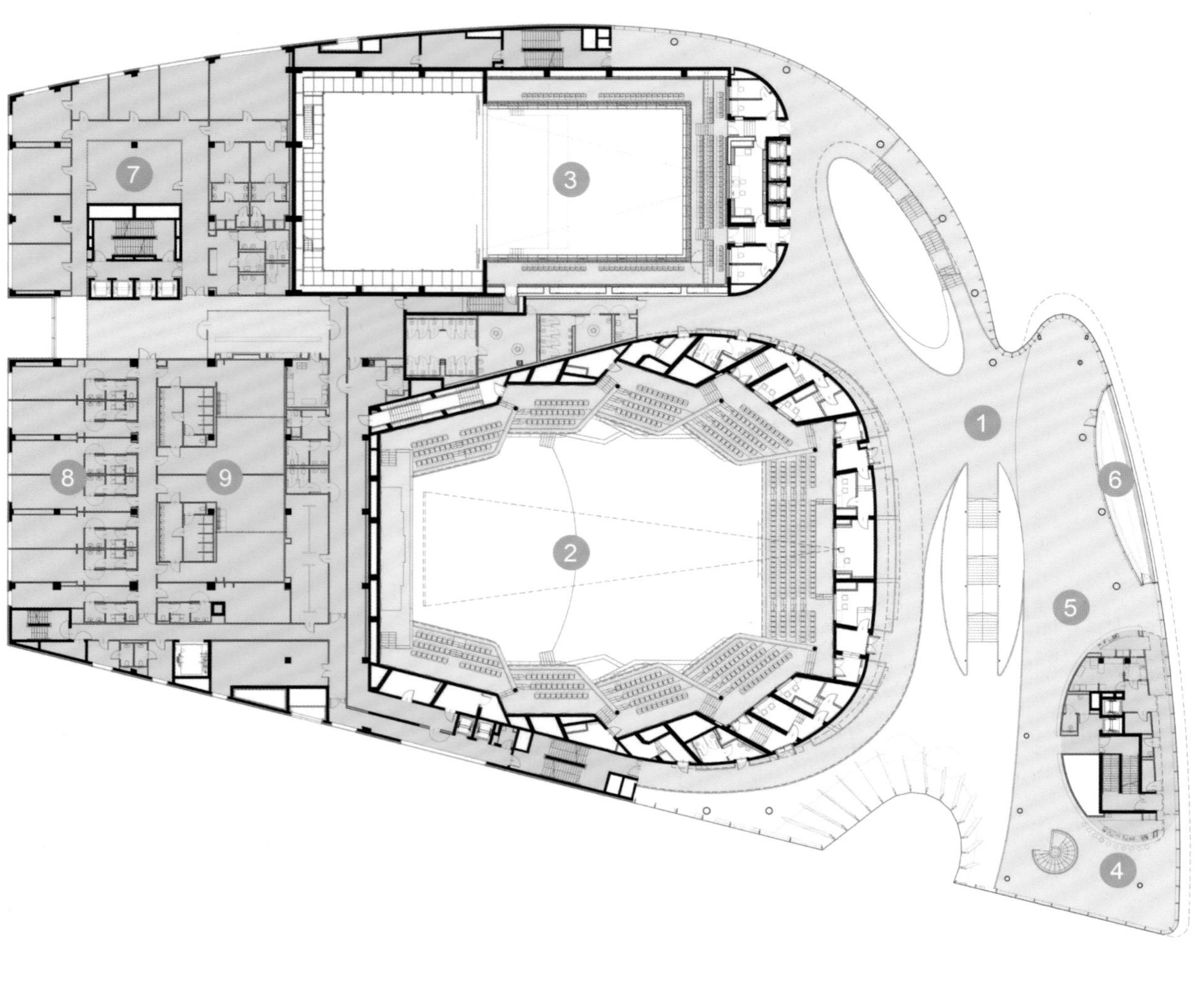
1
2
3
4
5
6
7
8
9

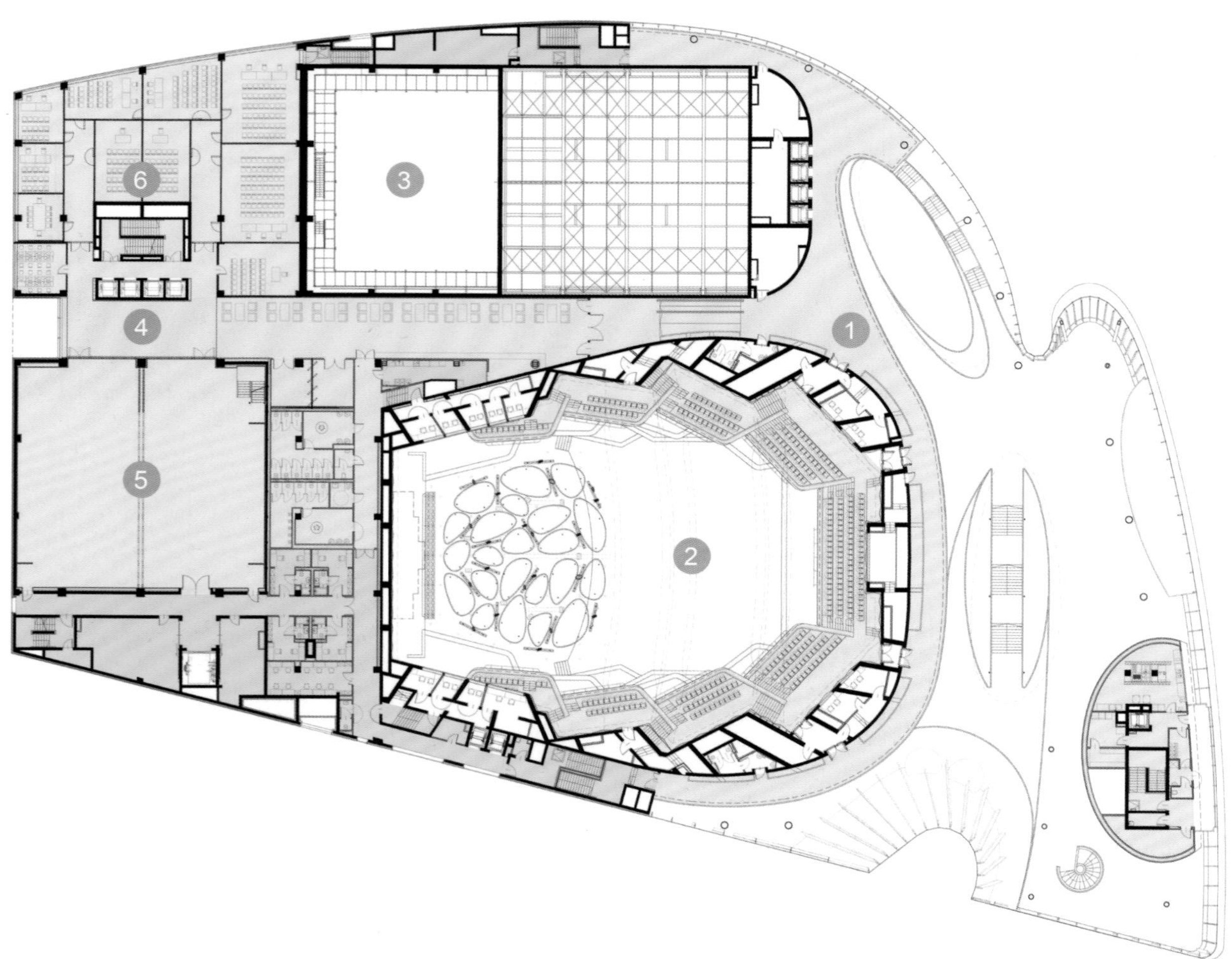
1
2
3
4
5
6

Restauracja
Kawiarnia
Bar

学校

- 自然采光
- 环境优雅
- 外观简洁
- 节能环保

英皇佐治五世学校

- 项目地点：中国香港
- 业主：英基学校协会
- 建筑师：吕元祥建筑师事务所
- 建筑面积：3 522 m²（演艺大楼）
  4 479 m²（科学大楼）

学校

关 键 词 ● 露天剧场 ● 外墙明亮 ● 开放空间

项目亮点

设计特选用明亮的外墙色彩为校园增添活力。三原色—— 红、黄、 蓝色被选为主题颜色以响应本大楼的艺术主旨。

项目概况

英皇佐治五世学校校舍重建及扩建项目包括演艺大楼及科学大楼。

演艺大楼

演艺大楼的选址有一棵 18 m 高的大榕树，生长于旧饭堂的后园，设计巧妙地将这个环境的限制变成设计的重心。位于演艺大楼最底两层的新饭堂绕树而建以“怀抱”大榕树，露天剧场于底层饭堂的末端展开，将树台的空间延伸至一楼的饭堂平台，并融合室内与室外的空间以及与整个校园开放的空间无缝地。置于二至五楼音乐及戏剧工作空外的露台用作师生的休憩及小型表演空间，并能俯览大榕树及树台让学生有置身于树丛中学习的体验。

设计特选用明亮的外墙色彩为校园增添活力。三原色——红、黄、蓝色被选为主题颜色以响应本大楼的艺术主旨。参照抽象表现主义的构图技巧，南面的立面涂上不同的色块 配合置于前方的遮阳板及其光影，整个立面仿如将几层不同元素置于一个大画布之上，以雕塑出一幅大型的拼贴画。遮阳板的设置亦对应南面的太阳角度，以适量地阻挡日光，达到有效节能效果。

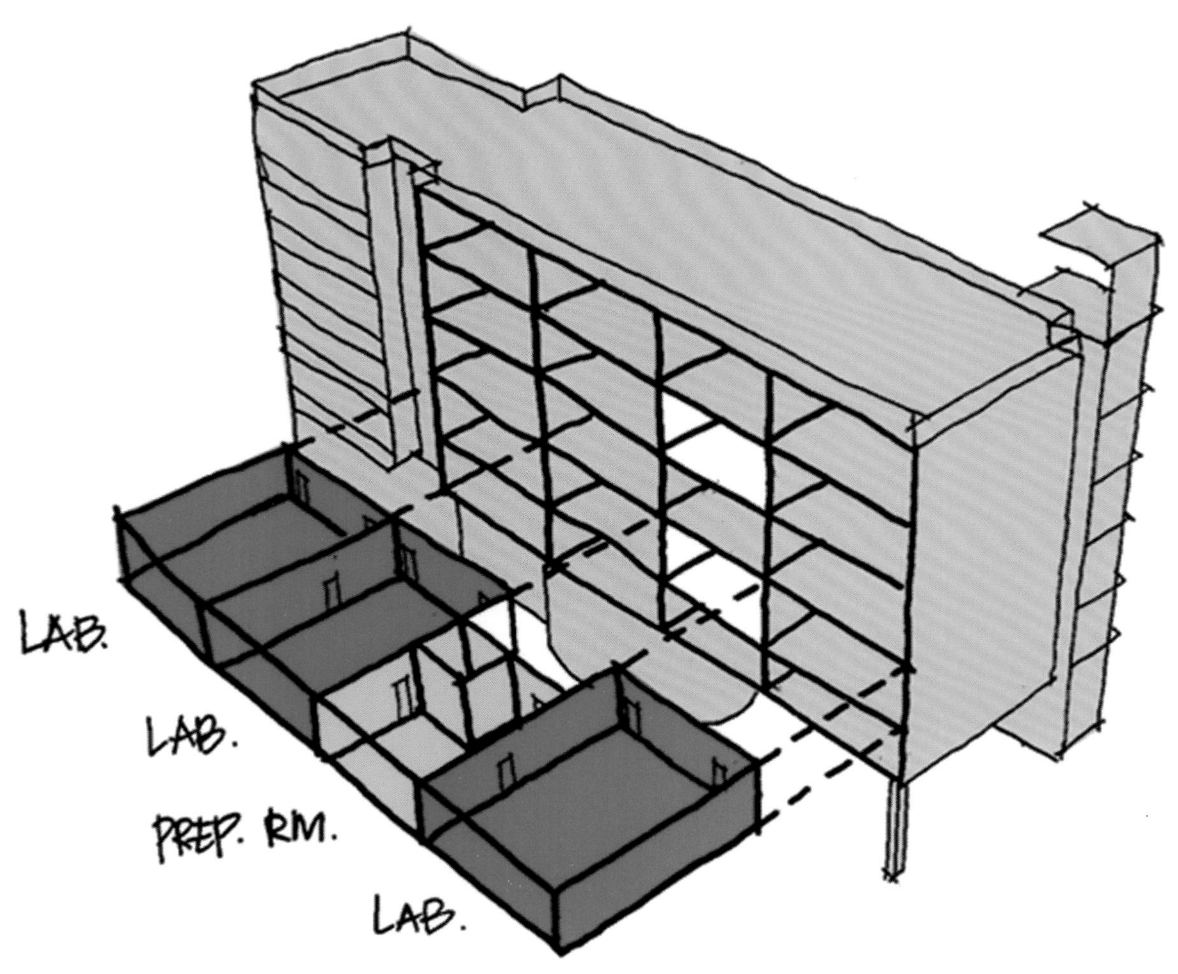
LAB.
LAB.
PREP. RM.
LAB.

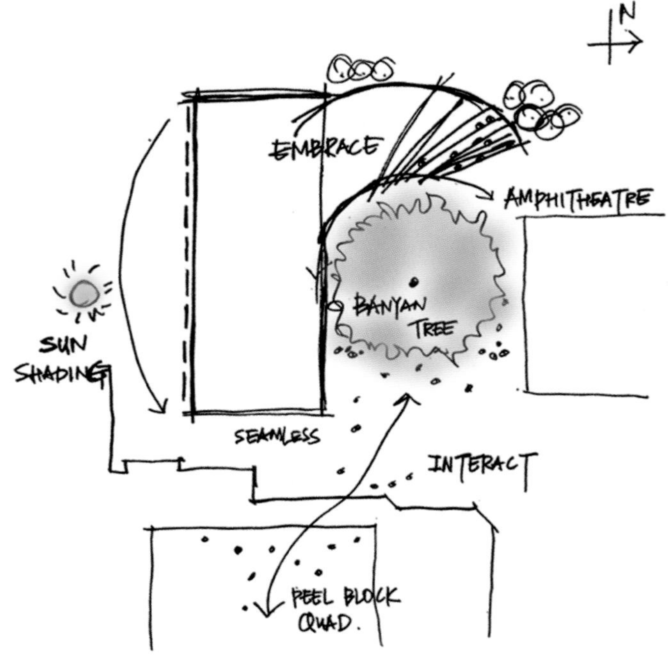

科学大楼

科学大楼位于贝璐楼（位于校园心脏地带的二级文物）的南面。它坐座落的位置能配合其他大楼去组成一个中庭空间。为延伸中庭的开放空间，于大楼的地下，有盖的 6 m 高前厅置于演讲厅外以提供可扩充的空间，及与毗邻的中院及贝璐楼连接。上层的十三个标准实验室由一个个的标准模块所组成，并坐拥菁葱的大球场景观。露台亦用作师生的休憩空间，其中两个模块更被挑空作为自然的通风口—大楼的呼吸空间（及用作师生的非正式的交流空间）。

青绿色——一种冷静而明亮的颜色，被选为主色调。它既给人科学逻辑感亦同时能令人联想起大自然，并为校园增添活力。另外，遮阳板设置于东面外墙，以适量地阻挡日光，达到有效节能的效果。

GUILFORD LECTURE THEATRE

苏州市实验小学校及附属幼儿园

- 项目地点：中国江苏省苏州市
- 建设单位：苏州市实验小学校
- 设计单位：苏州九城都市建筑设计有限公司
- 用地面积：52 670 m^2
- 建筑面积：64 272.5 m^2

学校

关 键 词 ● 立面三段式 ● 轻钢结构 ● 干挂石材

项目亮点

设计师选择了灰色金属屋面、米色石材和红色面砖作为主要材质，以经典的立面三段式处理形成综合体基本的形式特征：顶部是轻盈的轻钢结构反翘坡屋面，坡面形式与走向表现出下部空间的特征，形成起伏有序、富有韵律的群体轮廓。

项目概况

苏州市实验小学校是一座具有百年历史的小学。迁址后的新校园被设计成一座建筑综合体：校园各功能区高度集约化，形成只有区段之分，彼此高度关联的一个系统；地上和地下的空间高度得到充分利用；各功能房间、各活动场地和各类流线被立体化组织。外立面经典的三段式处理形成基本的校园建筑风格；坡屋面形式与走向表现出所围合公共空间的特征，并且塑造出起伏有序、富有韵律的群体轮廓；米色干挂石材用以表达公共性与礼仪性，主要用于建筑底层和沿城市立面；立面中段的红色面砖则用以表达历史和校园建筑的传统。

功能分区

建成后的实验小学及幼儿园没有原校园中一幢幢的单体校舍，而是形成一个只有区段之分的整体建筑。从校园北面主入口开始依次分为行政及公共区、教辅区及教学区，行政及公共区包括全校共享的风雨操场、游泳馆、报告厅和食堂等大空间设施以及行政和校史陈列等管理和接待空间；教辅区包括与教学密切相关的图书馆以及自然、美术、音乐、舞蹈等专用教室；教学区包括 60 个班级以及教师办公室。3 个区段建筑围合成一系列中庭和院落，形成六横三纵的系统架构，随着空间的深入各区的公共性和共享性减弱、私密性和领域感增强。

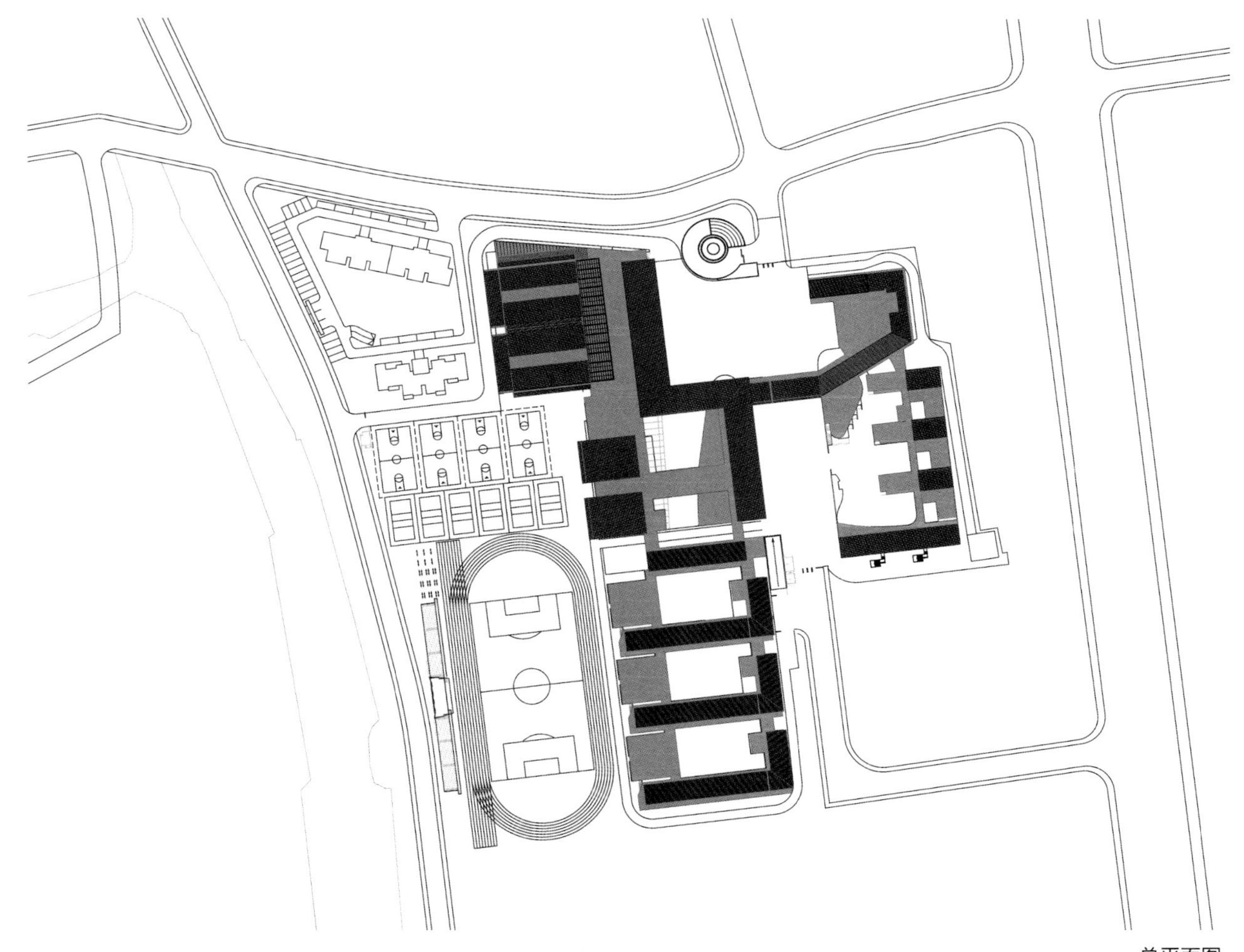

总平面图

建筑风格

作为一座百年名校，新校园建筑希望能够传达出其应有的历史底蕴和名校气质，具有较好的识别性。设计师认为校园建筑是一个群体、一片聚落，材质构成及群体轮廓是形成识别性的关键特征。为此，设计师选择了灰色金属屋面、米色石材和红色面砖作为主要材质，以经典的立面三段式处理形成综合体基本的形式特征：顶部是轻盈的轻钢结构反翘坡屋面，坡面形式与走向表现出下部空间的特征，形成起伏有序、富有韵律的群体轮廓；米色干挂石材用以表达公共性与礼仪性，主要用于建筑底层和沿城市立面；立面中段的红色面砖则用以表达历史和校园建筑的传统。小学新址所在的南门地区是苏州近现代工业建筑遗存的保护区，散布其中的多处民国砖砌建筑也成为选择红砖的环境脉络。建筑材质的变化及立面的段式处理弱化了综合体的体量感和空间压迫感，使近人空间回归到小朋友的尺度。

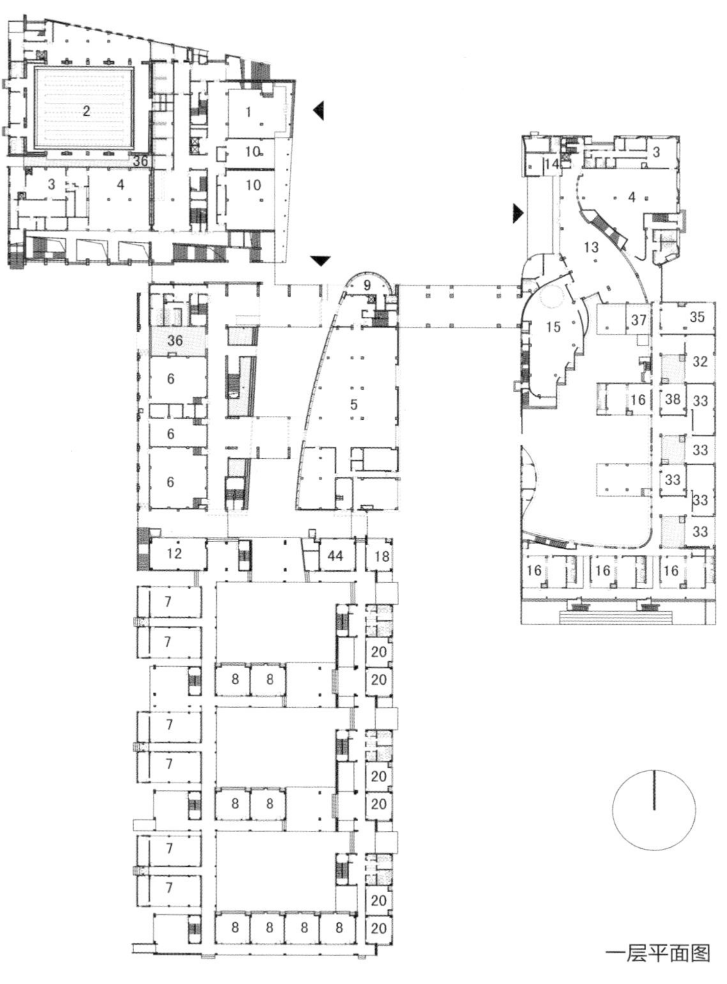

一层平面图

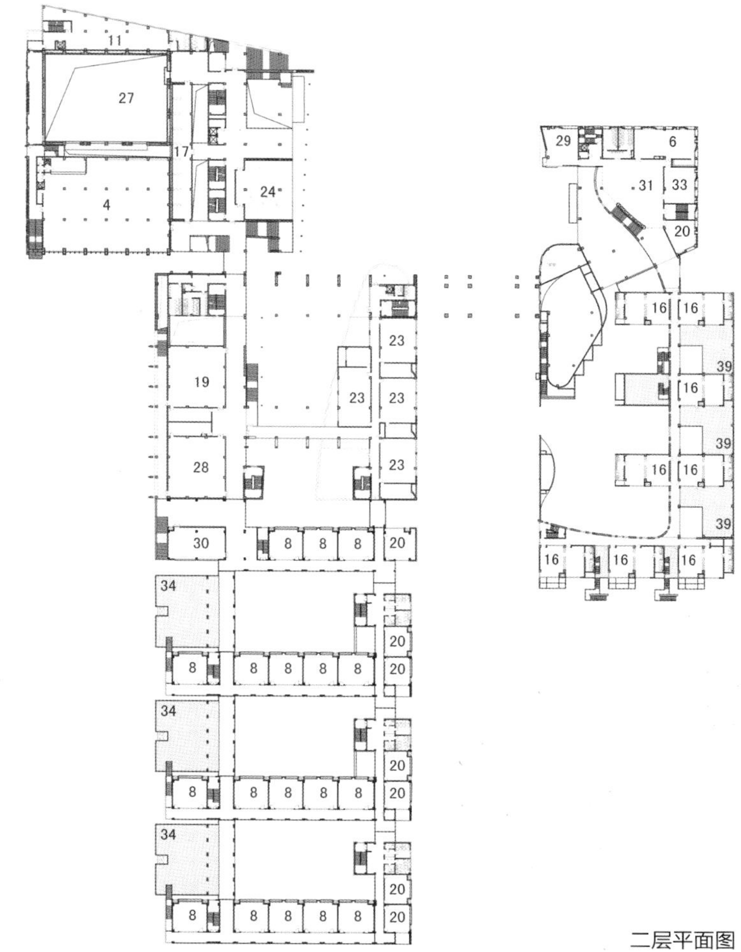

二层平面图

1 行政楼门厅
2 游泳馆
3 厨房
4 学生餐厅
5 图书馆
6 舞蹈教室
7 微机教室
8 普通教室
9 消防控制室
10 接待室
11 总务
12 机房
13 幼儿园门厅
14 晨检
15 音体室
16 活动室及卧室
17 校史陈列厅
18 医务室
19 大会议室
20 教师办公
21 休息厅
22 多媒体展廊
23 教学辅助教室
24 教室活动室
25 风雨操场
26 报告厅
27 游泳馆上空
28 多媒体教室
29 音乐教室
30 广播室
31 幼儿阅览室
32 科学发现室
33 专用教室
34 屋顶平台
35 蒙氏教学专用教室
36 庭院
37 体能室
38 物品保管室
39 专用室外游戏场地

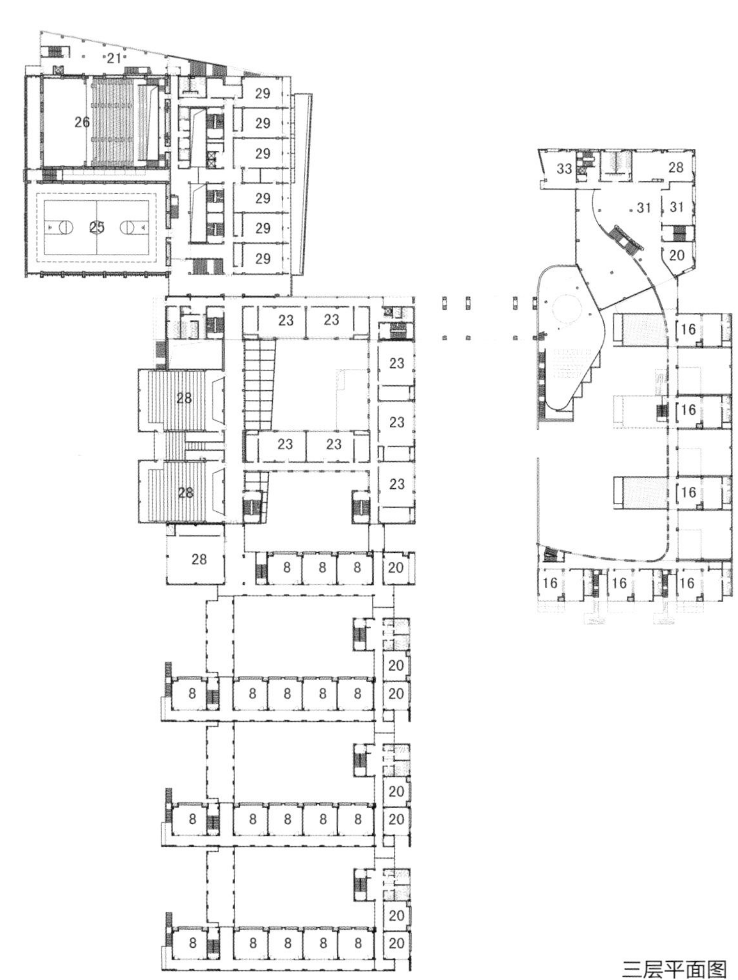

三层平面图

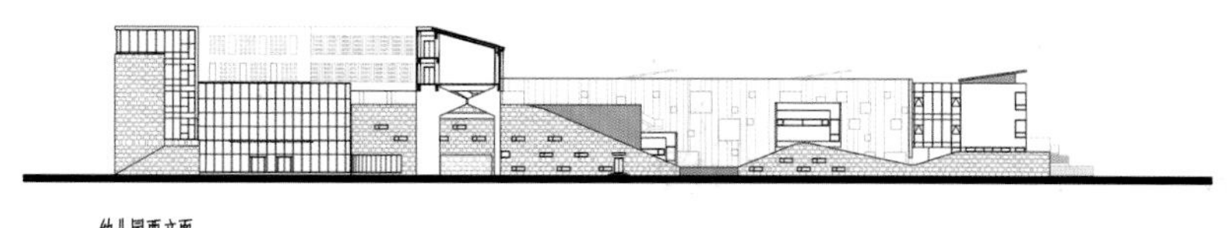

幼儿园西立面

实验小学及幼儿园北立面

立面图

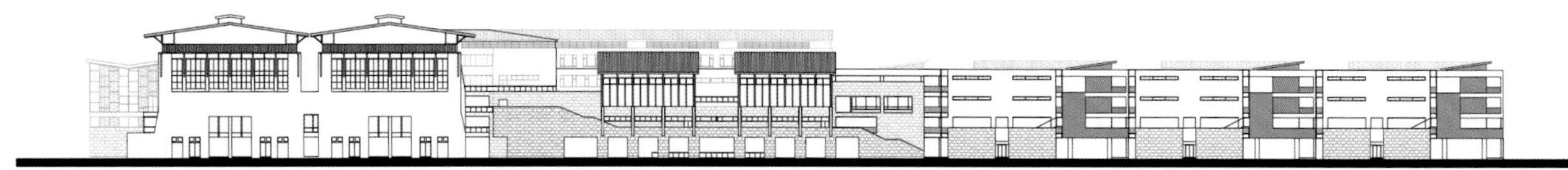

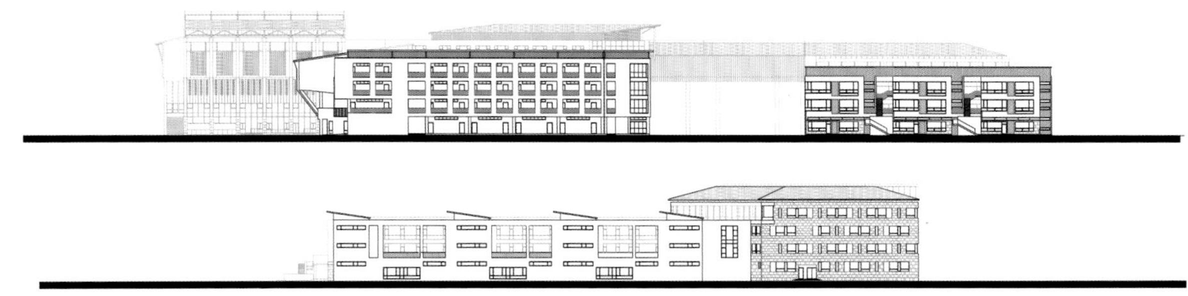

立面图

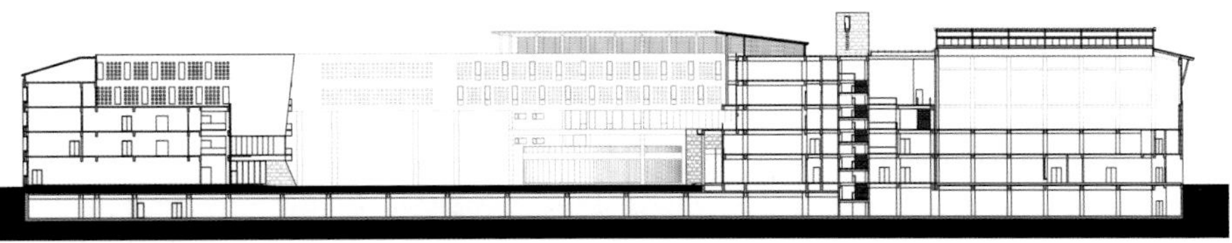

实验小学及幼儿园剖面

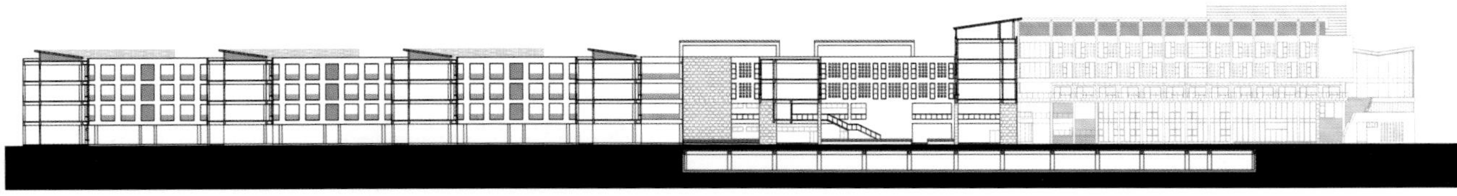

实验小学及幼儿园剖面

剖面图

苏州吴江盛泽幼儿园

项目地点：中国江苏省苏州市
建筑设计：苏州九城都市建筑设计有限公司
用地面积：16 227.2 m^2
建筑面积：17 890 m^2

学校

关键词 ● 城市界面 ● 连续立面 ● 整体化布局

项目亮点

方案摒弃了传统幼儿园建筑围绕广场成组团状分布的设计思路，采用更符合城市尺度的建筑整体化布局思路，为能设计丰富的室内外交流空间提供可能性。

项目概况

盛泽幼儿园用地呈东西向短南北向长的特征，为与长方形地块相协调，建筑沿中心大道呈南北向展开，在满足幼儿园建筑本身采光需求的同时，最大可能降低沿马路噪音，同时为创造连续而丰富的城市界面提供可能性。

规划理念

方案摒弃了传统幼儿园建筑围绕广场成组团状分布的设计思路，采用更符合城市尺度的建筑整体化布局思路，为能设计丰富的室内外交流空间提供可能性，同时建筑立面也摒弃了围绕主入口展开立面开窗的传统构成方式，而采用强调整体的连续立面的构成方式，使建筑更加城市化。综合考虑分析地面人形流线、室外停车场与地下停车库出入口之间的相互关系，合理布置各种功能分区和交通流线。

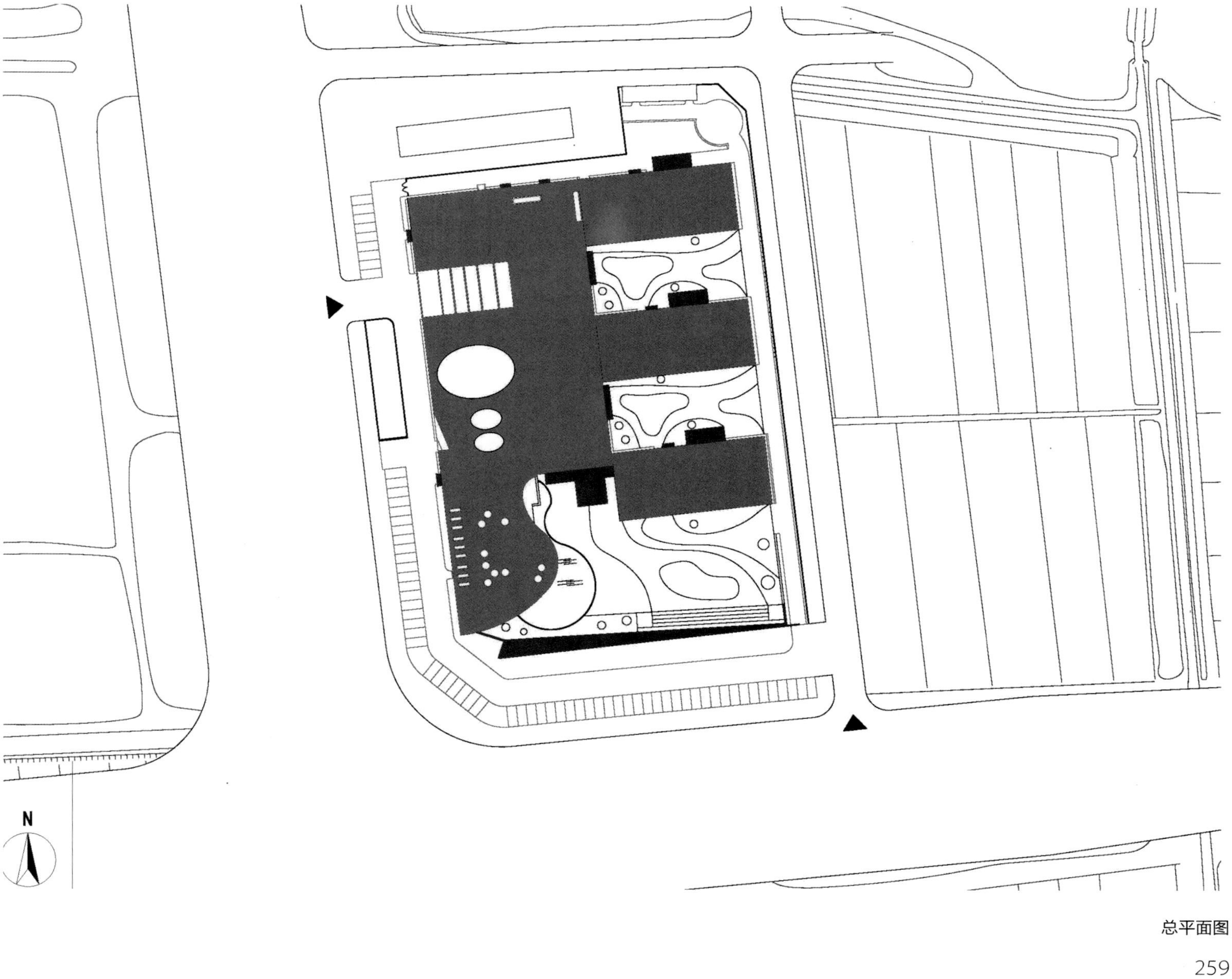

总平面图

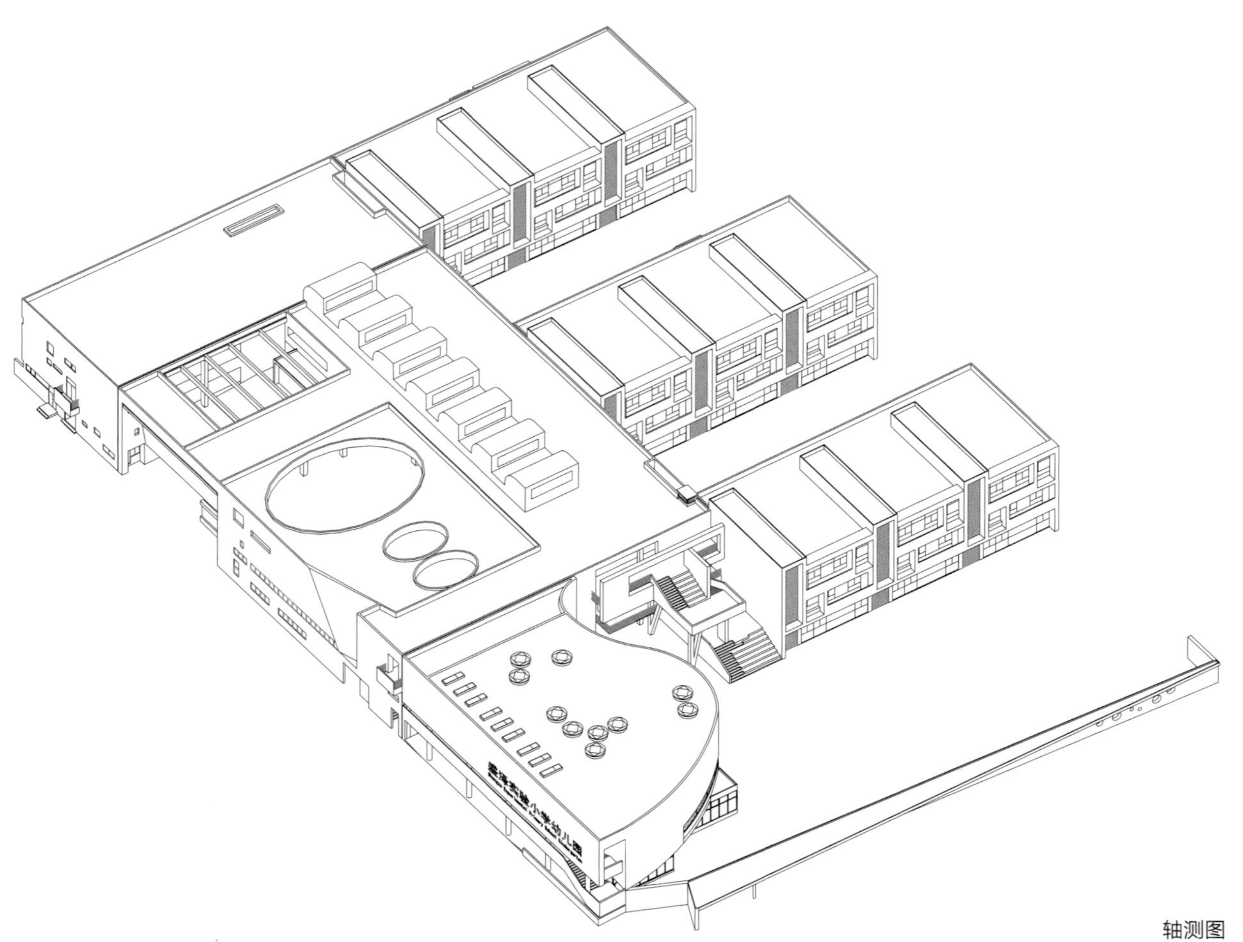

轴测图

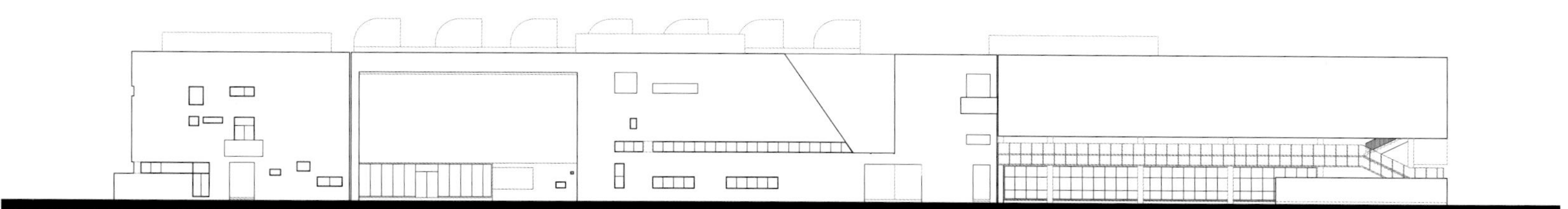

立面图

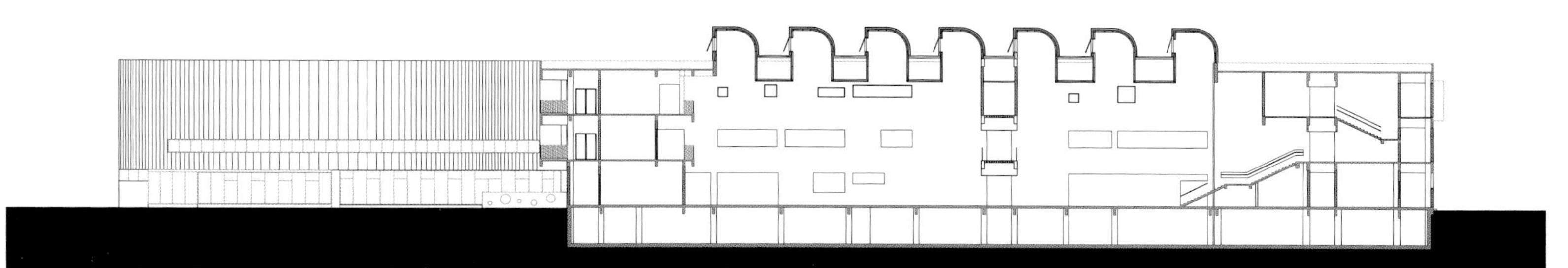

立面图

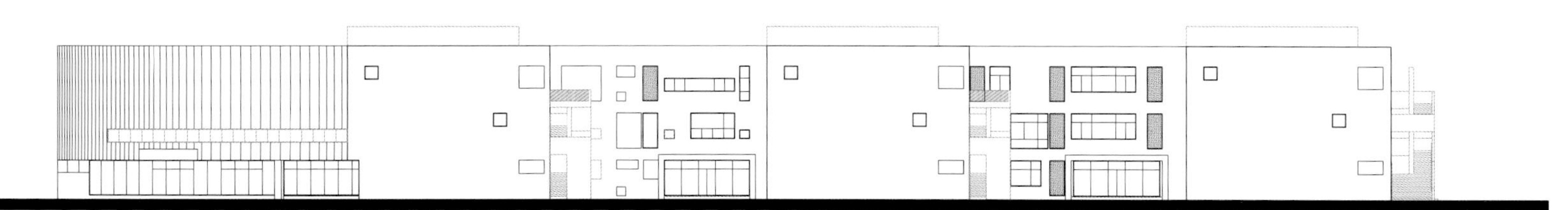

立面图

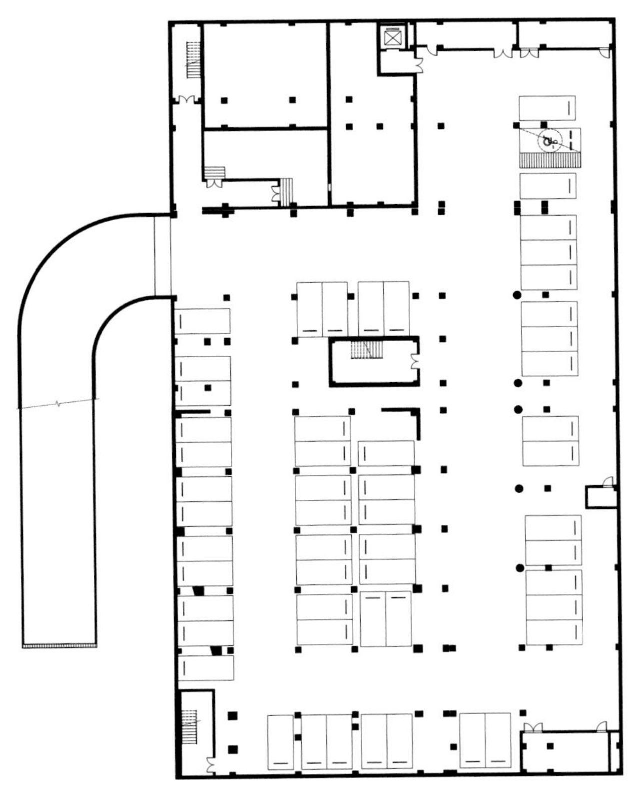

一层平面图

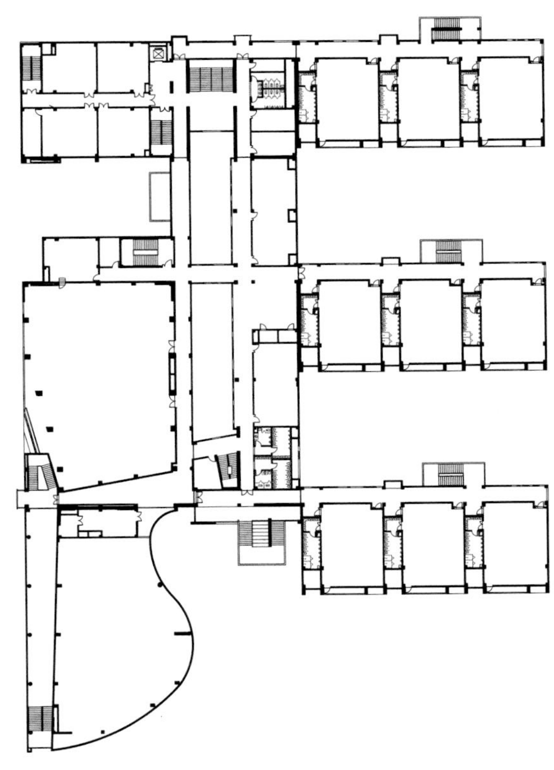

四层平面图

德威国际学校德威学院

- 项目地点：中国北京市
- 业主：德威国际学校
- 设计单位：波捷特（北京）建筑设计顾问有限公司
- 总面积：14 400 m²

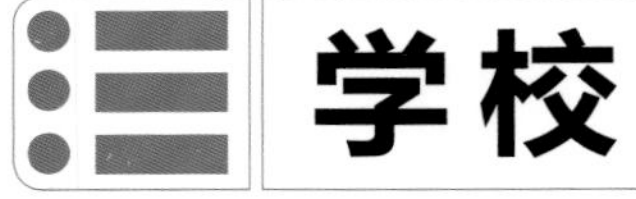

学校

关 键 词 ● 特色元素 ●“群组”概念 ● 全景视角

项目亮点 **通过合理的房间及教室分布使得内部空间组织得到显著提升，设计师还提出了“群组”的概念，根据不同的功能对其进行规划。**

项目概况

一所学校，不仅是一座座由教室与黑板堆砌而成的建筑，它还应具有能持续提升学生文化认识、社交能力，并使其不断成长的环境。这是德威国际学校自成立起一直坚持的理念，同时也是波捷特公司为其北京东北部分校扩建规划所做的概念设计背后所隐含的精神。

建筑设计

该项目通过一座新建建筑将区域内西北和东南两区的现有建筑连接起来，构成一个全新的整体。作为整座学校的主要门户，该 6 000 m^2 的建筑同时也被作为现有部分的自然景观延伸，这主要得益于其强调整体环境和高度传统与权威的特色元素。同时，通过合理的房间及教室分布使得内部空间组织得到显著提升，设计师还提出了“群组”的概念，根据不同的功能对其进行规划，例如音乐（1 层）、实验室（2 层）、艺术（3 层），从而提升了空间布局对于学生及访客的通透性与便捷性。此外，新的配套设施还包括剧场及图书馆，而现有建筑也得到了进一步的扩大与提升。主要入口作为核心区，其特点是不仅拥有一个“建筑学”功能的全高度天井中庭，让使用者拥有一览无余的全景视角，而且还具有为人们提供聚会空间的社会功能。另一个重要的休闲区是大型庭院，它将设置在拟规划的建筑和现有部分的中间区域。外部区域也将由全新的和升级后的配套设施（如体育设施）以及被称为校园“绿色心脏”的植物园组成。

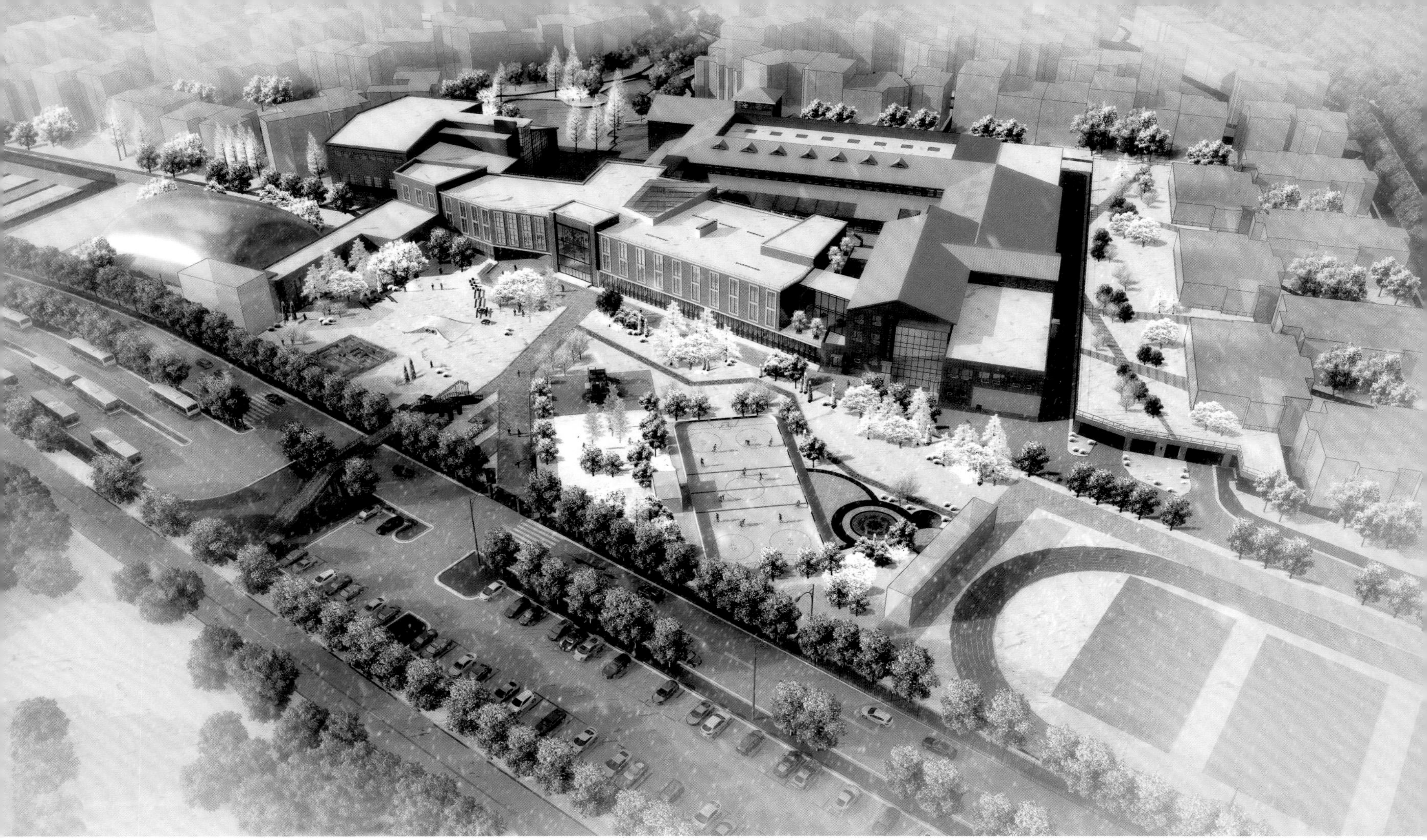

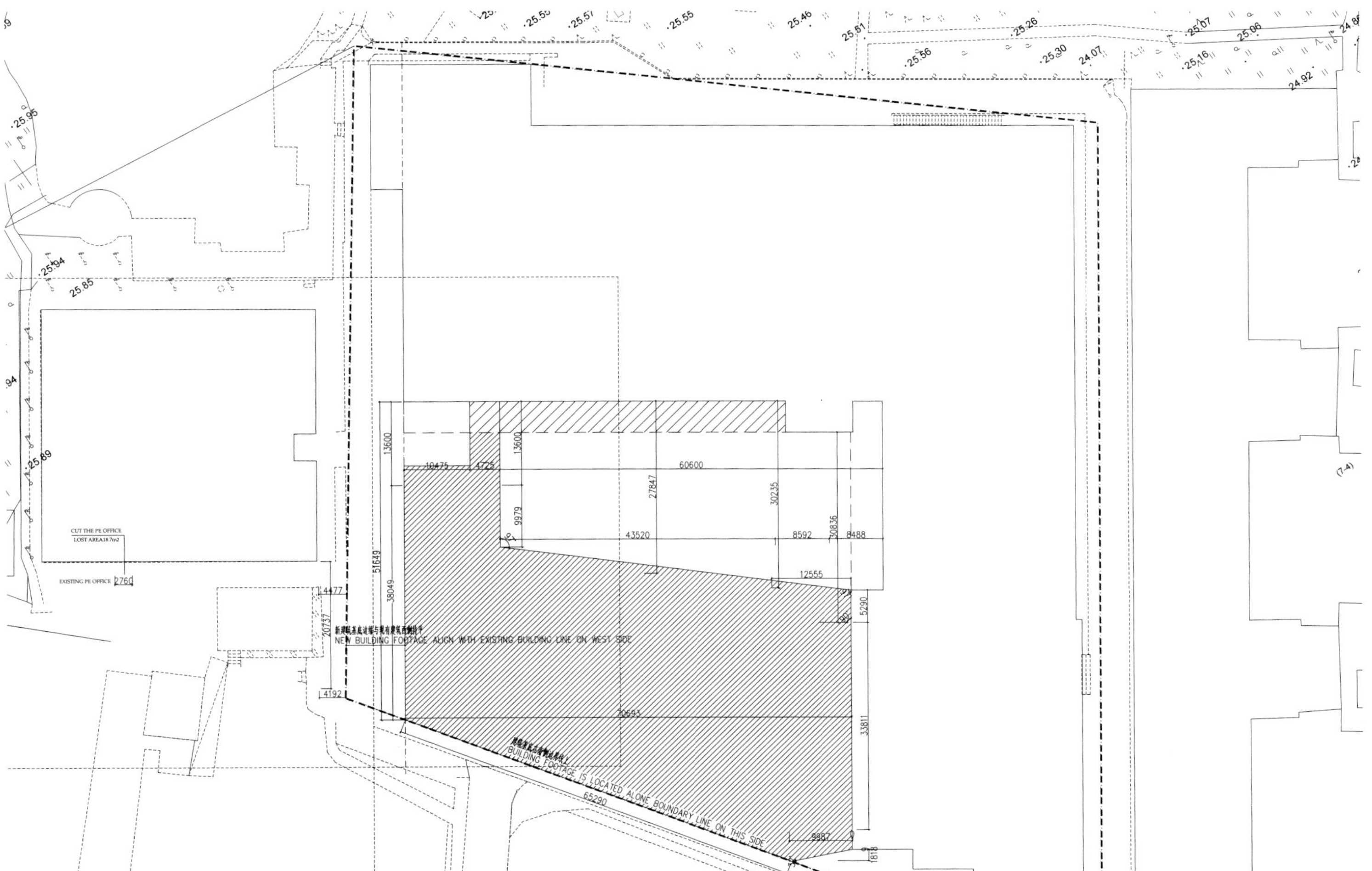
CUT THE PE OFFICE
LOST AREA18.7m2
EXISTING PE OFFICE
NEW BUILDING FOOTAGE ALIGN WITH EXISTING BUILDING LINE ON WEST SIDE
BUILDING FOOTAGE IS LOCATED ALONE BOUNDARY LINE ON THIS SIDE
60600
43520
65290
12555
8592
8488
10475
4725
13600
27847
30235
30836
9979
51649
38049
20737
4477
4192
5290
33811
9987
1818

总平面图

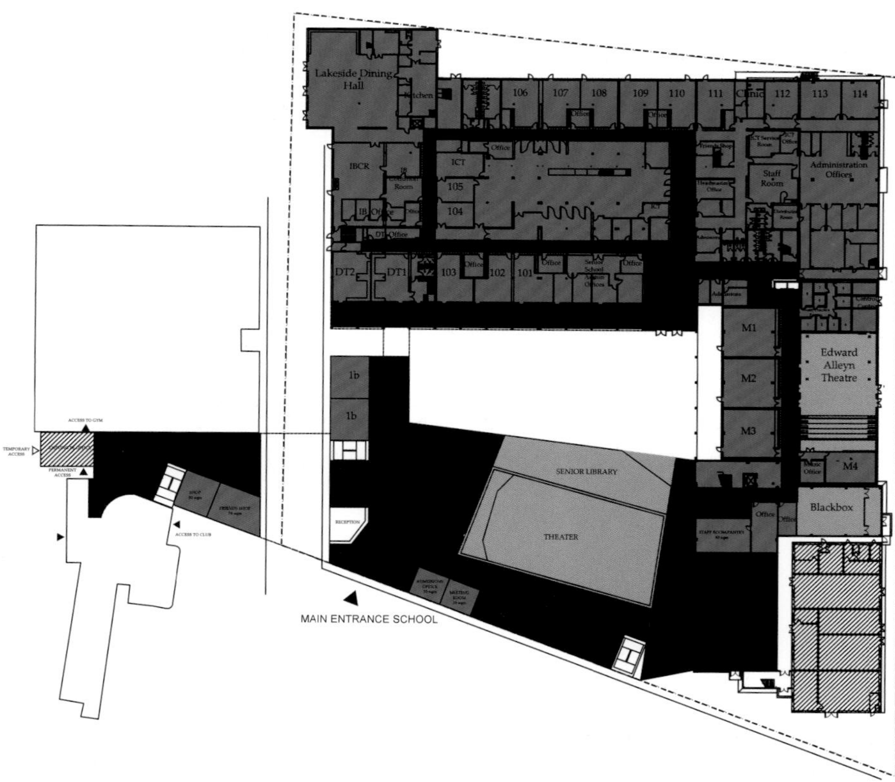
Lakeside Dining Hall
Kitchen
106
107
108
109
110
111
Clinic
112
113
114
ICT
IBCR
105
104
Staff Room
Administration Offices
DT2
DT1
103
102
101
M1
M2
M3
M4
Edward Alleyn Theatre
1b
1b
SENIOR LIBRARY
THEATER
Office
Blackbox
MAIN ENTRANCE SCHOOL

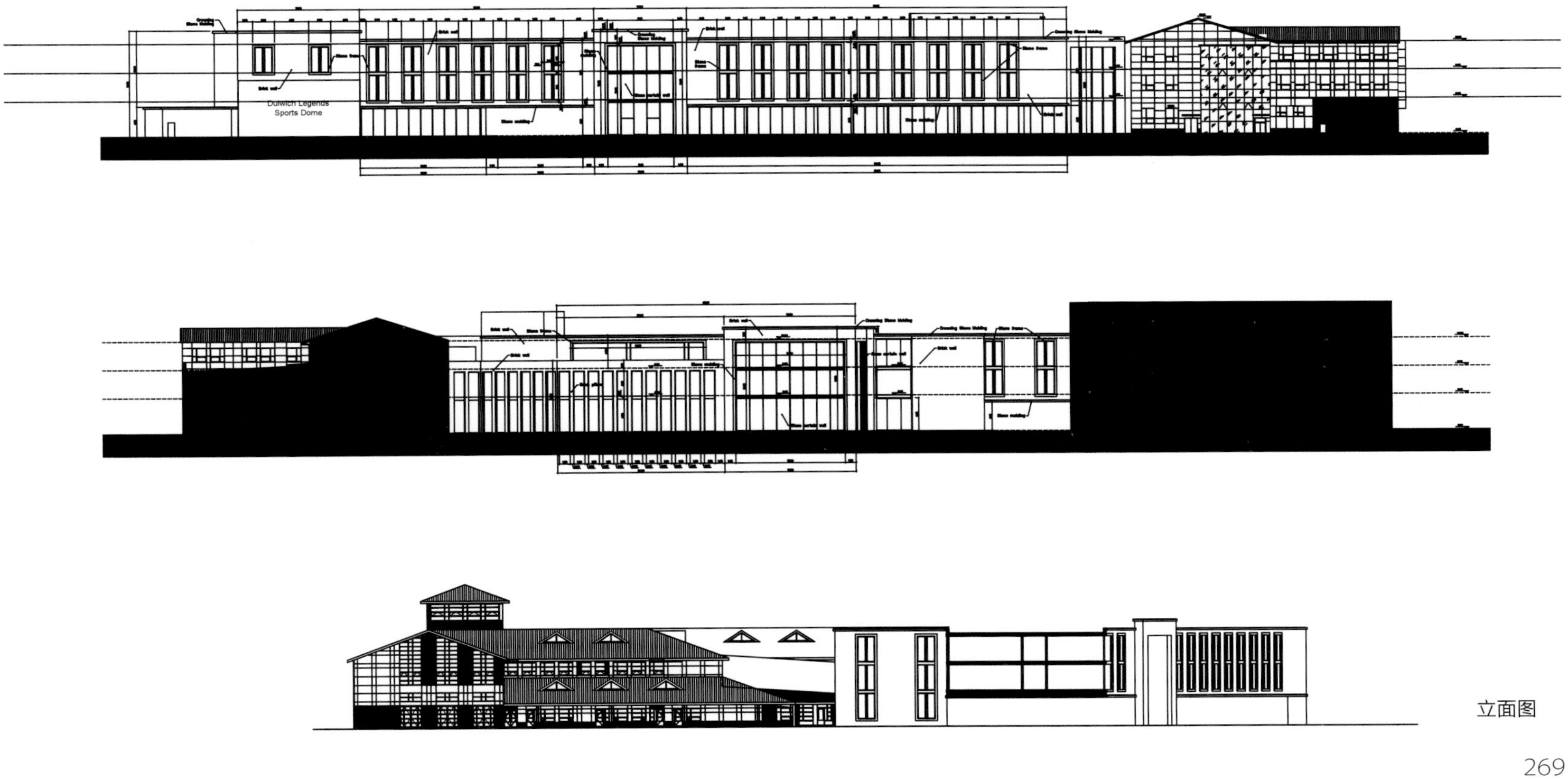

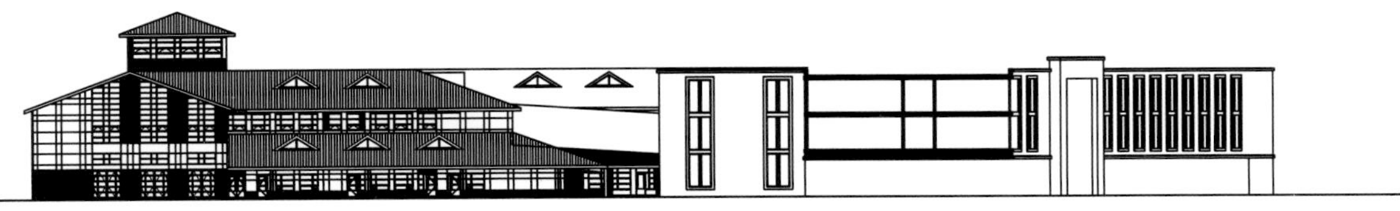

立面图